文学教育的终极意义在于学生因此能有机会获得一种文学的生活，一种诗性智慧。

——笔者

中小学
文学课程导论

胡根林 著

语文出版社
·北京·

图书在版编目（CIP）数据

中小学文学课程导论 / 胡根林著. — 北京 : 语文出版社, 2012. 9
ISBN 978-7-80241-613-0

Ⅰ. ①中… Ⅱ. ①胡… Ⅲ. ①语文课-教学研究-中小学 Ⅳ. ①G333. 302

中国版本图书馆CIP数据核字（2012）第228114号

责任编辑 郑 浩
装帧设计 刘姗姗
出 版 语文出版社
地 址 北京市东城区朝阳门内南小街51号 100010
电子信箱 ywcbsywp@163.com
排 版 语文出版社照排室
印刷装订 河北新华第一印刷有限责任公司
发 行 语文出版社 新华书店经销
规 格 787mm × 1092mm
开 本 1/ 16
印 张 18
字 数 340千字
版 次 2013年3月第1版
印 次 2013年3月第1次印刷
印 数 1- 4, 000
定 价 30. 00元
本书如有质量问题请与本社发行部联系 ☎: 010-65251033

目 录

序　一

于　漪

《中小学文学课程导论》即将出版，根林老师嘱我写序。捧读书稿，多年前博士生论文答辩的情景不呼而出，鲜活地浮现在眼前。根林老师思维敏捷，语言活泼，钟情于自己的专业研究，在阐述自己观点时，不仅铿锵有力，而且有时激动得白皙的脸上泛起一阵阵红晕。“好个执著追求!”这位年青人给我留下了良好的印象。此后，常读到他在报刊上，尤其在语文刊物上的文章，深感这位老师勤奋、刻苦，对当下语文教学纷繁的现象，有自己独特的思考与见地。此次专著出版，正是他在语文课程方面探索与思考的顺流而下，水到渠成。

“文学教育的终极意义在于学生因此能有机会获得一种文学的生活，一种诗性智慧。”书的题记耐人寻味。众所周知，学生求学的相当程度是以书为精神的导师，生活的伙伴，从书中吮吸知识，吮吸智慧，吮吸精神养料，以滋养自己的成长。但须知，“书富如入海，百货皆有。人之精力，不能兼收尽取，但得所欲者尔。”苏轼告知我们，人的精力有限，不可能穷尽书籍，要选取自己最需要的来读。学生所学课程甚多，但语文课程中的文学作品应该是他们的“所欲”。

审美教育有助于促进人的知、情、意全面发展。文学作品的鉴赏是重要的审美活动。语文具有重要的审美教育功能，应关注学生情感的发展，让学生受到美的熏陶，培养自觉的审美意识和高尚的审美情趣。审美，简言之，就是情感的评价。人的感觉、感情、联想、想象、理解等等都是人的情感因素，人以自己的情感评价周围的生活，评价作品中的人和事、景和物，就会产生各种情感体验，如悲与喜、美与丑、崇高与卑鄙等体验，这就是审美所获得的体验。文学教学对学生审美体验的激发与培育起着至关重要的作用。

亲近文学，阅读文学作品，进入审美世界感悟、体验，就能获得“一种文学的生活，一种诗性智慧”。文学的最高价值，是对人类心灵的安抚。

学生有了“文学的生活”，会不断增长“诗性智慧”，心灵找到精神家园。有没有这种学习经历或过程，人的情感滋润、想象力的丰富程度有明显的差异。例如同样看到诗人冯至《十四行诗集》中这样几行有名的诗句：

我们的生命像那窗外的原野，
我们在朦胧的原野上认出来，
一棵树、一闪湖光，它一望无际，
藏着忘却的过去、隐约的将来。

接触文学不多的不是看不懂，就是认为不知所云，而有审美体验的人会感到生命是美丽的，要在这美的世界里不断发现生命的丰富与神秘。文学本就是情感的艺术形态，阅读时有情感的沟通、交流、共鸣，文字就活起来，就变成立体可感的丰富世界，让你想得很多很多。

文学教学对学生丰富心灵、发展智力、感悟语言文字的魅力的熏陶感染作用是不言而喻的。但语文教学中对它的认识与实践有明显的差距。除了上个世纪五十年代汉语与文学分编教材把它列为中学语文教学内容外，较长时期语文只讲记叙文、说明文、议论文等教学文体。即使是小说，也当做记叙文在教，讲述记叙文六要素，尤其是小学与初中阶段。高中略好一些。文学作品是否对学生进行文学教学，常受制于任课教师的教学理念和文学素养，如果我们既无明确的要求，又无恰当的检测，效果可想而知。有一个阶段特别强调“语文课不能上成文学课”，说“语文课就是教语文，教语言文字”。语文学科究竟具有怎样的性质，担当哪些功能，包括教材观、教法观、学生观、质量观、评价观等等，到目前学理上有共识的还不多。理论上的模糊必然导致实践中的盲目，语文教学中出现的种种乱象也就不足为怪了。当今，文学教育虽逐步恢复它在语文教学中的应有地位，但由于以往几经折腾，文学和文章混同，文学阅读和文章阅读混淆，文学写作和文章写作不分，也就成了家常便饭，不以为意了。

教学的有效性虽受众多因素制约，但教学理念的正确，学科、课程的准确定位，无疑十分重要。指导思想清晰，实践才会有理有序。《中小学文学课程导论》的出版正是适应澄清语文教学中对文学与文章模糊认识的需要，提高语文教师的文学自觉意识，增强文学教育的实践能力，恩泽莘莘学子。该著作既从理论高度为课程定位进行阐述，又从语文教学实际情状出发，从课程层面和教材层面进行研究；既以批判的眼光辨识种种混淆，又提出建设性意见佐读者思考，阅读与写作，知识、“定篇”、活动均加以覆盖，显现了理论引领和实用价值的有机结合。

《中小学文学课程导论》定能引起课程研究专家和广大语文教师的关注，激发深入探讨的热情，促进语文教学改革的发展。我相信。

序　二

陶本一

根林的博士论文修改后要出版了，这是一件令人高兴的事！据我所知，探讨文学教育教学的论著不管是以前还是现在，都有不少，但从课程论视角对语文科文学教学进行系统研究的，目前还不多见。当初，他在选题时确定的研究题目是“文学教学内容研究”，后考虑到“教学内容”所指比较宽泛，它包含课程、教材和教学三个层面，于是决定将教学内容落实为课程这个层面，着眼于教材分析的视角，博士论文最终定稿的题目为“语文科文学课程内容研究”。现在要出书了，根据出版社建议，把书名改成了“中小学文学课程导论”。

众所周知，文学教育是语文教育的重要内容，如何有效开展文学教育是困扰语文教育的一个难题。自上世纪80年代起，文学教育逐步恢复了它在语文学科中的应有地位，人们对其重要性和必要性达成了共识，开始把更多的注意力转向它在课程与教学层面的建设和落实上。随着新课标的颁布，语文课程与教学内容的重构，成为当前语文课程与教学研究最为迫切的任务之一。作为语文课程内容必要组成部分的文学课程内容，自然获得了研究的重要契机。

一方面，文学教学作为语文教学的重要构成，研究文学课程内容，是落实新课改理念，推进语文课程与教学改革向纵深发展的迫切需要；另一方面，以往的研究偏于经验和感悟，难以从研究方法上寻求突破，因此，虽有触及课程内容的研究，但多集中在文学知识体系的探究上，少有从课程论的角度，对文学课程的目标进行审视，并从课程目标与课程内容的关联性上展开研究。基于此，根林对研究方法作了深入思考，采取了课程论的视角，以分拨文学和文章、文学教学和文章教学为逻辑起点，从课程与教材两个层面落笔，对文学阅读教学和文学写作教学两个领域的实然状况进行了事实性质的研究，探究已有文学课程内容是什么、为什么、影响如何等问题，并试图建构理想的文学课程内容模型，对解决“文学应该教什么”这一重要问题提出了一些颇有建设性的意见。

我以为，本书的研究价值体现在这几方面：

（一）从课程论视域为文学教学研究开拓了新思路。

文学“应该教什么”是个老问题，本书站在课程论的立场，提出了探讨这一问题的新视角，从课程目标和课程内容关联性出发，建构了文学课程的内容要素分析框架。其中对文学课程目标三个部分（认知性目标、文学性目标和表现性目标），以及对应着对文学课程内容要素三个组成部分（知识、“定篇”、活动）的剖析上下了很大功夫，探讨了三者的组合关系，研究有一定创新性。

（二）为文学课程目标与课程内容的研制提供学理参考。

长期以来，由于体制或习惯等原因，我国教学大纲或课程标准的制定往往缺乏坚实的理论基础和事实依据，课程目标含糊其词，难以对课程内容真正起规范引导作用，而课程内容本身，或失之简约、或过于笼统，难以真正落实，影响了标准的规范性和权威性。从课程论立场对文学课程内容进行研究，把文学课程内容的选择和确定放到一个课程设计的流程中，有助于从文学课程目标来观照文学课程内容的选择，反过来，也可从文学课程内容的角度来审视文学课程目标。这样既有利于文学课程目标的完善，也能促使我们选择合宜的文学课程内容。

（三）为语文教材开发提供有益的参考。

语文教材一直在知识维度上做些加法和减法的工作。对于知识呈现方式，没有引起重视。对于知识以外的其他维度，如对“定篇”、活动等方面更缺乏应有的关注。而实际上，知识的呈现方式可能是比知识选择和组织本身还要重要的问题；文学“定篇”的选择、组合与阐释问题关系到学生文学素养的提高；文学活动的设计关系到文学知识、文学“定篇”的落实，关系到学生思维方式、生活方式的养成。根林的研究有助于打开语文教材研制者的思维空间，从更多的维度来考虑“用什么来教”文学作品。

（四）有利于扭转当前文学教学片面强调分析、过于强调语感的两极化倾向。

重视分析，意在让学生获得文学知识，但当这种分析强调过分时，就存在把作品肢解的危险；重视感悟，意在让学生整体把握作品内涵，感受蕴涵其中的审美情感，但当这种感悟走过了头，学生的课堂学习很可能流于自然学习，文学能力无从提高。文学课程内容的研究，可以帮助教师整体把握文学作品阅读和教学的方法，从而推进文学教育的效率。

当然，本书也留下了一些需要进一步探索的问题，有待于作者继续深入研究。比如，本书虽构建了语文科文学课程内容研究框架，但对语文科文学课程内容要素的讨论尚未展开，从文体角度看，文学文体至少包含诗歌、小说、散文、戏剧等，因此，语文科文学课程内容可以分化为诗歌课程内容、小说课程内容、散文课程内容和戏剧课程内容等，它们从知识、定篇和活动三个维度出发应当包含哪些具体内容，这需要结合当前学界的最新成果进行深入研究。又如，本书虽聚焦于文学课程内容的三大要素“定篇”“知识”和“活动”，但显然对前两者研究较为深入，而对“活动”研究还言犹未尽，没有从大量的语文活动中去鉴别本书所提出的文学“活动”。有学者曾指出，尽管从根本上看，活动理论可以将一切形式的学习作为活动加以分析，但是转化为教育实践的建议时，活动理论所倡导的还是注重学生参与的、实践性的、类似项目探究式的活动，而不是简单地将一切形式的学习同等地作为研究的对象。注重学生参与的、实践性的、类似项目探究式的活动，无疑更好地体现了活动理论中提出的活动系统的复杂性和动态性，因而成为其所关注和倡导的实践形式也是自然而然的。①

根林是一位非常勤奋而又严谨的学者，读博士之前已经有了近十年的中学教学实践经验，获得博士学位后任职于上海市浦东教育发展研究院，先从事教师培训，后进入课程教学研究部从事中学语文教研。理论和实践的融通一体使他在教学指导过程中如鱼得水。我相信他一定会把上述言犹未尽的问题作为今后研究的课题。令我欣慰的是，根林这方面的研究目前已经作出努力。我期待他在这样一个理论和实践融合的平台上获得更宽广的视野，为语文教育教学提供更多的学术成果。

① 郑太年. 学校学习的反思与重构——知识意义的视角［M］. 上海：上海教育出版社，2006：175

第一章

文学课程研究的基本定位

第一节　文学教育研究的空间

一、“文学教育”的歧见与本相

（一）文学的能指和所指

“尽管文学的通行含义已经固定，但也并不存在一个明确的、清晰的界限，可以截然区分文学和非文学。”① 文学的能指具有一定的模糊性和不确定性。考察文学的所指，分辨其观念上的不同立场，是我们研究文学教育的起点。

在古代社会，文学是一种诗文并举，文笔兼容，包含各种“纯文学”和“实用文”在内的杂文学或泛文学。《论语·先进》：“文学，子游、子夏。”其中的“文学”指典籍文献。《汉书·儒林》：“公卿大夫士吏，彬彬多文学之士。”这里“文学”的概念，比之先秦已有拓展，指典籍文献基础上的学术及其教育。魏晋以降，文学偏离经学轨道，渐趋骈俪绮靡，追求华丽辞藻；唐代“文以载道”，强调文学与道学的统一；宋明理学的影响则促使文学成为一种官方的意识形态，统摄各个领域，占据主导地位。

基于这样一种泛文学观念基础上的古代文学教育，强调的其实是文章教育。张志公在研究中国蒙学教材基础上曾谈到，中国语文教学的积弊之一就是严重地忽视文学教育，他指出：“我国本来有历史悠久、内容十分丰富、数量很大的文学遗产（其中自然也有比较薄弱的方面）。但是在语文教学中完全不予重视。诗，已经不属于语文教学的正当内容（只有在启蒙教育阶段，为了便于背诵，教儿童读很少量的短诗），习诗者大都是自学的或

① 童庆炳主编．文学理论教程（修订二版）［M］．北京：高等教育出版社，2005：55

者另行单独拜师学习的，不是在语文教学中作为正常课业学来的。至于戏曲、小说则完全视为歪门邪道的东西，不仅不教，甚至还禁止孩子们阅读。属于教学内容的名家名篇中有不少是文艺散文性质的。然而并不把这些作为文学作品来教，而是作为文章范例，供背诵模仿之用。”① 古代语文教育这种泛文学的观念一直延续到现代语文教育初创时期。作为语文独立设科标志的清末“中国文学”科，以及后来改称的“国文”，其所持的都是这种泛文学观念。

我国现代的纯文学观念是在二十世纪初文学革命基础上建立起来的。在当时中国，王国维第一个提出“纯文学”概念并强调文学的独立价值。他从康德的形式美学和席勒的审美游戏出发，置文学于艺术的范畴，强调文学无功利性，重视文学自身内在的规律及文艺美学的知识建构。“五四运动”以后，由于文学研究会和创造社等新文学社团的出现，这种纯文学的观念被广泛宣扬并得到普遍认同，推动着正蓬勃兴起的新文学创作。当时，文艺界一下就涌现出许多新的文学作品。配合着正处于激进改革中的中小学语文教育，语体文，包括许多新文学作品被选入教材。于是，教材中的选文有了“应用文”（“普通文”）和“美术文”（“文学文”）之分。“美术文”大约指诗歌、小说和剧本三类。至于散文，一般指议论文、叙事文、写情文、学术文和应用文等。1923 年，由胡适起草的新学制《国语课程纲要》明确指出，“要使学生发生研究中国文学的兴趣”“选文注重传记、小说、诗歌”，并认为这样“不但可以涵养文学兴趣，文章法式也自然包括在内”。从此以后，语文学科就产生了文学教育的问题，就有了应用文和美术文的争论。这种争论在语文教育史上时隐时现，绵延不断，以致 20 世纪 50 年代汉语文学分科和 20 世纪末语文教育大讨论成了两个集中爆发的时期。

（二）杂语与歧见：文学教育的内涵

文学教育一旦成为问题，对它的讨论也就不绝于耳。即以 20 世纪末那次语文教育大讨论来看，不管参与面还是争论的激烈程度，都颇引人注目。此后，类似的讨论还在延续，只不过规模小了，声音轻了。就明辨问题的角度看，这种讨论不能说毫无意义，关键是讨论时有没有共用的平台，有没有共同的学理基础，比如共用的概念和由概念作出的推论。如果缺乏这一点，讨论的规模再大，声音再高，充其量是一种杂语喧哗，对于学科建设，并不能带来实际的益处。在学术研究和日常用语中，文学教育具有不同的指称，如“人文教育”“经典教育”“文艺文教育”等。文学教育这种

① 张志公．张志公语文教育论集［M］．北京：人民教育出版社，1994：266-267

杂语喧哗的态势，既显示了它日益受人关注的一面，也表明其内涵的复杂性。

检视新课程改革前后关于文学教育问题的论述，把涉及文学教育内涵的说明与界定作具体的示例，可作如下归纳：

1. 文学教育=文学经典教育

例如，在《百年中学文学教育历程的回顾与反思》一文中，作者指出：

中学文学教育作为中学语文教育的重要组成部分，其重要性和特殊的价值与功能正被越来越多的人所理解……人们日渐明白，一个民族的文学经典是这个民族最好的、最美的语言之花，是语文教育强调人文特点，立足以人为本，提高学生的品德修养和审美情趣，逐渐形成健康个性和健全人格的必由之路。①

在这里，作者并没有直接给文学教育下定义，但是其所指的“文学教育”的内涵等同于“文学经典”教育。

2. 文学教育=文学作品的阅读和鉴赏

例如有人指出：

在中学阶段对学生实施文学教育的目的是：激发学生阅读文学作品的兴趣，培养学生鉴赏文学作品的基本能力，促进学生道德品质、思维品质的健康发展。文学教育的任务是“依据具有文学属性的课文（含有关知识短文）”向学生传授文学基础知识，讲析课文中的文学要素，指导学生掌握文学作品的一般方法，安排学生的文学鉴赏活动。②

从该段文字对于文学教育目的、任务的阐释来看，作者所指的文学教育等同于文学作品的阅读与鉴赏训练。

3. 文学教育=文学语言教育

例如，在《语文学科的文学教育的观念与目标定位》中这样论述：

文学的语言（文字）教育作为一种语文教育境界的追求，显然有利于提升语文教育的整体水平，它让语言、文字的工具性与其人文内涵表达需要有效地结合起来，全面实现语文教育的功能，体现语文学科的教育本质……语文教育以语言教育为其基本要求，文学教育虽然作为语文教育过程中的重要内容，却是不能独立于语言教育的目标要求之外而自行其是的。③

作者还举了梁实秋和朱绍禹等人的论述，进一步论证这个看法。

---

① 朱秋德．百年中学文学教育历程的回顾与反思［J］．兵团教育学院学报，2005（6）：4-7

② 薛川东．试论文学教育的含义与内容［J］．课程·教材·教法，1999（2）：4-8

③ 赵心宪．语文学科的文学教育的观念与目标定位［J］．重庆教育学院学报，2004（1）：84-89

4. 文学教育=语文审美教育或情感教育

例如，罗执廷、刘芙蓉《中小学语文应加强文学教育》一文，虽没有明确界定文学教育的内涵，但其中“在高考指挥棒的作用下，审美教育退化成知识教育，完全背离了文学教育的初衷”等处文字，却是把文学教育和审美教育当做同一概念在使用。① 张永昊、周均平看法与此相似，认为语文审美教育是文化型的形象化的情感教育，它主要通过文学教育来进行，忽视了文学教育，也就基本上否定了语文审美教育。这是把文学教育作为语文审美教育的主体来认识的。②

5. 文学教育=以文学作品的审美教育为切入点的语文素养教育

例如，有的研究者认为，“文学教育是指语文教学中以文学作品的审美属性为基点，以文学接受为形式，以高效、顺畅的状态系统为标志，全面培养学生的语文素养和语文能力，以学生的能力发展和人格建构的整合为目标和归宿的一种教育思想的行为”。③ 类似的定义还有，如“文学教育就是一种通过文本阅读、教学、赏析等，使人在获得审美愉悦的同时丰富知识、发展能力、提升道德、开阔视野、陶冶情操的过程”。④“文学教育是一种以文学作品为媒介进行的教育活动”，即通过文学作品的审美意象、审美情感与审美理想的教育，“让受教育者广泛接受文学的涵养，在文学审美实践中去提高鉴赏和创造文学美的能力，培养健康的审美情趣，树立正确的文学观”。⑤“文学教育是情感教育，是审美教育，是主体性教育，是创造性教育，是一种精神陶冶和感悟能力、理解力、想象力、写作力磨砺的过程”。⑥

6. 广义文学教育=文学活动；狭义文学教育=文学鉴赏活动+校园文学活动

例如，有论文这样表述：

文学教育伴随着文学的产生而产生，根据文学的本质、功用，我们可

---

① 罗执廷、刘芙蓉．中小学语文应加强文学教育［J］．语文教学之友，1999（8）：10-11

② 张永昊、周均平．感应与塑造——语文审美教育论［M］．青岛：青岛海洋大学出版社，1998.

③ 王保升．试析文学教育的基本内涵［J］．陕西广播电视大学学报，2002（1）：86-91

④ 鲁定元．文学教育刍议［J］．内蒙古师范大学学报（教育科学版），2005（1）：90-92

⑤ 陈国平．文学教育的涵义解读和实际操作［J］．海南广播电视大学学报，2005（2）：91-93

⑥ 马丽．重新审视文学教育 回归文学教育本位［J］．广东教育学院学报，2005（2）：86-91

以认为一切形式的文学活动都是文学教育，这是广义的文学教育。我们所讨论的文学教育是学校语文教育中的文学教育，它是文学进入学校教育的主要方式，是狭义的文学教育。所谓文学教育，就是一种有意识的文学审美活动，落实到学校教育中主要是指文学鉴赏教育和校园文学活动教育。它是一种教学行为，通过文学的手段培养学生的审美兴趣与审美能力，终极目标是培养审美人生观。①

7. 广义的文学教育=提高文学欣赏能力的活动；狭义文学教育=鉴赏文学作品的审美要素

例如，有的研究者这样认为：

广义的文学教育指的是学校、家庭和社会生活中一切有利于培养人的文学欣赏能力、提高其文学修养的活动。狭义的文学教育是指学校语文教学不可缺少的教学行为，即在语文教学过程中，通过对文学作品的审美要素进行鉴赏，让学生深入体验其中蕴含的意义和情感，并以对话的方式展开交流，实现对文本的创造性理解，最终培养学生健康高尚的审美情趣和文学欣赏能力，提高其文学修养和文化品位，完满个性，健全人格。狭义的文学教育指的就是文学教学。②

以上所举可能并不全面，但这种情况已经可以说明一个事实：文学教育的内涵并不单一，相反，它具有多向度、多层面的特点，需要研究者以复杂性思维来对待。

（三）课堂教学框架下的文学教育

课堂教学框架下的文学教育的内涵也并非一成不变，人们对它经历复杂的认识过程。这里我们通过新中国成立后三个语文教学大纲的表述来说明。

1. 1956 年《初级中学文学教学大纲》（草案）规定文学教养的任务：（一）指导学生学习更多的文学作品，领会这些作品的思想内容和艺术形式；（二）结合文学作品的教学，讲授某些必要的文学理论常识和文学史常识，帮助学生更好地领会文学作品；（三）指导学生在学习文学作品的过程中，丰富语言知识，并学习用口头语言和书面语言明确地表达思想感情。其教学内容“包括文学作品以及结合文学作品讲授的文学理论常识和文学史知识”。由此可见，汉语文学分科时期，作为文学教育具体途径的文学教学，相当于文学作品的阅读教学和文学知识的教学两部分。

---

① 柯中林．迷失与重构：论中学语文教育中的文学教育［D］．武汉：华中师范大学，2006

② 范冬梅．内涵与本质——文学教育基本理论建构［J］．语文教学之友，2003（10）：20-22

2. 1990 年《全日制中学语文教学大纲》指出高中阶段通过“阅读文学作品”“文学名著”等阅读能力的培养使学生“初步具有对文学作品的鉴别欣赏能力”。文学教学的主要内容是文学作品的鉴别与欣赏。

3. 2000 年《全日制普通高级中学语文教学大纲》（实验修订版）在“文学鉴赏能力”的基础上进一步提出了“审美情趣”和“审美能力”的文学教育目标，具体内容是“感受文学形象，品味文学作品的语言和艺术技巧的表现力，初步鉴赏文学作品”。

从偏重“文学知识”到偏重“文学鉴赏能力”，再到同时强调“审美情趣”和“审美能力”，课堂教学框架下的文学教育正从一维独立走向多维并举，显示了对文学教育内涵认识的深化。

二、文学教育研究的七个层面

前面我们提到，对于文学教育研究应该运用复杂性思维，这种复杂性思维首先体现为研究者需要清醒地明确自己的研究层面。“理论研究和理论体系的不同，根由之一是研究层面的差别，层面不同，就是研究者所要解决的问题不同。”① 界定清楚研究所处的层面，不仅可以使研究者意识到自己所讨论问题的范围界定，同时也可以鉴别已有相关研究，使学术呈现累进状向前发展。

在文学教育研究领域，曾出现过这种可贵的“层面意识”。如基于人类文化学的考察，梁实秋建设性地提出的“三阶层（层次）”说，认为语文教育本质上就是言语教育，从社会到学校具有粗俗的、标准的、文学三个层次的不同要求，而“所谓语文教育的目的，大部分在于标准语文的使用之训练”，② 文学教育是语文教育的最高境界。这一观点沟通了社会、学校和语文课堂三个层面，打开了文学教育研究的视野。也有学者从相反的角度确认文学教育研究的基点：“中学文学教学不同于社会文学教育，也与大学中文系的文学教学有异。它侧重于初步的文学鉴赏。教学对象是中学的青少年，目标自然不在研究，更不在文学创作。”③ 赵心宪则对基础教育阶段的文学教育从文学教育目标的角度加以区分，力图分辨小学、初中和高中的区别。他把基础教育的文学教育目标定位为启蒙意义的文学教育，按

---

① 丛立新. 课程论问题［M］. 北京：教育科学出版社，2000：9

② 梁实秋. 梁实秋散文（四）［M］. 北京：中国广播电视出版社，1989：225

③ 饶杰腾.“定位”与“到位”——20 世纪前期语文教育家论文学教育述评［J］. 中学语文教学，2001（2）：3-6

学习阶段把这一目标分解为三个层次：一是具体作品的感性进入，这是小学和初中文学教育的目标；二是具体作品的初级理性进入，高中阶段的文学教育目标具有这个特点；三是具体作品的高级理性进入，高中学生可以从教师的审美阐释中领悟。①

上述观点似过于粗糙，主要缺点是鉴别力不够强，“研究层面”尚需补充和调整。

王荣生在《语文科课程论基础》一书中，将语文教育研究划分为“人——语文活动”“人——语文学习”“语文科”“语文课程具体形态”“语文教材具体形态”“语文教学具体形态”和“语文教育评价”七个层面。② 文学课程作为语文课程的重要部分，如按这“七层面”作一分解，或许能够给混沌一片的文学教育研究作出较为清晰的定位。

（一）“人——文学活动”层面的研究

唯物主义一个最朴素的真理告诉我们，人要生存，首先要解决吃穿住的问题。吃穿住是人类的第一需要。满足了这一需要后，另一需要就会被提升起来，那就是人类的精神需要。文学作为人类一种重要的精神活动方式，正是用来满足人类精神需要的。这是一般的认识。从更为本质意义上说，文学还是人类的一种生存方式。人类的本真生存方式总是要寻求诗意的栖居，伟大的文学家总是通过作品揭示出世界的意义。

按照美国当代文艺家艾布拉姆斯的观点，文学作为一种活动，是由世界、作者、作品和读者共同构成的，他说：“每一件艺术品总要涉及四个要点，几乎所有力求周密的理论总会在大体上对这四个要素加以区别，使人一目了然。第一要素是作品。即艺术作品本身，由于作品是人为的产品，所以第二共同要素便是生产者，即艺术家。第三，一般认为，作品总得有一个直接或间接导源与现实事物的主题——总会涉及、表现、反映某种客观状况或者与此有关的东西。这第三个要素便可以认为是由人物和行动、思想和情感、物质和事件或者超越感觉的本质所构成，常常用‘自然’这个通用的词来表示，我们却不妨换用一个含义更广的中性词——世界。最后一个要素是欣赏者，即听众、观众、读者。作品为他们而写，或至少会引起他们的关注。”③

---

① 赵心宪．语文学科的文学教育的观念与目标定位［J］．重庆教育学院学报，2004（1）：84-89

② 王荣生．语文科课程论基础［M］．上海：上海教育出版社，2005：3-20

③ ［美］M. H. 艾布拉姆斯著，郦稚牛等译．镜与灯——浪漫主义文论及批评传统［M］．北京：北京大学出版社，1989：5-6

由于文学本身所具有的与生俱来的教育功能，任何文学活动都包含着教育的性质。因此，在这个层面上，文学教育活动和文学活动等同，文学教育研究和文学研究等同。

围绕上述四个要素，这一层面上的文学教育研究有四个基本主题：文学本质、文学创作、作品构成和文学接受。文学本质研究从总体上研究文学活动区别于人类其他活动的特殊性质；文学创作研究主要研究文学创作的心理流程，洞察文学创作的规律；作品构成研究主要研究作品的构成方式、艺术规律和审美要素；文学接受研究主要揭示文学阅读、接受和批评的一般规律。这四个主题构成文学理论的四大范畴，其对象都是抽象意义上的“文学”。具体意义上的“文学”同样是文学教育研究的主题，针对具体作品的研究有文学批评研究和文学史研究两个方面。

（二）“人——文学学习”层面的研究

这个层面是从“人——文学活动”层面中勉强拉出来的，它的范围和“人——文学活动”一样大，几乎等同于人类精神活动。文学学习是离不开文学活动的，它与文学活动相伴而行，“在文学阅读中学会文学阅读”“在文学写作中学会文学写作”。但是，学习和活动毕竟不是同一回事，两者之间有本质上的差异。用心理学的定义来说，“学习是人的倾向（disposition）或能力（capability）的变化，这种变化能够保持且不能单纯归因于生长过程”（加涅语）①，也就是说，学习的发生与否，前提是倾向或能力的变化。更通俗地说，文学学习指向的是这样一个过程：一个人通过文学阅读或写作，水平变得比以前更好了些。学习自然是种活动，但活动未必就发生学习。有的文学活动，不一定发生文学学习，比如有人今天用读传记的方式读诗，比附作者的经历或逸闻轶事，明天仍然用这种方式阅读诗歌，他尽管进行了文学活动，但就阅读诗歌的水平来说，他并没有发生倾向或能力上的变化，也就是说，文学学习并没有发生。

同样，这个层面也是从文学课程及其下位层面中勉强拉出来的。在文学课程及其下位的各种具体形态中，我们讨论的范围局限于基础教育阶段一周几节语文课或文学课上文学学习及其相关活动中的文学学习。而在这一层面讨论的文学学习则是指人类以及个人在自然条件或实验条件下，同样也包含教学条件下（如大学中文系课程）的文学学习。

（三）文学课程层面的研究

文学课程，指的是基础教育阶段包含在语文科目中的文学教学（非独

① 邵瑞珍主编．教育心理学［M］．上海：上海教育出版社，1997：27

立或半独立文学课程）以及相应的课外活动，或课程表里所列明的科目（如独立文学课程）以及相应的课外活动。文学向来是个集合概念，具有抽象的性质，实际存在的文学都是具体的文学作品，笼而统之的文学课程是没有的，存在着的都是一种种具体的文学课程，一种种具体的教材和一种种具体教学形态的文学教学。正是这些具体形态的东西汇总起来，构成了文学课程。换个角度来说，文学课程不仅仅是一种教学科目或科目的构成内容，而主要是从诸种具体形态中抽象出来，形成的一种研究高度或研究范围。

文学课程所要研究的问题，是将文学课程与教学放在一个总体而抽象的程度上加以研究，也就是人们通常所说的对于基本问题的研究。上述梁实秋、赵心宪的研究就属于这一层面的研究。

（四）文学课程具体形态层面的研究

这一层面的研究其实就是语文科文学课程设计的工作研究，也就是在我国既定课程标准指导之下，对文学课程具体组织形式和课程内容的研制。我们暂且假定文学课程是由 ABCD 几种具体形态构成，那么这一层面就是要着眼这些具体形态或既定形态的诸多方面加以研究。

（五）文学教材具体形态层面的研究

这个层面是在语文科文学课程具体形态既定的条件下，对各种可能的教材或对既定教材的多个方面加以研究，实际上也就是文学教材开发编制研究。

（六）文学教学具体形态层面的研究

这个层面是在语文科文学教材的具体形态既定的条件下，对各种可能的教学或既定教学的各个方面加以研究。在“一纲一本制”时代，这种研究比较简单。在“一标多纲多本”的时代，文学课程和文学教材呈现多样的形态，各种教学形态几乎不具有通约性，研究起来就比较复杂。

（七）文学教育评价层面的研究

广义的文学教育评价包括文学课程评估、文学教材评价和文学教学评价，这些方面的研究常常要与文学课程、文学课程具体形态、文学教材具体形态和文学教学具体形态交叉。狭义的文学教育评价，特指对学生文学能力的评价。评价主要就是测试，因此，这一层面的研究重心是如何测试学生，用什么内容、什么方式来测试学生。

在“考什么教什么”的当下，文学教育的评价关涉文学课程、文学教材和文学教学各个层面，对这一点我们重视不够。我国文学教育之所以屡遭诟病，与评价方式的粗暴与简单是脱不了干系的。最突出的证据是语文标准化试题和写作考试中不允许写成诗歌的戒律。前者“把审美价值的体悟，放在标准化的客观化的选择题中，本身就是对于情感价值的粗暴抹杀”①，后者导致“诗歌教学‘檀板之声无色’，诗歌写作教学也就‘万马齐喑’了”②。

三、文学教育研究的三种模式

A. C. 珀维斯（Purvis）在研究不同国家资料及对美国、欧洲文学教育史的考察基础上，总结出当今文学教育中存在的三种完全不同的深层结构，我们称之为三种模式③（如表 1-1）。尽管在任何历史时代或任何国家中，这些模式都不大具有单纯的状态，但即使这样，还是可以比较清楚地区别它们。这种区别对于我国混沌一片的文学教育研究是非常有价值的。

（一）模仿模式

模仿模式是历史上最古老的文学教育模式。它起源于希腊语和拉丁语占支配地位的时代，当时学生通过记忆和模仿经典的方法接受教育。主张采用模仿模式进行文学教育的人，如马修·阿诺德（Mathew Arnold）、圣—伯夫（Saint-Beuve）、泰纳（Taine）、爱默生（Emerson）等，认为文学是人类的遗产，阅读、吸收、模仿这一遗产可向年轻人传递文化价值观念；能否掌握优秀文学作品是人类是否具有文化教养的“试金石”。一些国家，如芬兰的课程十分强调文学作品所展示的民族精神，而瑞典和智利则突出文学作品的文化内涵。英国文学课程标准明确规定学生应阅读和研究的各个时期英国、美国以及其他国家的作家与作品；规定了学生必须学习的文学体裁；规定了详尽分析与“广泛阅读”两种必备的阅读能力和方式。

采用模仿模式的文学教育课程强调细节，这是因为它更多地以知识为依据，注重作品的、作家的和文学趋向等的知识。至于教材的排列顺序，模仿模式的课程结构一般是按年代进行排列，尽管年代的划分要根据具体

---

① 孙绍振．直谏中学语文教学［M］．南方日报出版社，2003：12

② 方印中．诗歌的教育意义——对考试一个指令的异议［A］．上海：上海教育出版社，2000：265-267

③ 江山野编译．简明国际教育百科全书·课程［M］．北京：教育科学出版社，1991：277-282

的文学流派和主题而有所调整。

（二）分析模式

文学教育的分析模式建立在文学批评和文学审美的研究成果基础之上，20世纪70年代才出现。主张采用分析模式文学教育方法的人认为，文学本身是不能传授的，人们只能教会学生进行文学批评，如把逻辑评论的方法用于文学作品的讨论，或对作品的理论结构作些补充。他们强调发展学生的文学批判才能；发展学生对文学作品的理解、分析以及作出反应的能力。为此，这种模式主张要教给学生有关文学作品的理论知识，并且要给学生提供将文学的理论应用于分析具体作品的框架；给学生提供有关文学作品的第一手知识。

分析模式在西方许多国家中有所发展。在比利时，常常提及“原文分析”；在美国，有文学流派的研究。以分析模式为基础的文学教育中，关于文学感受的词语描述训练远比模仿模式的审美感受能力的训练重要。在西方许多国家，大学入学考试的文学部分就包括对不熟悉的文学作品的分析、解释。分析模式文学课程也重视知识，但它重视的是术语和评论结构的知识。至于教材的排列顺序，分析课程常根据文学作品的流派类型进行编排。

（三）衍生模式

衍生模式实际上是一种文学批评的心理学模式，其理论基础是弗洛伊德、荣格等人的心理学学说。弗洛伊德学派的文学批评，最早对作者和作品人物的精神进行分析，但后来转向分析评论家的反应以及对其他读者的反应，以此判断读者的个性。路易斯·罗森布拉特（Louise Rosenblat）所写《文学即探索》一书又对这种模式具有特殊作用。她论述了这样一个观点：所谓“诗”实际上是读者与作品之间产生的共鸣，所以所读的诗并非所写的诗。这个观点得到了法国结构主义和后结构主义评论家的进一步肯定。他们否认有“纯诗”，认为纯诗是一个由诗人和评论家加上去的结构。罗森布拉特分析了这种观点的教育学意义：“教学是通过阅读课文来引导学生进行自我评价，以提高其个人从课文激发思维能力的过程。思维发展的起点在于必须依靠每个人自己的努力，发挥自己的才智，针对课文的刺激组织相应反应。教师的任务就是促使形成良好的相互作用，或更确切地说，是引导具体阅读者对具体作品产生交流。”

衍生模式的文学课程，更重视通过阅读而达到个体发展的目的。在课堂上，它常常采取无固定的探究形式，注重学生对作品的体验，引导学生与作品产生交流，指导学生在文学阅读中得到自我发展。至于教材的排列顺序，通常是按主题来编排的。

表 1-1：三种文学教育模式课程内容和行为类型的比较（I-模仿 A-分析 G-衍生）

行为＼内容范围	特定文学课文	背景知识	文学理论	文化知识
①熟知	I	I	A	I
②特定文学课文知识的运用	IG		A	
③文学史的应用	I			
④文学理论的运用	A			A
⑤文化知识的运用	I			
⑥反应	IAG			IG
⑦表达喜爱的模式	I			
⑧表达反应	GA			IG
⑨表达一贯的反应模式	A			
⑩对文学具有积极态度和兴趣	IAG	I	A	I

（四）混合模式

上述三种文学教育模式应该说各有所长。模仿模式着眼于文化传承，因此特别重视对优秀的文学遗产的继承，强调通过阅读经典作品领会其中的文化价值观念和民族精神。分析模式立足于培养学生的文学能力，重视学生在掌握一定文学理论和分析技术基础上，学会对文学作品的理解、分析、比较，并作出自己的反应。衍生模式立足于学生个体的发展，注重通过作品让学生获得个体独特的体验，发现自我，发展自我。但其所长正是其所短，因此，在实践中常常采用第四种模式，那就是混合模式，以实现三者间的互补。

目前我国语文教育理论界之所以在文学教育研究方面难以有合适的对话平台，关键是讨论者缺乏基本的立场，上述四种模式为我们确立自己的立场提供了可能。

四、文学教育研究的坐标系

通过上述分析，我们所尝试建构的文学教育研究坐标系略具雏形（如表 1-2）。它分纵横两个方面。纵，是研究的层面，主要参照王荣生的意见，把文学教育研究按社会活动、教育活动和语文教育活动三个领域分出七个层面，分别是："人——文学活动""人——文学学习""文学课程""文学课程具体形态""文学教材具体形态""文学教学具体形态"和"文学教育评价”；横，是研究的模式，主要参照 A. C. 珀维斯所总结的模仿模式、分析模式和衍生模式三种文学教育模式以及实践中常常使用的混合模式。

表 1-2：文学教育研究的坐标系

立场 层面	模仿模式	分析模式	衍生模式	混合模式
人——文学活动				
人——文学学习				
文学课程				
文学课程具体形态				
文学教材具体形态				
文学教学具体形态				
文学教育评价				

建构这个文学教育研究的坐标系，具有重要意义，它能够：

（1）使从事文学教育研究的人，确定自己的基本立场，由此出发，得出合理的结论。

（2）使从事文学教育研究的人，辨认出自己的问题属于哪一个层面，以便将论题集中于该层面。

（3）帮助读者确立对待文学教育研究的论文或著述的合适方式，并对其有一个判断的学术基准。

第二节 文学课程的存在形态

一、独立文学课程与非独立文学课程

就形式而言，文学课程一般分为独立文学课程与非独立文学课程。前者如美国、英国、俄罗斯，后者如日本、德国。在我国，台湾地区实行统一的国语文科（小学称国语，中学称国文），文学课程不具有独立性，而香港地区经过近二十年的论争，1971 年终于把中文科分为“中国语文”和“中国文学”两科，各自确立了不同的目标和要求；大陆地区除了上世纪 50 年代语言、文学分科时期短暂出现过独立的文学课程，其余时期文学被笼盖在语文课程之下，实施的是非独立文学课程。

（一）独立文学课程

通常意义上说，所谓独立文学课程指的是拥有独立的课程目标、课程内容、教材形式和评价形式的文学课程形态。英国就是典型例子。

1985 年颁布的英国《普通中等教育证书国家标准 · 英语》中指出：“英语可视为一门学科，也可以看作英语和英国文学两门课程。”① 在英国中等教育中，文学课程与语言课程各自的独立性从课程标准到教材形式都一目了然。作为国家法定的课程文件，《普通中等教育证书国家标准 · 英语》的结构和纲目如下②：

---

① 倪文锦、欧阳汝颖．语文教育展望［M］．上海：华东师范大学出版社，2002：51

② 中外母语教材比较研究课题组编．外语文教材评介［M］．南京：江苏教育出版社，2000：12（可同时参阅洪宗礼等主编．母语教材研究 6：外国语文课程标准译介［M］．南京：江苏教育出版社，2007：1-92）

1. 目的

A项：英语	B项：英国文学
1. 评定目标	1. 评定目标
2. 内容	2. 内容
3. 评定目标和内容的关系	3. 评定目标和内容的关系
4. 评定技术	4. 评定技术
5. 等级说明	5. 等级说明

它规定英语科目的总目的为：（1）准确、恰当而有效地经由说和写去交际；（2）对所读、所听内容以及多种媒介中所传播的东西，能有想象地加以理解并作出反应；（3）喜爱并欣赏文学作品；（4）理解自己和他人。这四个目的分别落实在“英语”和“英国文学”两门课程的评定目标中。体现在“英国文学”中的评定目标为：（1）获得有关文学作品的第一手知识；（2）能从表面意义和深层主题、态度等多方面理解文学作品；（3）认识和欣赏作家运用语言的方式；（4）认识和欣赏作家取得成效的其他手段（如结构、刻画性格等）；（5）交流阅读文学作品的感受，报告个人的反应。①

在英国中等教育的英语学科中，教科书的编写也是英语、英国文学分编的。由畅销书作家 John Seely 编写，牛津大学出版社 1991 年出版的《牛津英语教程》就是例子。它的每一分册都分 A、B 两部分，A 部分为文学领域专题，包括小说、诗歌、剧本、散文精粹四种体裁的文学作品，既有 20 世纪以前的作品，也有当代作家的作品；B 部分为语言应用领域，包括拼写、语法、标点、格式在内的各种语言知识和实践指导，具体项目分为“说和听”“阅读”和“写作”及“书写格式”等。② 由于独立开设的文学课程是为学生升入大学作准备的，因此其教材内容比较专业，课程计划和实施程序也比较成熟。

（二）非独立文学课程

非独立文学课程是指文学作为一个要素统一在语文课程之下的文学课程形态。如日本，长期以来坚持言语教育的立场，尽管对文学教育有一定程度的重视，但文学课程目标和课程内容难以得到比较明确的表述。其小

① 中外母语教材比较研究课题组编．外国母语教材评介［M］．南京：江苏教育出版社，2000：29

② 中外母语教材比较研究课题组编．外国母语教材评介［M］．南京：江苏教育出版社，2000：40-41（可同时参阅洪宗礼等主编．母语教材研究6：外国语文课程标准译介［M］．南京：江苏教育出版社，2007：234-263）

学、初中和高中的整体目标分别为：

小学：在培养学生对国语的正确理解能力和准确的表达能力的同时，培养尊重国语的态度。

初中：在培养学生对国语的正确理解能力和准确的表达能力的同时，加深对国语的认识，丰富语感，培养尊重国语的态度。

高中：在培养学生对国语的正确理解能力和准确的表达能力的同时，加深对言语文化的爱好，丰富言语感觉，养成尊重国语并谋求其发展的态度。

这种非独立性在教科书编写中往往表现为文字、语言和文学作品并行，听说读写知识和文学知识并重。如《中等新国语一》（光村图书会社出版）的单元内容如下表：

表1-3：《中等新国语一》（光村图书会社出版）的单元内容

（根据朱绍禹、庄文中．本国语文［M］．北京：人民教育出版社2001年版第335页相关内容制作）

序号	单元名	学习内容	序号	单元名	学习内容
1	心和语言	国语辞典、汉和辞典	6	文学的鉴赏	文法的学习4
2	文字的表达	文法的学习1 表达1：生活和作文	7	古典的含义	汉字的构成
3	文章的逻辑	文法的学习2 表达2：对话	8	文学和人生	表达4：写诗
4	爱好文学	文字的带来物——为了读书（一） 汉语和和语（日语）	9	语言和思考	文法的学习5 表达5：日记和书信
5	信息和生活	如何读书——为了读书（二） 文法的学习3 表达3：研究记录（作文和发表）	10	读书向导	文法1： 语言和文法 意味的归纳 支持文章的东西 句的组织 单词的种类

（三）半独立文学课程

从实践情况来看，我们认为还应当关注一种半独立的文学课程。这种文学课程形态介于独立和非独立之间，说独立，是指它在课程目标、课程内容方面与语言课程有分列的表述，可以从课程文件中比较容易、相对明确地分拨出来；说不独立，是指文学课程只作为语文学科的一个组成部分，与语言课程共同形成其上位的语文学科。

比如法国国民教育部1985年颁布的《初中教学大纲和训令》，就把文学和语言课程目标和课程内容以分列的形式予以表述。该大纲提出初中法语的三个课程目标，除了第三个谈方法，其他两个分别表述的是语言和文学的课程目标。语言的目标是：使学生能够正确和清晰地进行口头语言和书面语言的表达；文学的目标是：通过对文学作品的初步学习发展学生的智力、情感和文学想象力，培养学生的思维和判断能力。

在课程内容安排上，该大纲对语言和文学也基本采用分置的办法，以第一学习阶段为例。

语言的理性实践，包含：句子方面，名词和名词词组方面，动词和动词词组方面，句法功能方面，词的分类方面，诗歌语言方面，词汇、拼写和口语书写方面。

文化修养，包含：学习自中世纪至20世纪用法语进行创作的作家作品；叙事体作品方面，包括短篇小说、神话、传奇、新闻、探险小说、科学幻想小说等；戏剧方面，可以选择适合于学生年龄的剧本或场次，至少应选学莫里哀两部作品中的一部；诗歌方面，学习拉封丹寓言和各种诗歌；学习某些用法语写作的外国作家的作品；学习古典翻译作品；学习外国翻译作品；学习与当今世界相关、并能引起批判性讨论的新闻、报道、信息、资料；学习某些电影电视和视听资料。①

韩国的情况有相似的地方。在《韩国语文课程标准》中规定，国民必修国语课由听、说、读、写、国语知识和文学六个领域构成。其文学领域有比较独立的课程内容，包含两大部分②：

知识：

——文学的本质（文学的特点、分支、韩国文学的特征、文学史脉络）

——文学欣赏与创作（作品美的构造、作品里反映的社会文化情况、文学的创作知识）

——对文学的态度（动机、兴趣、习惯、价值）

实践：

作品欣赏和创作的诗（童诗），小说（童话、故事），戏剧（剧本），随笔。

---

① 朱绍禹、庄文中．本国语文［M］．北京：人民教育出版社，2001：67-70（可同时参阅洪宗礼等主编．母语教材研究6：外国语文课程标准译介［M］．南京：江苏教育出版社，2007：135-221）

② 中外母语教材比较研究课题组．中外母语课程标准译编［M］．江苏教育出版社，2000：501-502

二、显性文学课程与隐性文学课程

将课程区分为“显性课程”（manifest curriculum）和“隐性课程”（hidden curriculum），这是现代课程理论的一大进步，前者发挥的是有计划、有预期的教育影响，后者发挥的是非计划性、非预期性的教育影响。完整的文学课程应当包含显性文学课程和隐性文学课程。显性文学课程是指列入教学计划，有相对明确课程目标、课程内容和教材形式的文学课程形态；隐性文学课程就广义来说，包括校园文化、教师风貌以及物质环境等，而就狭义来说，是指隐含在显性文学课程里面的人文思想的教育影响。这两者之间衔接、交融，共同构筑学生的文学世界，提升其文学能力。

（一）显性文学课程

显性文学课程的最大特点是预设性，其课程目标和课程内容都在课程文件预先予以规定。在美国语文课程标准体系中，文学课程标准是这样来表述课程目标和课程内容的①：

文学包括诗歌、小说、非小说类作品及散文，与指导性、说明性、新闻性的作品有所不同。

A. 学生通过阐释性、批判性和评价性活动表现出对非小说类作品、小说、诗歌和戏剧的理解，即做到：

- 通过作品不断重现主题；
- 分析作者在词语选择、内容安排方面所产生的效果；
- 考虑不同流派的区别；
- 评价作品的优点；
- 考虑观点和个人风格的功能；
- 从人物的背景和基本动机角度分析角色行动的缘由；
- 将刻板的人物与丰满的人物进行比较鉴别；
- 评析某一情节的虚构程度和真实程度；
- 就背景、事件、人物、场所方面进行推理并得出结论。

B. 学生按某类文学作品风格的规则写作至少一篇该流派的作品。

其中，课程内容涉及文学阅读和文学理解两个方面，而文学阅读又包含了文学知识（如主题、流派、观点、风格、人物、角色、虚构、真实等）

---

① 美国国家教育中心、匹兹堡大学著，上海市教育科学研究院组译．英语、数学、科学、应用能力表现标准［S］．北京：人民教育出版社，2004：23-28

和文学能力（如主题重现、鉴赏语言、评价作品、鉴别人物、区分虚构与真实等）方面的内容。这些知识和能力不仅规定了教材的主要内容，还直接影响教师对教学内容的理解和选择。

一般来说，显性文学课程还有相对比较明确的评价方法，通过评价，落实课程内容，并引导课堂教学的基本走向。比如对上述“文学理解”的课程内容，课程标准就明确规定了几种基本的评价方法：

显示学生理解文学作品的活动例子包括：

- ◆ 确定为什么有些人物（小说或非小说类文学作品中）会以某种方式表现自己；
- ◆ 将同一主题的作品加以联系；
- ◆ 向一组成年人富有创意地复述一个熟悉的神话故事；
- ◆ 根据一首诗的解释创作一首诗；
- ◆ 将一儿童文学作品与其改编的电视作品进行比较；
- ◆ 参加正式或非正式的读书活动。

文学课程侧重表现性评价，上述评价方法基本就属于这一类。表现性评价“要求学生创造出答案或产品以展示其知识或技能”①，它不只关注被测量者的知识和能力，还特别关注其情感和态度，这是文学课程最需要体现的一个方面。

（二）隐性文学课程

隐性课程是潜藏在课内外、校内外教育活动中的教育因素。正如美国著名教育家约翰·杜威（John Dewey，1859-1952）所指出的那样，隐性课程中的“附带学习”可能是更为重要的，因为所形成的情感态度对于未来的价值是更为根本的。② 克伯屈进一步发展了杜威的思想。他认为，整体性学习应包括三个部分：“主学习”（primary learning）（即直接学习）、“副学习”（associate learning）（即相关学习）和“附学习”（concomitant learning）（即间接学习）。“主学习”是指一种对事物的直接学习，直接获得知识与技能。“副学习”是指由“主学习”而联想到的有关知识与技能。“附学习”则指比较概括的理想、态度及道德习惯，它是逐步为学生获得的，一经获得，就将持久地保持下去，影响人的一生。对于隐性文学课程，我们更需要有这样的认识。

从某种意义上说，文学不仅是一种知识，更是一种情怀。文学以它独特的方式所体现出来的彼岸关怀与现实关怀是其他任何课程都无法替代的。

---

① 王小明．表现性评价：一种高级学习的评价方法［J］，全球教育展望，2003，（11）：47-51

② 张华．课程与教学论［M］．上海：上海教育出版社，2000：295-296

彼岸关怀是一种对人类未知空间的探询态度，这种探询能够使人认识到自身的局限性，从而追求人性的完善；而现实关怀则主要表现为文学的社会承担性，关注弱势群体，反抗来自社会各方面的压抑和不公平，是一种对现实人生的悲悯情怀，① 这样一种人文素养和人文情怀的形成需要潜移默化的环境和实践的陶冶，因此必须加强隐性文学课程的建设。

隐性文学课程从课程资源的角度来说可以分为环境性隐性文学课程、实践性隐性文学课程和研究性隐性文学课程三种。

环境性隐性文学课程就是要利用一切可资利用的文学课程资源营造一个良好的文学学习环境，让学生进入一种不期然而然的自然学习氛围，并能沉浸其中，在潜移默化中提高自己的文学素养。比如在学校图书馆设立"阅读专柜"，引导学生多接触文学；在校园内设立"文学长廊"，向学生介绍各种经典或畅销作品；在教室内设立"阅读栏""赏析栏"，将学生自己的随笔、习作进行展示；在楼道内悬挂著名作家、诗人的照片和名言警句，鼓励激发学生的文学热忱。在网络时代，人们还可借助互联网进行文学交流，如建立"班级博客"或个人博客，互相推荐优秀作品，评点文学习作，结成文学兴趣小组或文学社等。

实践性隐性文学课程根据学生的心理和兴趣开展丰富的文学活动，将自己学到的知识、技能运用到文学实践中，在实践中锻炼，在锻炼中成长。语文教师可以利用学校的图文资源、场馆资源和会议资源，组织学生开展阅读交流会、演讲比赛、辩论比赛，组织学生参观博物馆、纪念堂、展览馆，走访社区公共机构，了解本地的自然风光、文物古迹、民俗风情，观看体育比赛、戏剧表演，参加社会公益性劳动等等，使学生走进社会，接触自然，既培养了观察能力，获取丰富的生活体验，又提高了对美的多样性了解，形成审美的意识和能力。

研究性隐性文学课程，主要是利用文学课程资源创设主题情境。语文教师要将学生内在的求知热情看作丰富的文学课程资源进行开发，唤起学生的研究性意识。在这方面语文教材为学生研究性文学活动提供了探究的空间。对于文学课文，学生既可以作单篇研究性阅读，分析作品语言、内容和思想价值；也可以将作品放到更大的参照系中，与体裁、题材相类似的作品进行比较，与同一作家的不同作品进行比较，分析异同，探讨规律；还可以对一个作家不同时期的作品进行分析理解。这样的文学课程开放自由，有助于培养学生学习文学的积极性和创造意识。

---

① 徐志伟．关于文学教育范式危机问题的思考［J］．文艺评论，2005，（5）：18-19

第三节　课程目标观照下的文学课程内容

一、目标错位与内容异化

课程内容是由课程目标决定的，有怎样的课程目标就会考虑选择怎样的课程内容。而要回答文学课程的目标，显然必须先认清文学的本质作用。文学的本质作用是什么呢？这一观点几乎是当前文艺学界的共识："文学是对人类世界的一种掌握方式，是凝聚人类生活的片断，也是人类本质力量对象化的一个重要方面。"① 这表明，文学有着鲜明的主体性和深刻的人学内涵。文学是写人的，是人写的，是为人而写的。文学所表现的只能是"人与人类"的生活。这就要求文学必须以人为中心，表现出对人的关怀，满足人的要求愿望，反映人的思想情感，表现出人性的深厚内涵。"虽然，在培养人的目标上，教育比文学表现出更强的理念规定性、内容系统性、行为目的性与价值功利性，但文学与教育在目的上共同指向个体人格的成长与社会文明的进步"，② 因此，处于教育情境下的文学，其"目的价值"自然就蕴涵在"文学"之中。也就是说，语文学科中文学教育的本体是文学。这就意味着文学教育首先不是获得知识，而在于情感的陶冶、思维和智慧的激活、心灵的沟通与交流、精神世界的拓展以及生命质量的提升。一句话，审美性目标是文学教育的根本目标。

但是，在语文独立设科之初，因受社会政治、经济、文化影响，文学教育的目标就发生了严重错位，文学教育不是去关注文学本身的形象美、

---

① 赵炎秋．瓢水一得［A］．文学理论与中国文学研究［C］．长沙：湖南人民出版社，2002：63

② 黄耀红．新中国中学文学教育的问题及成因［J］．中学语文教学参考，2005（5）：16－19

情感美、语言美，不是去关注其中丰富的人性内涵，而是成为政治教育、思想教育和道德教育的工具和载体。《奏定学堂章程》中规定的与文学教育相关的“中国文学”，第一次作为一门学科进入教育体制，开启了今日语文学科的先声。它在教育目的上强调：一培养忠君、明礼、尊儒思想，二通文理、解词句、习文法、备应用；三统一全国语言，团结民众。在救亡图存的社会语境中，现代语文教育中的文学教育一开始就偏重于道德教化，开启民智、民族认同、凝聚人民的作用，其强烈的政治、道德思想指向影响了后来，特别是新中国成立后文学教育的基本走向。梁启超在 1902 年发表的《论小说与群治之关系》中说：“欲新一国之民，不可不先新一国之小说。故欲新道德，必先新小说；欲新宗教，必新小说；欲新政治，必新小说；欲新风俗，必新小说；欲新学艺，必新小说；乃至欲新人心，欲新人格，必新小说。”① 这里，“小说”作为一种群治的手段，强调的是它的功利性社会意义，而不是超功利的拓展精神世界的个人价值。

新中国成立后，政治形势风起云涌，革命建设波澜壮阔。中国的文学创作也不能不承担起沉重的社会使命。对中学文学教育来说，不管是汉语、文学分科时期，还是工具论提出后文学教育的低迷时期，抑或文学教育的复兴期，凌驾于文学教育之上的总是培养社会主义新人的重大历史使命。文学教育的作用是提供社会主义新人的公共价值体系和先验性规范的样本。它是培养社会主义新人的一种工具，一种手段，文学的本体性迷失于这种泛化的教育性之中。1961 年 12 月 3 日的《文汇报》发表社论《试论语文教学的目的和任务》指出：“语文归根到底是一种工具，是阶级斗争的工具，是生产斗争的工具，是交流思想情感的工具，是传播知识的工具。语文知识教学和政治思想教育就是这样密不可分，在统一的教学过程中同时进行的。”语文教学的目的和任务是：“使学生正确、熟练地掌握与运用祖国的语言文字，培养与提高学生的阅读和表达能力，并通过教学内容的教育与感染，培养学生具有正确的观点，健康的思想感情和高尚的品德。”这样，文学教育不是关注人的世界，人的生活的展开，不是对人性的内涵的充分挖掘，而是强调它在政治教育、思想教育方面的功能。因此，它很难成为人们的精神家园和精神生活的方式，特别是功利与计算充斥周围生活的时候，文学理解的意识形态化直接导致了人文精神的陨落。

与文学课程目标的这种严重错位对应，文学的课程内容也随之发生异化，表现为一种政治泛化和道德强渗的倾向。首先，选入语文教材的文学作品明显存在“三多”现象，即充满宏大叙事的、歌功颂德的作品多，再

① 梁启超．论小说与群治之关系 [J]．新小说，1902（1）：9-11

现新民主主义革命战争题材的作品多，讴歌祖国大好河山，体现时代变化的作品多。在作家选择上，也同样强调他的政治先进性，而对作品的文学魅力和文学价值往往考虑不足。对于古代文学，我们往往要反复进行“去芜存真”，留下那些具有很强道德教化和政治教育作用，但文学价值并不高的作品。总之，教材的思想教育取向远远超过作品的经典价值取向。其次，是阐释体系上的意识形态化。任何优秀的文学作品都被肢解为思想内容和艺术形式两大部分，每篇作品都成了“说明了什么，表现了什么，揭露了什么，赞美了什么”之类的空话和套话。被这种阐释体系肢解的文学作品，没有形象的丰富美感和情感的强烈震撼，没有人性力量的展示和对人生处境的深刻关注，只有一堆概念、一堆标签。一提《项链》，我们会条件反射地把玛蒂尔德的悲剧作为小资产阶级虚荣心的体现；看《阿Q正传》，必然把阿Q作为辛亥革命不彻底的典型例证；说起祥林嫂，应当分析她作为封建礼教牺牲品的特点；讨论《雷雨》，很少能绕开工人和资本家的对立。在主题提炼上，我们往往特别强调光明、乐观的、积极向上的正面引导，有意回避生活矛盾，回避社会矛盾，回避“小我”的情思与意趣。讲朱自清的《荷塘月色》少不了要批判小资产阶级苦闷思想，讲苏轼《赤壁怀古》，免不了要警示学生自觉抵制“人生如梦”的消极思想。总之，在文学作品中，只有政治与道德，思想与意识，没有活生生的人，没有活生生的人的生活。

错位的课程目标和异化的课程内容导致文学课堂上政治话语、道德话语以及意识形态话语盛行。学生从文学作品中读到的都是作为符号、作为思想、作为道德的“社会人”，而非作为生命个体的、表现人性光辉的“个体人”。文学本来是心灵的艺术，在这种情形下非但没有拉近人与人之间、心与心之间的距离，反而让个体的思想停留在假大空的主体抽象层面，心灵因此变得刻板、教条、生硬、狭隘，失去了个性，失去了丰富性，个体的语言、思维、个性、情感渐渐淹没于宏大的社会话语中，个体不仅没有获得自身，反而成了社会机器上的一个“零件”。

二、单维目标与文学课程内容

建国之初的中学文学教育深受苏联文学教育理论的影响，文学史知识与文学理论知识成为我国文学教育知识体系的主体。文学史知识，主要包括文学发展的源流、文体发展演变、作家作品的地位等，而文学理论知识，主要有文学的性质、作用，文学作品的内容和形式，文学欣赏的过程、方法与规律等。受政治气候与时代环境的影响，凌驾于这种知识体系之上的是强劲的社会意识形态。更为重要的是，文学教育所构建的知识体系与科学教育的知识体系在思维模式和实践模式上有着惊人的相似，文学教育的人文性淹没于科学化的操作与训练之中。当时，文学教育的知识体系主要是以语言学、文章学、文学史、文学理论所构成的理性经验，文学教学的过程成为主体理解知识、掌握知识的过程。有人不无揶揄地指出："作为语文教学的主体依据——文选式的教科书，将文学作品放在首位。但在进行教学时，文学却应作为传授语文知识的'实例'和训练语文能力的'情境'而存在""'观千剑然后识器'，语文教学不可能让学生'观千剑'，因而要借助文体知识加以灌输，结合课文之'一剑'而加以印证，使学生在阅读与欣赏的实践活动中理解、掌握先导性知识，进而才能准确地区分不同体裁的文学作品，养成辨析'属'文学样式中'种'的差别的能力"。① 教文学作品最后变为教知识，文学作品无非就是知识的一个例证而已。

这种"主知主义"下的文学教育，其最典型的教学方法莫过于"红领巾教学法"。这种20世纪50年代从苏联引入的教学方法从一开始就处于知识体系的严格控制之下。文学教学课上，对文学作品理解的一般手段就是分析，分析背景、情节、人物、主题、结构、写作特色等，这几乎构成了一种教学模式。任何内蕴丰富、形象丰满的文学作品，都成了可以条分缕析、可以作定性描述与定量分析的知识结构。毋庸置疑，红领巾教学法有其注重师生双边活动的优势，但其弱点是致命的，它所依赖的知识体系是一套基于理性主义的知识体系，完全忽视了文学的体验性特征，忽视了文学知识与科学知识体系相异相别的本质。受这种教学方法影响，我国长期以来的文学教学处于一种排除主体参与而强调教师讲解分析的状态中。文学课上，花的时间最多，最不厌其烦地进行的是一大堆关于作品内容和表达形式的分解，如中心思想、段落大意和艺术特色等等。似乎作品只有经过分析，其内涵和特色才能得到全面的展示，才能成为学生主体的一部分。

这种单维的文学知识教学，极大地限制了学生的文学感受力、多元理解力和丰富的文学想象力。按理说，文学的世界本身是个想象的世界，读者要通过文本感受艺术形象，填充图式，重构形象，使作者的经验、情感由凝固的物化形态，重新变为流动的观念形态。由于重构者的个性不同，经验不同，所处的文化环境也不同，必然有所选择、改造或创造，通过文本所重构的形象和实现的意义也就包含了多种可能性。法国接受美学家伊塞尔据此提出了"召唤结构"的概念，即文本的意义空白召唤着读者去联想、想象，去填补，去根据自己的"期待视野"发挥自己的创造性。也许

① 薛川东．"文学教育"的含义与内容［A］．江明主编．问题与对策——也谈中国语文教育［C］．北京：教育科学出版社，2000：202-203

中小学文学教育并不完全能够达到这一高度，但通过这种方式可以让学生明白：文学作品的解读方式是流动而不是凝固的，文学教学过程不仅有认知理解，也有感受和体验，还有对话与交流活动。文学记录的是作家对生活、生命的体验，文学阅读在于沟通心与心的距离，提升生命的质量；文学写作在于诗意地表达自身的感受，用自己的心去触摸社会人生，去反思自我。

确切地说，文学教育并不反对知识教学。现代教育是强调知识的教育。自夸美纽斯1615年在《泛智学校》一书中提出“泛智主义”以来，强调知识对于智慧形成的“主知主义”就一直是现代教育的重要取向。知识是教育目的得以实现的基础。没有知识的参与，便没有理智的训练；没有知识参与，也没有社会规范的保存和继承；没有知识的参与，情操的陶冶更是不可能。一个学生的文章阅读能力可能很强，却无法顺利阅读文学作品，这很大程度上是因为不了解文学作品所独有的一套约定俗成的准则规范（“文学语法”），缺乏“文学语法”的知识。卡勒（Culler）说：“任何人，如果他不熟悉文学，不知道如何读一本小说，他读诗歌时也会受到挫折。他的语言知识能帮助他理解短语和句子，但把短语和句子连成一体来理解就不知所云了，因为他不知道如何读小说，他不知道如何把诗歌当成文学作品读……他所缺乏的是‘文学能力’。他还没有掌握能把这些短语、句子转变成完整意思的‘文学语法’。”①“文学语法”“不仅仅是语言的，还包括事件与事件的相互作用（横向的和纵向的），人物之间的关系，思想及价值观体系的应用，体裁的形式结构或其他一些文学习俗，还有这些文学习俗与非文学世界的联系”。②

为了生成、提高学生的文学素养，培养学生纯正而有个性化的文学趣味，在中学阶段，文学知识教学是必要的。文学知识可以帮助学生形成对文学的正确态度，把文学当做文学，以读诗歌、小说、戏剧、散文的态度来读诗歌、小说、戏剧和散文；文学知识可以帮助学生对特定文体的鉴赏，文学修辞和文学表达知识还有助于学生研究文学作品的表达技巧和丰富的修辞手段等。也就是说，文学教育重视知识教学这一维，本身并没有错，关键是两点：第一，知识教学仅是文学教育其中的一维，而不是全部；第二，重视的是怎样的知识教学，这些知识以什么样的方式来呈现。对于第一点，我们前面已经做过一些分析。单一知识教学视野中的文学教育造成

---

① Brumfit, Christopher. “Reading Skills and the Study of Literature in a Foreign Language.” In Literatureand Language Teaching, ed. C. J. Brumfit and R. A. Carter. Shanghai: Shanghai Foreign Language Education Press, 2001: 184-190

② 詹俐敏．文学能力和文学能力的培养［J］．湖北社会科学，2007（7）：161-163

"知识"与"人"的错位，文学不再有无穷尽的想象空间，不再有多元阐释的可能性，不再关注活生生的生活，不再体现出一种生命的温度和人性的深度。文学教育以牺牲文学自身的人本关怀而获得一种类似于科学知识的人文知识，这实际上等于取消了文学。一言以蔽之，单维的知识教学并不能实现文学教育的审美性目标。

对于第二点，我们认为实际涉及知识观的问题。所谓知识观，就是对知识问题的基本看法和根本观点，即何为知识，如何获得知识，包括知识的内涵、外延、本质、起源、功能、分类、范围、标准、价值、传递、储存、再现等问题的观点的总和。① 在人类发展史上，曾产生过三种知识观：前现代知识观、现代知识观和后现代知识观。影响比较大的是后两种知识观。现代知识观的主要特征是：注重概念知识的绝对性、可靠性和确定性。它有理性主义和经验主义的派别之分，前者强调把书本知识传授给学生，后者强调让事实和现象告诉学生什么是真正的知识。后现代知识观是对现代知识观的批判、反思和超越。其基本特征是：强调知识的不确定性和反本质主义，认为知识是在理解过程中显现，并最终实现于认知主体，所以认知不再是主体对客体直观、理性的反映过程，而必须经由主体与客体之间的反复对话和沟通。目前，在学科领域，后现代知识观逐渐开始占据主流地位，更多的人开始强调知识的主体性、建构性，强调知识在促进个体精神自由方面的作用，"知识在给予人们一种限定的同时也向人们开放一种视野，创造了一种自由的空间"。② 中小学文学教育具有鲜明的人文性，因此，支撑其学科体系的知识不是理性的、逻辑的知识，而是具有个体性、隐喻性和多质性的特点。③ 所谓个体性，是指我们对于这些知识的理解，只有深入作者的生活与心灵世界才能达到相当的程度，由不得别人来证实或证伪。所谓隐喻性，即对人生意义的体验与表达不是通过逻辑与实证的途径进行的，而是通过一种形象暗示来实现的。所谓多质性，则是对同样的问题，会出现多种多样的答案，永远不可能有一个终点。

对于这样一种知识，在呈现方式上要强调三重关联：一是将文学知识"置于其发生和应用的真实世界的情境之中，回复知识与其所指、发生和应用情境之间的本然联系"；二是将文学知识"与学习者已有知识和经验构成

---

① 王力．知识观转型与现代文学教学反思［J］．湖南师范大学教育科学学报，2006（2）：105-109

② 金生鈜．规训与教化［M］．北京：教育科学出版社，2004：354

③ 黄耀红．新中国文学教育的问题及成因（续）［J］．中学语文教学参考，2005（8-9）：6-7

的主体情境结合起来，使知识成为学习者动态复杂的智能结构中强有力的部分”;① 三是将文学知识与其他语文知识，与其他相邻学科或相邻学习领域知识关联起来。脱离应用情境的文学知识是“固化”的、抽象的知识，脱离主体情境的文学知识是没有“人气”的、外在的知识，脱离沟通与综合的文学知识是孤立的、缺乏活力的知识。对学生而言，这些知识等于一堆“死”的符号和原始资料，难以融合进生活和情感之中，成为个体知识结构中的重要部分。

三、三维目标与文学课程内容

前面我们分析了文学教育的一维目标，那就是认知性目标。知识的认知功能对中小学生无疑具有重要价值。在接受知识过程中，他们通过特定方式获得人类沉淀下来的历史经验、认识成果，并将这些认识成果内化为主体的认知图式，逐步形成认识事物的能力，从而能够在已知世界和未知世界之间架起一座桥梁，为他们进行新的探索打好基础。文学本身就是一个知识的“大仓库”，是社会历史文化的储存和积累。通过文学，可以看到人们在一定的社会历史环境中的生产劳动、风俗习惯、伦理观念、宗教信仰，可以看到社会盛衰、国家兴亡、时代变化等等。它溶进了作家的主体精神，揭示了一定历史时代、生活情境中的人的心理状态。通过文学，人们可以看到一定的历史时代中人们的生活和斗争情况，如风俗、服饰、音容笑貌、治理观念、社会变迁等。文学虽然不是历史，但它有时却承担了比历史还要更多、更广泛的功能，恩格斯在评价巴尔扎克的《人间喜剧》时，说他从这部作品中学到的东西比当时所有职业的历史学家、经济学家和统计学家那里学到的全部东西还要多。可见文学对历史发展过程描写之深入、细致。对于这些知识，有研究者称之为“人文知识”。② 人文性文学知识是一种目的知识而非手段知识，要求求知者必须为求知而求知，把求知本身当做目的，在知识的追求中获得内心的愉悦和满足，获得人生意义的感悟和启迪。人文性文学知识只有作为一种反思人生意义、探讨人生价值的知识，对求知者才能发挥陶冶精神、提升人生境界、提高生活品位的作用。

同时，文学知识还有“工具性知识”，它们是语文学科中文学教育得以存在的基础。它们的功能都是指向能力的，是文学阅读与文学写作能力形

---

① 郑太年．知识与其双重情境化［J］．全球教育展望，2004（12）：6-10

② 李山林．语文课程的人文知识基础及其教学［J］．语文建设，2004（1）：4-6

成的基础。文学工具性知识只具有为文学能力这个最终目的服务的手段功能性。文学知识与文学能力的关系是手段与目的的关系。它们的价值都存在于文学能力实现的工具性目标之中。因此，它们都具有“工具”的性质。文学工具性知识在文学教育中必不可少。其一，没有文学知识，文学教育的内容将变得浮游不定。每个教师都可以任凭一己感觉和喜好来制造自己的教学内容，且无法得到相对客观的评价，只能看课堂上的热闹程度来测度教学效果。其二，没有文学知识，文学阅读与写作就难以实现概括化，因此也就难以实现迁移，这就可能使语文科的文学教育从致力于“明里探究”，又回到了“暗里摸索”，使学生的文学学习过程又回到自发的而非自觉的原始积累状态。其三，没有文学知识，语文科文学教育很容易走向非文学，即文学教育很容易指向内容，对于选文涉及的内容信息津津乐道，体验探究，而对文学作品本身却难有作为。文学知识是文学教育的基本抓手，也是形成文学阅读能力与文学写作能力和文学素养的主轴和基础。从近年来的课改实践来看，文学教育不是要不要知识的问题，而是教什么知识，怎样教知识，教知识干什么的问题。只要不把文学知识当做文学教育的唯一内容和唯一目标，只要不是教那些陈旧的僵化的文学知识，文学知识就理应在文学教育中占据重要位置。

然而，文学教育的本源应是“文学”的教育。“文学”一词，古代泛指诗性智慧、才情文思，或文献典制。今之“文学”含义，主要指有关审美想象和诗意才情的创造活动，或者说是借助文学进行审美想象和创造的艺术活动。中西方在文学的定义问题上，借才情以冥思，凭诗意以暗合，都切入了才情文思创造的基本精神。① 文学的基本精神决定了文学教育的目标不可能只有认知性，它还应凸显文学性的独特价值和意义。

解构主义文学批评家米勒认为，当今时代文学学习研究有三方面的价值：第一，学习研究文学仍然是我们了解过去时代的一种必不可少的方式；第二，通过文学学习研究来理解语言，并且语言的运用事实上塑造了我们的生活，而“文学研究仍将是理解修辞、比喻和讲述故事等种种语言可能的必不可少的手段”；第三，更重要的是，每一部作品对于我们都是一个陌生化的世界，都具有一种异于我们自己的，让我们感到惊奇的“他性”，而这种与他性相遇只有通过常说的细读，并得到理论反思的支持才会实现。这种阅读对文学学习和研究也仍然是最基本的。② 这里明确提出了文学学习研究的文学性的价值与功能。因此，通过文学教育培养学生的人文素养、审美感悟能力、语言表达及写作能力，并使之在文学学习接受中建构健康

① 栾栋．文学归潜——兼谈文学研究的归潜［J］．文学评论，2005（5）：192-194
② 赖大仁．我们今天应该如何研究文学？［J］．文艺理论研究，2004（5）：65-72

的人格，是我们文学教育的目的所在。

从文艺史来看，“文学性”概念首先由俄国形式主义提出，此后布拉格学派、新批评、法国结构主义、解构主义等都有关于文学性概念的界定。对这一概念的梳理不是本文的目的。在这里我们只是借此概念强调文学教学独特的话语表达方式。新批评学派的文学性概念明确文学研究的逻辑起点——“文本中心论”，他们以“文本”（text）代替“作品”（works），在文学阐释中将“文本”置于中心位置，摒除与作品关联的作家、时代、读者，形成文本的文学性即是指文学独立自主的语言结构、形态和肌理。韦勒克认为文学语言具有“自指”特征，即自足性、自律性，另一方面，又指出它要“指向世界”，要“讲到关于世界的某些事”。这一观点在新批评学派那里进一步变为文学的文学性、认知性功能。他们认为文学比科学更能表现真理，科学用逻辑抽象概括，而文学则有血有肉，把具体性还给世界。认知性规定了文学教育的知识性内容，文学性的特点决定了文学教学要将文学中的智慧、感情、经验、审美、想象力……尽可能“还原”，尽可能通过文学学习重新回到人类经验世界，回到人类生活的原初状态。也正是在这个意义上我们将文学性概念引入文学教育中，并力求在教学实践中体现出来。

美国新批评学派对文学认知性和文学性功能的重视启发我们，语文科文学课程不仅要重视认知性目标，而且要把文学性目标视为基本目标之一。在现有选文类型中，文学课程的文学性目标，是以“定篇”的课程内容为基础的，“定篇”是实现文学性目标的主要课程内容。

“定篇”的概念为王荣生首创。所谓“定篇”就是指教学大纲或课程标准中规定语文课程必学的篇目（也包括“书”），① 是语文课程层面的决策者和制定者选定进入教材，教材编者、使用者是无权更换的。就现实的意义讲，任何“定篇”，它在教材化时只能选定某些方面和角度作为课程内容。这样，对它的阐释和分析（包括阐释者身份确定、助读文字撰写、练习题设计），就显得特别重要。它也是先于教材编者、使用者的，作为课程内容之一部分，反映的是学术界对该作品的权威解说，而不是教材编撰者本人对这些作品的看法。“定篇”的教学目标是“选文”本身，它的功能就是为了让学习者“彻底、清晰、明确地领会”作品。它不承担任何附加的任务（尽管在了解和欣赏的教学过程中，它不可能不发挥出多方面的功能），也不附加任何学生不管他的生活处境如何，阅读情趣如何，每个学生都按同样的要求去学习它、掌握它。如此，一个人不管在什么地方念书，

① 王荣生、倪文锦. 论语文教材中的“定篇”类型选文［J］. 全球教育展望，2002（1）：46-50

不管读什么样版本的教科书，只要一提起那些文章，都读过，都知道学术界对这些文章的权威解释，全国的青少年就有一个比较统一的语文水平。

文学“定篇”是经过历代读者、教材编者长期反复阅读鉴赏而筛选出来的文学作品精华。它们一般都以较为完美的形式充分体现了一个民族较为稳定的道德观念、价值取向、思想情感和审美理想。不仅如此，其中那些表现强烈的爱国主义情感、崇高的理想追求、执著的生命意识、彻底的自由精神、深厚的人道主义情怀以及至善至美的亲情友情和爱情的优秀作品，往往具有人类情感的普遍性和共同性，能超越种族和地域的界限而成为全人类共同的精神财富。在大力提倡素质教育的今天，文学“定篇”特殊的“立人”和情感陶冶的价值是怎样强调都不会过分的。

表现性目标也是文学教育的基本目标。表现性目标的概念是从美国著名学者艾斯纳（E. W. Eisner）那儿引入的。艾斯纳受其所从事的艺术教育的启发，区分了课程计划中存在的两种不同的教育目标：“教学性目标”（instructional objectives）和“表现性目标”（expressive objectives）。① 前者是在课程计划中预先规定好的，这种规定明确指出学生在完成一项或几项学习活动后所应习得的具体行为，如知识和技能等，相当于前面所论述的认知性目标，这一目标对大多数学生来说是共同的。后者是指每一个学生在与具体教育情境的种种“际遇”（encounter）中所产生的个性化表现。当学生的主体性充分发挥、个性充分发展时，他在具体教育情境中的具体行为表现及所学到的东西是无法确知的。因此，它所追求的是学生反应的多元性。

表现性目标所描述教育中的“际遇”实际上就是儿童将在其中作业的情境、儿童将要处理的问题以及儿童将要从事的活动任务。“当教师希望学生以其丰富的想象使用技巧表现、或构成某些形式表达独特的理念时，即适合采用此种类型目标。”② 艾斯纳还给出了一些实践表现性目标的例子：“解释《失乐园的意义》”；“考察与欣赏《老人与海》的重要意义”；“通过使用铁丝与木头发展三维形式”；“参观动物园并讨论那儿有趣的事情”。他强调，这些目标并不期望指明学生在参加这些教育活动后能做什么。

表现性目标在文学教育中的适宜性主要体现在文学活动的引导上。文学作品的内容是形象生动、丰富多彩的，品味鉴赏作品的思想内涵、情节意境、人物形象、章法结构等是我们文学课上所应完成的任务。但文学的

---

① 张华．课程与教学论［M］．上海：上海教育出版社，2000：178

② 刘丰荣．艾斯纳艺术教育思想研究［M］．台北：水牛图书出版事业有限公司，1986：115

载体是语言文字，语言文字的“符号性、抽象性、模糊性”等特点一定程度上阻碍了学生对作品内容理解、鉴赏的广度和深度。这似乎是一对矛盾。如何解决好这对矛盾，帮助学生迅速突破语言障碍，以求深入理解课文的内涵，成了我们文学课需要完成的一项任务。在教学过程中，组织各种各样的文学活动，有助于我们走出“以语言解释语言”的“符号怪圈”，有效地调动和利用学生的多种智能为我们的文学教育服务。

作为实现表现性目标的课程内容——“活动”具有这样的功能：其一，通过活动加深了对文学写作和欣赏的规则理解，为文学能力的真正获得提供基础。任何文学作品都是以一定的规则客观地呈现着的。这些规则蕴含了作家对文学的基本认识，读者只有在活动中，才能不断接近作家的认识，并作出自己的反思。其二，在协作和交往中，可以培养、发展真正的文学意识和文学精神。按照哈贝马斯的交往行为理论，任何两个具有言语和行为能力的主体都可以用符号（语言）构成一种对话关系。文学作为一种符号（语言）系统，是交往理性得以展开的场所。具体来说，围绕着作品这个中心，作者与世界、读者之间建立起一种话语伙伴关系。其三，活动是学生文学体验的重要途径。如在文学课中，学生分别扮演了文学著作中的人物，并通过人物扮演体会作品的内涵。学生在扮演人物时需要分析人物的性格特征，要了解人物的性格特征就需了解人物所处的时代背景、社会地位、生活经历等等相关的知识。学生只有通过对有关材料的全面的研究、分析，才能准确而全面地把握人物的性格特征，然后把它形成系统的文字材料，用来指导自己扮演的角色。这个策划、准备的过程恰恰是学生主动体验的过程。材料准备的充分与否及对人物内心世界的体验深刻与否，直接关系到角色扮演的成功与失败。

文学的活动特质决定了文学教育具有强烈的实践性特征。从教育目的看，与科学教育不同，文学教育主要不是形成一种知识体系，而是要形成一种文学的信念以及与此相应的行为方式、生活方式，即让学生过一种好的、美的文学生活。虽然知识的获得、文学认知能力的发展对于这种文学的理解有重要影响作用，但其本身还不是文学生活，而对文学生活的价值最终要落实到文学生活的改进上，过一种好的文学生活意味着现实地实践自己的文学信念。因此，在文学教育中提倡在活动中通过活动而且为了活动的文学教学不仅是有效的而且也是必要的。

综上，文学教育可以形成三种课程目标：认知性目标、文学性目标和表现性目标。与此对应，文学教育可以形成三种课程内容：知识、“定篇”与活动。在文学阅读和文学写作这两个系统中，认知性目标引导学生进行知识教学，获得文学人文性知识和文学工具性知识；文学性目标引导学生进行“定篇”教学，“彻底领会”“完全理解”人类文学经典，提升智慧、感情、经验、审美、想象力等；表现性目标则引导学生进行活动教学，理解文学、体验文学，形成一种好的、美的文学生活。这三种目标具有互补的作用。认知有助于理解和体验，文学知识帮助我们理解和领会文学“定篇”，也制约着文学活动的开展形式、实际效果；经典提升认知和表现，对“定篇”的领会、理解丰富我们的文学知识，带给文学活动更多、更丰富的内容；活动融合认知和经典，丰富多样的文学活动不仅有助于我们为把握知识提供更多的情境，也为理解和领会文学“定篇”提供了实践的形式。它们又是统一的，统一于审美性目标。审美需要认知作基础，也需要对具体的经典作品的领会和理解，同时需要有实践的体验形式。

四、内容要素分析框架概述

分析框架，或者说是认识框架，相当于哲学研究中的“概念框架”或“概念图式”。作为“形式范畴体系”的认识框架、作为“语言支柱”的分析框架，构成了“话语编码的机制”，它是观察事物、解释事件、思考问题的前提性条件，决定了我们如何观察、如何解释、如何思考，“也决定了人们可以整理出何种具体的理论形态”。① 我们这里所要构建的分析框架，是指观察、解释、思考语文科文学课程内容所用的“概念和命题的网络”，所依赖的“语言支柱”。根据我们上面三维目标与文学课程内容之间相互关系的阐述，我们获得了一个语文科文学课程内容要素分析框架，如下图：

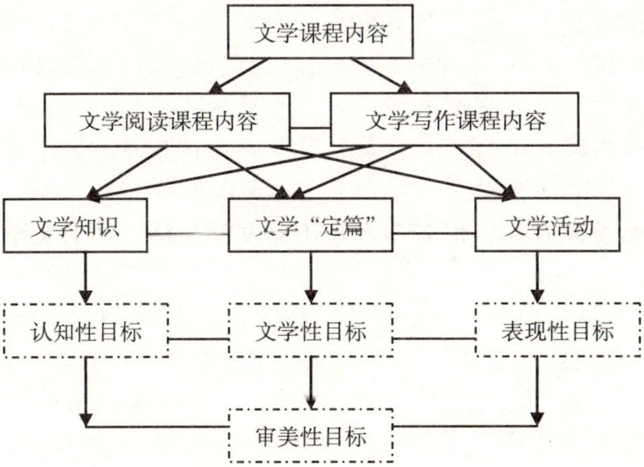

① 刘士林．先验批判［M］．上海：上海三联书店，2001：9

简要说明如下：

（一）语文科文学课程内容的选择和确定受语文科总目标限定，但主要是由文学课程的目标决定的。从文学的本质和功能出发，审美性是文学课程的核心目标。审美性目标绝不是一种抽象目标，三个箭头的指向表明它内部包孕了三种互补统一的子目标，分别为：认知性目标、文学性目标和表现性目标。认知性目标旨在引导学生建立对文学的认识，学会文学阅读和文学写作；文学性目标旨在引导学生体验文学、品味文学，提升想象力以确立人文的情怀；表现性目标旨在引导学生形成一种文学的生活，形成一种文学的信念以及与此相应的行为方式、生活方式。目标层次的细化为我们选择和确定合理、合宜的课程内容奠定了基础。因为考虑到目标只是确定内容的依据，所以在整个框架中，我们标的是虚框。

（二）从审美性目标出发，文学的课程内容可以确定为两大基本内容：文学阅读课程内容和文学写作课程内容。单单强调文学阅读教学而忽视文学写作教学的文学教育是不完整的。不管从我国读写结合的传统，还是从现代社会自由表达的倡导，文学写作教学都有它存在的合理性。长期以来我们对文学写作有两种倾向，一种是在写作教学中对文学性因素，尤其是好词好句的片面强调，一种是在文学教育中把文学写作等同于文学创作，因而对文学写作表现出不正常的淡漠。

（三）文学阅读教学和文学写作教学都不是抽象的教学，它们都在教具体的内容。这些内容是什么？对于这一问题，我们是无法通过研究文学阅读教学和文学写作教学本身可以解决的，得返回到文学的课程目标上来。在总的审美性目标下细分的三个目标为我们选择文学阅读和文学写作教学的内容要素提供指导。要实现认知性目标，文学知识的教学是核心要素；要实现文学性目标，熟习一些人类的文学经典是前提；要达成表现性目标，活动是学生文学生活的基本表现形式。因此，与这三种目标对应，形成了三种文学课程内容：知识、“定篇”和活动。箭头表明这种对应关系。同时，它们是文学阅读课程内容和文学写作课程内容的进一步细化，在位置上次于文学阅读课程内容和文学写作课程内容，属于文学课程内容的基本要素层次。

（四）文学课程内容的三个要素“定篇”、知识和活动各具一定的独立性，它们各有侧重。“定篇”属于“学习文学”（Learning Literatrue）的内容，知识属于“通过文学学习”（Learning through Literature）的内容，而活动属于“关于文学学习”（Learning about Literature）的内容。“定篇”的学习是指学生通过实际阅读人类的文学经典，获得阅读不同作品的经验。这些多元的阅读经验，有利于学生们在阅读中整合各种阅读策略、熟悉故事的运作，获得写作模仿的机会，逐渐建立他们的文学基础；知识的学习是指学生通过文学讨论及文学作品来学会文学阅读和文学写作。他们不只习得文学技巧，更能针对阅读内容，做深入、批判的思考；活动的学习是指通过发展多种实践途径，让学生学会文学阅读和文学写作，并让学生检验他们自己的阅读和写作过程，从而成为熟练的读者和作者。当文学成为他们生活不可分割的一部分时，他们就逐渐确立了自己的文学思维方式。这三种内容要素之间又存在互补统一的关系。“定篇”的学习，有助于获得丰富的文学知识，为活动的展开提供足够的空间和资源；知识的学习有助于对“定篇”的深入理解和领会，也为活动的设计、实施提供抓手；而活动的学习则有助于把理性的知识感性化，把静态的语言文字表述为动态的相互作用形式，为知识掌握提供丰富的情境，为“定篇”的理解提供多样的途径。

第二章

困境与出路：文学阅读课程内容探讨

第一节　“类文学”阅读教学批判

一、“类文学”阅读教学的表现

文学教育和文章教育的模糊一团，表现为阅读教学领域，就是“类文学”阅读教学的出现。何谓“类文学”阅读教学？用描述性的话说，就是将文章误当做文学，将文学错认为文章来教与学。再进一步说，就是教说明文、记叙文、议论文，作者解题段落大意中心思想写作特点，教散文、小说，也是作者解题段落大意中心思想写作特点，甚至教诗歌、戏剧，还是作者解题段落大意中心思想写作特点。其具体表现是将文学文体错认为文章文体，将多元解读错认为一元解读，将形式品味错认为内容理解。这种“类文学”阅读教学在语文教育史上屡见不鲜，在当前语文课堂上也普遍存在，已经成了阅读教学的痼疾，造成文学阅读和文章阅读的“两败俱伤”。试举数例予以说明。

（一）文体误认：《一件小事》是记叙文吗？

鲁迅的《一件小事》是中学语文传统的经典篇目。这里的两个课例可以代表新课改以前文学教学的基本情况（括号中的文字为笔者所加）。①

课例1：

1. 复习旧课

2. 讲新课

（1）联系已讲过的时代背景，说明故事发生的时间、地点、人物、事件的起因、经过、结果。（抓住记叙文六要素，概括课文内容）

---

① 初中语文教学例析［C］. 西宁：青海人民出版社，1985：173-178

（2）讲解“我”和车夫对摔倒在地的老妇人的不同态度。（分析人物）

（3）通过分析心理描写，讲解“我”从这件小事中所受到的深刻教育。（分析写作手法）

3. 巩固新课，小结本文的主要思想。（概括中心思想）

4. 作业。

课例2：

1. 复习旧课，明确本文结构。（概括段落大意）

2. 通过师生对话，讨论新课。

（1）车夫和“我”对摔倒在地的老妇人所采取的态度有什么不同？（分析人物）

（2）“我”的思想感情是怎么变化的？（分析人物）

（3）概括本文的主要内容，说说你受到的教育。（概括中心思想）

（4）回答练习二，理解对比手法。（分析写作手法）

3. 巩固新课，练习有表情朗读课文。

4. 作业。

这两个课例采用的教学方法是不同的，前者为讲授法，后者为讨论法，但它们的共同点很明显：一是以学生理解课文的中心和主要写法为教学目的；二基本上遵循的是作者-解题-段落大意-中心思想-写作特点的教学流程。也就是说，这两个课例的执教老师都把课文当作了一篇记叙文在教。但《一件小事》是记叙文吗？这里我们不作文体的详细考证，据相关资料表明，《一件小事》是篇小说，“它是加了工的文艺作品，并非真人真事的通讯，背景可能是借用的”，① 由于自述的成分比较多，有人称之为“自述小说”或“自我小说”。② 鲁迅把它收录到小说集《呐喊》之中，说明作者本人也认同它是篇小说。小说有小说的教法，这种教法应该区别于一般记叙文的教学。显然，长期以来把这篇课文当做记叙文来教，方向上就存在大问题。

（二）方法误用——《荷塘月色》该怎么教？

朱自清的《荷塘月色》是一篇经典美文，它的美至少体现在两个方面：一是语言，这主要是通过极富情韵的意境和极为工巧的修辞来渲染的；二是文化意味，“荷”与“月”都是几千年来为中国传统文人所反复摹写的意象，具有浓郁的古典文化意蕴。美在于探究，美在发现。探究发现的过程

① 许钦文．呐喊分析［M］．中国青年出版社，1956：36-37

② 李明．《一件小事》：现代文学史上最早的“自我小说”［J］．郴州高等师范专科学校学报，2003（1）：53-55

是读者与文本对话的过程，是教师、学生和文本对话的过程。这种对话可能有结论，但可能也没有结论，如果用定于一尊的结论去要求学生，显然是把文学教学与文章教学等同起来了。我们来看新课改以来比较有代表性的一个《荷塘月色》的赏读教学片段①：

赏读第二部分：

1. 第一层次

问：第2段中的情与景是如何结合的？

明确：缘情于景。情，“颇不宁静”；景，荷塘轮廓、月光和树木。苦闷之情与僻、幽、静的环境特点融为一体。

问：第3段中有“这是独处的妙处”，这妙处何在？表达作者什么情感？

明确：妙处在于作者认为此时的自己是“自由的人”；表达的是作者对自由、宁静生活的向往和对黑暗现实的否定。

2. 第二层次

（1）初读

（2）赏读

问：第4段作者写了哪些景物？

明确：荷叶、荷花、荷香、荷波、流水。

讲述：先写月下荷叶与荷花静态姿色的幽美。……至于荷波……更反衬出环境氛围的静寂。

问：第5段写的是塘上的月色，你认为哪些词用得生动、传神？

明确：泻、浮、洗、笼、酣眠、小睡。

讲述：“泻”“浮”“洗”“笼”这几个词，写出了……反映了作者……

3. 第三层次

问：第6段写荷塘四周的环境和前文所写的环境特点有何不同？传达的情感有何不同？为什么？

明确：前文环境特点是……

问：作者是否完全解脱了呢？

明确：没有。最后一句再度透露宁静的环境中并未排除不宁静的心情。

这个课例突出的特点是学生的问题通过讨论和分析都被教师“明确”了起来。这种“明确”实际上是明确了作者的意图。但文学阅读的过程是一个读者与作者视域融合的过程，一味去明确作者的意图不仅不可能也没有必要。真正可能和必要的是让学生站在一个读者立场去建构自己对文本

① 许建国、尤立增．《倘塘月色》示范课访谈录［J］．语文教学通讯，1998（5）：10-14

的理解，读出自己的感受，读出自己。从文学教学的角度看，当意识到学生提出了一个有价值的问题时，教师不是急于要告诉学生答案，而应该为之提供一些解决问题的支撑性材料，让学生通过阅读材料自己去发现意义，并尝试自己作出解答。当然教师也可以表明自己的观点，但必须强调这是一己之见，仅供参考。文学阅读教学重要的不是让学生知道问题的答案，而是让学生在文学探索中激发自己的思维，产生独特的生命体验，并将这种体验转变为自己的知识经验，以一种审美的方式把握生活，理解世界。

二、"类文学"阅读教学的弊端

"类文学"的阅读不是常态的阅读，它背离了语文阅读教学的基本方向。吕叔湘先生1978年撰文批评："10年的时间，2700多课时，用来学本国语文，却是大多数不过关，岂非咄咄怪事！"① 这在当时的语文界和教育界，引起了强烈的反响。童庆炳先生1998年指出当时的语文课"大杂烩""四不像"。② 这其中都有这种阅读教学的影子。分析这种阅读教学，其弊有三：

（一）模糊文体界限，疏离教学目标

任何阅读都是一定文体下的阅读。古人说："定体然后可以言工拙。"就是说只有大致地确定阅读对象的文体性质，我们才能评价这篇文章的优劣和高下，否则，这种评价和批评，就会没有标准和参照。就一篇特定的文本而言，我们根据什么来对它进行评价呢？根据文体。文体从大的方面看，可以称文类，如文学类，文章类；从小的方面讲，每一类下有不同的体式，如文学类可以分成诗歌、散文、小说、戏剧等。所谓"定体"，就是看它是文章类还是文学类？是诗歌、散文，还是小说、戏剧？不同的文体，其规范大相径庭。没有文体意识的阅读，就像20世纪30年代的文体论家施畸所说，是没有轨道的火车，失去缰绳的骏马，浮于文本的表面。

文体意识是人们文本艺术思维趋向成熟的标志，是一种语文修养和读写技能的体现。所谓文体意识就是指人们在文本写作和欣赏中，对不同文体模式的自觉理解、熟练把握和独特感受，是对读写实践的一种能动的再认识。对它的理解有两个互逆的角度：一是作者角度，一是读者角度。

---

① 吕叔湘．语文教学中两个迫切问题［N］．人民日报，1978-03-16

② 童庆炳、王丽．不要错过历史机遇［A］．王丽．中国语文教育忧思录［C］．北京：教育科学出版社，1998：65

对作者来说，他会根据具体的主题思想和表达内容，去恰当选择从大量文本中抽象出来的、存储在大脑信息库中的某种文体模式（具体包含体裁的特征、功能、作法、要求等），去建构自己的作品，以实现特定的写作意图和审美理想。他以这种文体模式为坐标和参照系，一方面遵循它的基本框架和规格，一方面又进行自由扩张和变异，从而形成自己的独特艺术风格。

对读者而言，他会按照文本所提供的具体内容或形象，运用头脑中先于阅读的某种体裁类型，去解读、接受文本所携带的某种语言的、思想的或审美的信息，同时又在它的未定空白处赋予新的含义。如法国文艺批评家罗兰·巴尔特在《S/Z》中，就曾用五种代码去分析巴尔扎克的小说，五种代码分别是释义性代码、语义素或能指代码、象征代码、行动代码和文化代码。正是由于不同代码的不同组合，从而形成了传递某一特定信息的文本。而文体模式，正是这些代码组合的一定方式。作者想通过文本来传递信息，就必须选择并遵循相应的文体模式，否则这种信息传递就无法进行，反过来，读者要理解文本信息，也必须把握作者所认定的这种文体模式，否则读者和作者很难做到视域融合，真正实现对话。

中小学阅读教学很重要的一项目标是培养文体意识。在我国历年的课程标准（或教学大纲）和国外的课程标准中都有相关表述（见下表）。

从表 2-1 中我们看到，不管是国内还是国外，不管是过去还是现在，都很注重“文体意识”培养。但在我国，现实的情况是“文体意识”贫困。① 为什么会出现目的与效果背离的情况呢？我们分析，其中很重要的一点是：我们向来采用的是文选型教材，但所选之篇目统统归于“大文章”概念之下，缺少“文学”与“文章”的区分意识。真正意义上的“文体意识”不是传统“大文章”概念所能孕育产生的，它建立的基础是文学与文章的分野。文学作品与文章作品是两种具有不同性质的文本形态，只有意识到这一点，下位的文体区分才有意义，才具有“文体意识”萌芽的土壤。

按照前面对“类文学”阅读教学的分析，我们可以看到，这种阅读教学完全混淆了文学与文章的区别，把文学中的诗歌、小说、散文、戏剧都往记叙文、说明文和议论文上靠，实际也同时就混淆了文学作品中的不同文体的区别。这样，整个阅读教学中，尽管有所谓记叙文、说明文和议论文的“文体”区分，但由于它们都是杂合的“类”的概念，比如记叙文，指的是小说、人物传记、叙事散文、通讯、报告文学等等一些文体，因而这种区分并没有多少实际意义，不能培养真正的“文体意识”；相反，这种

① 陈雪虎．所谓“文体不限”：当代语文教育文体意识的贫困［J］．文艺争鸣，2005（1）：25-28

高度抽象的、生活中本不具有的所谓记叙文、说明文和议论文的文类形式介入语文教学，使得百年语文教育文体上呈现一种迷离莫辨、混乱不堪的面貌。学生尽管学习了大量作品和文体知识，但因为所学的都是抽象意义上的所谓“记叙的详略”“写人记事的一般要求”的知识，因而，学是学了，学到的都是一些“垃圾知识”，并不能支持他们对某一具体作品的阅读。

表 2-1：我国历年课程标准（或教学大纲）和国外课程标准中文体教学表述情况比较

我国历年课程标准（或教学大纲）中的相关表述	国外课程标准中的相关表述
1929 年初中“文法与修辞”项：学习“文体的分类”“并就精读的选文中采取例证和实习的材料”； 1932 年初中“精读”项：教员对于选文应细绎其作法要项指示学生，使学生领悟文字之体式与其作法； 1936 年初中“教材大纲”项：“文章法则于略读时间内讲授之”，其中“包括文章体裁（即表中各项体裁之性质、取材及结构）”； 1956 年初中文学教学大纲“文学理论常识”项：了解文学作品的体裁——寓言，童话，诗歌，小说，戏剧，散文（传记、随笔、杂文、报告、游记、书信、富有文学风趣的论文）等； 1963 年中学“教学内容安排”项：逐步理解和掌握记叙、说明、议论等主要的表达方式和常用的几种体裁的文章的写法； 1986 年中学“教材内容”项：初中简略介绍各种文学体裁； 2000 年初中“语文常识”项：了解散文、诗歌、小说、戏剧等文学的基本常识； 2001 年在“高中必修课程”项：“能阅读理论类、实用类、文学类等多种文本。根据不同的阅读目的，针对不同的阅读材料，灵活运用精读、略读、浏览、速读等阅读方法，提高阅读效率”；“在阅读鉴赏中，了解诗歌、散文、小说、戏剧等文学体裁的基本特征及主要表现手法”。	英国，“标准英语和语言学习”项：应向学生介绍不同类型文章的组织、结构和表达特点； 美国（俄亥俄州克利夫兰市市立学区 6-9 年级），“阅读”项：查阅、识别及确定文学作品中的各种结构，文体和体裁； 加拿大，“对体裁与风格的理解”项： ——分辨出不同的写作体裁，描述其特征（如科幻小说、传记文学、侦察故事）； ——运用不同体裁作品的特征方面的知识，帮助他们为了某个具体目的选择合适的阅读材料（如短篇小说、参考书中的文章）； 日本，“阅读”项：从各种体裁的文章中，收集必要的信息，学会阅读的方法； 德国（巴符州），“文学、其他文章和媒体”项：“文体与作品所反映现实之关系”，“观察文学的种类及其修辞特征”； 法国，“阅读前景”项：学习文学作品的形式与体裁；“教学方法”项：各种文章类型不同，其阅读方法也不同，要避免恣意发挥。

（二）固化教学模式，降低课堂效率

教学是需要模式的。正如冯克诚先生主编的《最新教学模式全书》

（1997年版）中所指出的：模式和模式化是一项工作成熟、规范集中的和形式化的体现。教学模式即是进行教学工作设计的基本思路框架和技术方法与范式，是长期的实践经验和理论实验研究的总结和概念化，也是课堂教学取得最佳效果的技术保障。①

但是，任何教学模式都有其特定的对象和适用范围，一旦对象和范围泛化，它就容易固化成教学套路，反过来束缚教师的创造性教学活动。类文学阅读教学就有无限泛化的特点，任何篇目，不论是文学还是文章，不论是记叙文、说明文还是议论文，其教学内容一致，教法一致，套路相当固定死板。以小说教学为例，传统的教学套路就是抓住人物、故事情节和环境三要素，分析人物形象，总结人物性格，学习刻画人物的方法；了解故事的开端、发展、高潮、结局，认识作品的结构特点；认识环境描写的作用等。最后还要从中总结出作品的主题思想或作者的思想感情。概括起来，就是故事情节+人物形象+创作手法+主题思想。这一套路在文学教学中沿袭已久，至今风行不止。

试看人教社《高级中学语文教学参考》（第三册）中为小说《项链》所提供的“教学参考”：②

课文说明：

1. 情节结构

全篇以“失项链”为转折，前后形成了鲜明的对比，前面写女主人对奢华的追求，后面写她由此造成的悲剧……

2. 人物形象

路瓦栽夫人……备受资产阶级风气的熏陶，对资产阶级上流社会的荣华富贵有无限羡慕之情……是一个艳美虚荣、追求奢华的庸俗的小资产阶级妇女。……

3. 精巧构思

《项链》的构思十分精巧。项链原是赝制品直到最后才通过路瓦栽的女友道破，不仅使女主人公大吃一惊，而且让读者也会感到意外。其实仔细想想，看来似在意料之外的事情，却也在情理之中，十分可信。……

4. 心理描写

……这种虚荣心正是资本主义社会把女性当做玩物的要求造成的，它预示了路瓦栽夫人悲剧的必然性。

这里的“课文说明”有结构、人物、构思和心理描写四个组成部分，它们都指向一个共同的主题：批判资产阶级腐朽的虚荣心。上述教参出版

---

① 冯克诚．最新教学模式全书［M］．北京：北京国际文化出版社，1997：1

② 转引自王尚文等．走进语文教学之门［M］．上海：上海教育出版社，2007：301

于1987年，距今20余年。但20年前的教学是这样，20年后的教学依然是这样。这里举2003年《祝福》一课的一个教学设计：①

教学要求：

1. 准确把握祥林嫂的形象特征，理解造成人物悲剧的社会根源，从而认识旧社会封建礼教的罪恶本质。

2. 学习本文综合运用肖像描写、动作描写、语言描写等塑造人物的方法。

3. 体会并理解本文环境描写的作用，理解本文倒叙手法的作用。

教学安排：

第一教时 重点理清小说的情节结构，了解倒叙的作用。

第二教时 重点分析祥林嫂形象。

第三教时 重点分析鲁四老爷和“我”的形象。

第四教时 重点分析写作特点。

这一教学设计中的教学内容安排和上述教参一脉相承，如出一辙，同样是故事情节+人物形象+创作手法+主题思想。所不同的是故事主要情节由路瓦栽夫人借项链丢项链变成祥林嫂的悲剧遭遇，主要人物由路瓦栽夫人换成了祥林嫂，创作手法由心理描写改成了倒叙手法，主题由抨击资产阶级腐朽的虚荣心转为抨击封建礼教的毒害。这说明在很长一段时间，小说教学一直陷于这种套路之中，并没有多大改变。

小说教学这种“怪模怪样”的套路，直接从记叙文教学中承袭而来。人们阅读记叙文一般遵循这样的过程，那就是，第一看到作者写了什么，即文章的内容；然后研究作者是怎样写的，即文章的创作手法；最后研究作者为什么要这样写即文章的主题。用简图表示为：写了什么？（文章内容）——怎样写的？（创作手法）——为什么这样写？（主题思想）。这也是多年来记叙文教学传统的教学模式。记叙文写人记事，“事”和“人”是其基本构件，因此，所谓文章内容主要就是对“事”对“人”的理解与分析，抓住记叙文“六要素”来分析“事”，抓住“五描写”（外貌描写、语言描写、动作描写、心理描写、细节描写）来分析“人”就构成其套路的两个主要环节。这两个环节到了小说教学中，一者改为故事情节，一者改为人物形象分析，但其基本内容不变。“类文学”阅读教学的这种套路，使文学教学成了文章教学的附庸，这也是语文教育长期为人诟病的重要原因。

（三）异化文学教学，导致片面发展

客观地说，在历年语文教科书中，文学作品所占比重都不能算少，即

① 转引自王尚文等．走进语文教学之门［M］．上海：上海教育出版社，2007：302

便以世纪末语文教育大讨论之前的语文教科书为例来分析，也是如此。见下表：

表 2-2：1992-1995 年人教版初级中学语文教科书体裁分类统计

体裁 / 册次	语体							文言			
	记叙文	说明文	议论文	诗歌	散文	小说	戏剧	诗歌	散文	小说	戏曲
第一册	5	4	4	2	6	7		1	2		
第二册	10	3	2	3	4	5		2	3	1	
第三册	2	19			3	3		1	3	1	
第四册		1	17	1	3	3		1	3		
第五册	3	5	2	2		1	2	2	4	2	1
第六册	3	4	4			3		2	6	1	
合计	23	36	29	8	16	22	2	9	21	5	1
	88			48				36			
	88			84							

这里我们按照严格意义上的文学分类来统计，1992-1995 年人教版初级中学语文教科书中共有文学作品 84 篇，占 48.8%，非文学作品 88 篇，占 51.2%。文学作品的数量尽管略少于非文学作品数量，但比例已经非常接近。

虽然我们说，为了实现培养文学鉴赏能力的目标，在语文教科书中，文学作品的比例还需要再提高，但数量可能还不是主要指标，是否把文学作品当做文学作品来看待，这才是更为关键的因素。实际的文学教育是让"学生认识生活、养成审美情感、发展个性、健全人性的"，① 但是，如果把文学作品当做文章，当做知识训练的材料，那么即便在教科书中选入再多的文学作品，文学教学的基本目标仍然是难以完成的。如有老师上台湾作家绮君的散文《春酒》，是这样处理的：

45 分钟的课，仅仅用了 20 分钟的时间赏析文章，所谓赏析无外就是读文章，解决字词障碍，提几个简单的问题请学生讨论。然后拿出几张画，其中有圆月图、中秋月饼图、年夜饭的水饺图，请学生谈感受，做语言

---

① 庄文中．论中学语文学科中的文学教育［J］．课程·教材·教法，1999（11）：22-25

训练。①

我们再看看教科书中的练习（人民教育出版社 1992 年初中语文教科书第一册）：

语法：副词、连词

“花里带着甜味儿；闭了眼，树上仿佛已经满是桃儿、杏儿、梨儿。”这里连用了“仿佛”“已经”“满”三个副词，修饰表示判断的动词“是”。“仿佛”表示情势，好像、似乎的意思；“已经”表示已经完成；“满”表示程度深。这句话，从闻到花的甜味联想到果实累累，用虚写开拓了诱人的丰收美景。如果不用这几个副词，句子变成“树上是桃儿、杏儿、梨儿”，就不符合实际，也没有丰富想象的意味了。

画出下边句子里的副词，并说明各用来修饰什么词。

1. 一切都像刚睡醒的样子，欣欣然张开了眼。

2. 天上风筝渐渐多了，地上孩子也多了。

3. 梅树确是不少，密密地、低低地整齐排列着。

这里，绮君的散文《春酒》被当做语言训练的材料，朱自清的散文《春》被处理成副词知识的例证材料，这些都是被异化了的文学教学。这种异化的文学教学普遍存在于语文教育的各个层面，反映在教科书选文上，重视入选作品的思想政治意义，重视入选作品是否“真实”地反映现实。因此，多选现实主义作品，而对浪漫主义、现代主义等极少问津；反映在课堂教学中则是无视文学特性，抹杀真实与虚构、理性与感性、科学与艺术的区别，忽视人的感性、情感、价值、意义，忽视美的教育，造成学生情趣枯燥、想象力低下，导致片面发展。

三、“类文学”阅读教学的成因

（一）表层原因：把文类混同于文体

我们以记叙文为例来分析。记叙文是从表达方式演变而来的一种文章类型。20 世纪初年，梁启超提出了“文章教学分类学”，按内容和功能，把古今文章分为记叙文（记载文）、论辩文、情感文。由此作为开端，经过百年变异和演化，逐渐形成了现今仍通用的所谓三大教学文体记叙文、说明文和议论文。按通常的理解，表达方式有记叙、描写、说明、议论、抒情

---

① 具春林．中学语文泛文学现象刍议［J］．牡丹江师范学院学报（哲学社会科学版），2006（1）：89-91

五种，如果以说明为主就称说明文，以议论为主就是议论文，那么现今人们常用的记叙文概念实际包含了以记叙为主的记叙文，以描写为主的描写文和以抒情为主的抒情文，这使其外延无限放大，成为一个无所不放的“大箩筐”。

有人曾把人教版新课标初中语文教科书里面的文章按“写人叙事”这个标准来归类，下面这些文章都可归入记叙文：①

回忆往事类：如莫顿·亨特《走一步，再走一步》、鲁迅《从百草园到三味书屋》《风筝》《阿长与〈山海经〉》《藤野先生》、胡适《我的母亲》、朱自清《背影》、林海音《爸爸的花儿落了》、于漪《往事依依》、牛汉《我的第一本书》、海伦·凯勒《再塑生命》、阿累《一面》、魏巍《我的老师》等。

事件记叙类：如朱长超《月亮上的足迹》、茨威格《伟大的悲剧》、郭超人《登上地球之巅》、聂华苓《亲爱的爸爸妈妈》等。

人物写真类：如杨振宁《邓稼先》、莫泊桑《福楼拜家的星期天》、茨威格《列夫·托尔斯泰》、铁凝《生命与和平相爱》等。

世相写生类：杨绛《老王》、余秋雨《信客》、萧乾《吆喝》、琦君《春酒》、冯骥才《俗世奇人》等。

新闻报道类：毛泽东《人民解放军百万大军横渡长江》、新华社《中英香港政权交接仪式在港隆重举行》、廖文根《“神舟”五号飞船航天员出征记》等。

这里面有我们通常意义上作为文学作品的散文，如朱自清的《背影》、鲁迅的《从百草园到三味书屋》《滕野先生》《风筝》（也有的作散文诗看）；有小说，如林海音《爸爸的花儿落了》；有人物传记，如杨振宁《邓稼先》、茨威格《列夫·托尔斯泰》等；有科普小品，如朱长超《月亮上的足迹》；有新闻报道，如《人民解放军百万大军横渡长江》《中英香港政权交接仪式在港隆重举行》等。

这似乎还不全。1983 年选编，经过两次修订，一直沿用近 20 年的人教版教科书，其高中第二册有两个记叙文单元，第一单元选了夏衍《包身工》、唐弢《琐忆》、孙犁《荷花淀》和魏巍《依依惜别时的深情》，第二单元选了吴伯箫《猎户》、秦牧《土地》、徐迟《黄山记》、于是之《幼学记事》；高中第三册有鲁迅《为了忘却的记念》、翦伯赞《内蒙访古》、峻青《雄关赋》；高中第六册有朱自清《威尼斯》、周立波《娘子关前》和柯岩《汉堡港的变奏》。这里的记叙文除了小说、散文外，还有游记如《黄山

① 余映潮．从新的视角来研究记叙文教学［J］．语文教学通讯·初中刊，2005（1）：29－35

记》《威尼斯》，访问记如《内蒙访古》，报告文学如《包身工》《汉堡港的变奏》等。

对于记叙文，用穷尽法显然还是不能显示它的外延。在新课标教科书普遍按主题组元的今天，同一主题单元中安排各种不同的文体，如小小说、童话等，它们虽没有被称为记叙文，但编者实际上就是按记叙文的路子在编，所以它们仍在记叙文范围内。我们既然不能直接指出记叙文的外延，不妨先指出不是记叙文的范围，然后反推。据我们对历年教科书文体的考察，可以明确属于"非记叙文"范围的似乎只有诗歌、戏剧、狭义的应用文（如通知、请假条等日常事务文书和公文等）、部分说明文、议论文和虽不按文体区分但独立成类的文言文。之所以称为"部分说明文"，是因为实际上也有把科普说明文当做记叙文的。以此看来，记叙文实际上并不是一种文体，而是一种文类，是一个集合概念。用一种无所不包的文类的视角去看小说、散文，看到的自然不是小说、散文的文体个性，而是其文体共性。

（二）中层原因：把文学教学等同于知识教学

沿着文类的视角继续往下探究，我们看到，长期以来，语文阅读教学逐渐演化为一种纯粹的知识教学。这个演化过程有三个阶段比较突出：第一是汉语、文学分科时期。1956 年的汉语、文学分科实验，虽然时间短暂，但确立了汉语知识和文学知识的基本样态，这些样态在以后的综合性教材中得以保留，只是程度大为降低；第二是 20 世纪 60 年代。那时提出了著名的"双基论"，尤其强调"基础知识"。这一观点在以后的语文教学中得到贯彻，"八字宪法"（字、词、句、篇、语、修、逻、文）就是其表现。第三是 1992 年。这一年颁布的《九年义务教育全日制初级中学语文教学大纲（试用）》提出了汉语知识、文体知识和文学知识组成的三大知识板块，形成了以此为基础的"听说读写"48 个能力训练点。

正是基于这种知识教学的背景，记叙文、说明文、议论文三大实用文体的文章作法知识形成完整的体系，其"知识点"在教材中是这样体现的：①

记叙文：

1. 写景状物的一般要求；观察和认识。
2. 写人记事的一般要求；根据材料提炼中心；修改文章：中心的深化。
3. 记叙文的材料；联想和想象；修改文章：材料的选择和裁剪。

---

① 人民教育出版社语文二室．高级中学课本第一册（必修）[J]．北京：人民教育出版社，1991：6-11

4. 记叙文的构思；安排好结构。
5. 夹叙夹议；把握文章的思路；安排好段内层次。
6. 记叙文阅读、写作综合训练。

说明文：
1. 抓住特征说明事物。
2. 按合理的顺序说明事物；速读。
3. 说明文的语言；说明文阅读、写作综合训练；修改文章：综合修改。

议论文：
1. 把握观点和材料的关系；精读和略读。
2. 围绕中心论点展开论述；理解文章的句子。
3. 论证的思路和结构；修改文章：结构的调整。
4. 论证方法。
5. 辩证的分析；写作：修饰词句；修改文章：段内层次的调整。
6. 议论文的语言。
7. 思想评论、文学评论的特点；专题阅读；写作：综合运用表达方法。
8. 杂文的特点；议论文阅读、写作综合训练。

站在知识的立场上，文学教学和文章教学并没有本质上的差异。文学作品既可以为文学常识提供印证的“例子”，也可以为上述文章读写知识提供辨析的材料，如我们前面提到的充当语言训练和副词知识例证的绮君的散文《春酒》和朱自清的散文《春》。也就是说，它们既可以独立成类，也可以并入记叙文、说明文、议论文单元之中。事实上，它们是否独立成类并不重要，因为不管独立与否，都不会改变其基本的知识教学模式。而且，从知识教学的角度来看，提供给学生的知识“概括程度越高，包容范围越大，迁移的能力越强”，教学的效率也越高。这就不难理解为什么长期以来我们教得最多的文体知识都是记叙文、议论文、说明文最“一般的要求”，如上述记叙文“写景状物的一般要求”“写人记事的一般要求”等，因为这些知识概括程度高，包容范围大，尽管对学生实际读写基本没用，但一旦为学生掌握，有利于固定后继书本知识，使这些相互联系，并能“充分解释”新学到书本知识的事实细节，使之具有潜在意义。

这是就知识教学立场而言的。但现在人们已经认识到：语文学科并非知识学科，而是应用性学科（章熊语），语文学科不是自述性学科，而是活动性学科（李海林语）。纯粹的知识教学并不能培养真正的语文能力。作为语文学科重要组成部分的文学教学更不能等同于知识教学，这样，“类文学”阅读教学就失去了存在的基本前提。

（三）深层原因：工具理性与应试教育

往深里追究，“类文学”阅读教学现象的存在与语文工具理性意识直接相关。1963年“工具论”产生并占据统治地位。其产生的标志是这一年颁布的语文教学大纲和编写的语文教材。

大纲开篇写道：“语文是学好各门知识和从事各种工作的基本工具。”如何理解这种“基本工具”的性质和作用？大纲指出：“中学语文教学的目的，是教学生能够正确地理解和运用祖国的语言文字，使他们具有现代语文的阅读能力和写作能力，具有初步阅读文言文的能力。”其中没有提及“具有初步的文学欣（鉴）赏能力”。受此影响，教材回避或掩盖了文学性、文学色彩。大纲规定：“选材的范围应该广泛，包括古今中外的优秀作品；包括文学、社会科学、自然科学等方面的内容；包括记叙、说明、议论、抒情等表达方式；包括书信、通讯、报告、总结等应用文。”其中虽然不乏“文学”内容，但教材并不引导教师把课上成文学课，只是把课文当做学习语言文字的凭借依据。在教材编写者眼里，组合成单元的课文是白话文或文言文、散文或韵文、记叙文或议论文，没有一点“文学”的意思。大纲规定教材“散文可占课文总数的百分之八十左右”，但这里的“散文”指的是故事、寓言、特写、传记、游记、杂文、说明文、议论文、科学小品等，是大散文、泛散文的概念，其概念与现在迥然不同。

70年代末至80年代，以1978年版的语文教学大纲的基本精神为指针，建构了一套以读写“实用文”（记叙文、说明文、议论文）为主要内容的中小学语文教材体系，“实用文”知识成了整个语文教学的骨架，语法、逻辑、修辞等项知识占据了比较高的位置，文学教育受到冷遇，大量文学作品被强行纳入实用文的教学轨道，按实用文来教。为了追求“科学化”，又在教学目标、知识点、教材和教学模式、评价等方面建立了一套单一死板的系统。它们互相支持与制约，与“实用”色彩浓郁的教学内容相匹配，造成语文教学技术化弊端突出，人文精神流失的严重后果。与此同时，语文教学还受到所谓“应试教育”的严重干扰，那铺天盖地的“题海”，五花八门的标准化题型，恰恰又与具有实用化、技术化特色的教学内容与方法最为适应，两者合流后，形成巨大而稳固的势力，对语文教改阻碍很大。

经过90年代中后期关于语文学科性质、语文教育方向等问题的广泛讨论，语文教学中“纯技术”“纯工具”的倾向虽然有了一定改观，但“类文学”阅读教学现象在语文教学实践中仍然广泛存在，这表明，文学教学改革任重道远，不能一蹴而就。

第二节 “文学阅读”与“文章阅读”之辨

如上一节所分析，“类文学”阅读是非常态的阅读，“类文学”阅读教学是非常态的阅读教学。要确立常态的阅读，确立常态的阅读教学模式，必须明确文学阅读和文章阅读的分野，这是把文学当做文学来阅读的起点。

正如曾祥芹所分析的，文学阅读与文章阅读有诸多共同点：“从行为过程看，二者都必须遵循‘感言辨体-入情得意-运思及物’三大阅读基本规律；从操作技能看，二者都需要兼用精读、略读、快读三大阅读技法系统；从思维方式看，二者都要兼用形象思维、抽象思维、灵感思维三大基本思维形式；从鉴赏标准看，二者都坚持内容和形式的统一，追求真善美的发展水平；从精神生产看，二者都是读者对作品形式和内容的重新建构，是‘人的本质力量对象化’的确认和展现。”① 也许正因共同点如此之多，才使得长期以来，中小学语文教育出现文学与文章不分，文学阅读与文章阅读不辨，文学阅读教学与文章阅读教学混淆之弊，造成文学教学和文章教学的“两败俱伤”。自语文独立设科以来，文学作品在语文教材中的分量曾一度得到加强，但把文学混同文章来教，导致文学教育走上歧路，铸成了现代语文教育的大害。

一、文学阅读与文章阅读的区别

阅读是一种人们通过对一切书面语言的视觉接受而获得信息和意义理解的心理过程和实践活动。② 这个心理过程和实践活动是复杂而又多极的，包含了十分丰富的内容和要求。“文学”与“文章”性质上的差异决定“文学阅读”与“文章阅读”目的、思维方式、心态、方法、标准和评价

① 曾祥芹．文章阅读与文学阅读的同和异［J］．语文教学通讯，2000（6）：19-21

② 中国大百科全书（教育卷）［D］．北京：中国大百科全书出版社，1985：505

上诸多区别。这种区别对于培养读者的文学阅读能力来说是非常重要的前提。

（一）阅读目的之别：一为审美，一为实用

文学阅读是一种审美活动，这种审美活动的意义在于从对象中实现对主体的肯定和确证。日本文艺学家厨川白村在《苦闷的象征》说，在文学阅读中，读者从作家那里所得到的东西，和从别的科学那里得到的东西是不一样的。人们从艺术那里主要得到的不是知识，而是从作品的事象中“发现他自己的生活内容”，感受“自己发现的欢喜”。[①] 读者在阅读作品时，主要是去体会品味和还原作家熔铸于作品中的艺术形象。如读诗歌在于品味精粹韵语的深层意蕴，读小说在于感悟人物形象的审美内涵，读剧本在于探求角色对话和性格冲突，激起情思的共鸣，使精神得以愉悦，人格得以升华。而阅读文章则往往是出于某种认知上的需要，是为了了解情况，为了获取知识，目的偏于实用。如读报刊旨在获取国内外最新信息或学术动态，读史传旨在汲取历史的经验教训，读应用文旨在解决生活或工作中的实际问题。

文学阅读着意陶冶情操，并不急于追求立竿见影的眼前效果，可以陶醉于艺术欣赏，停留于精神享受，只诉诸主观世界的感染；而文章阅读过程不只重视“披文得意”的前半路程，尤其关注“得意及物”的后半路程，讲究“笃行”的时效。比如读应用文要求获得信息后赶快付诸实际行动，以实现作者的写作意图。因此，前者以悟意审美为目标，“得意不能忘言”；后者以悟意致用为目标，“得其意可以忘其言”。

（二）阅读思维之别：一为形象，一为逻辑

用形象说话，通过形象表达作家的思想、感情、观点、意见，是文学的特殊性能。作品要绘声绘色、活灵活现地显现形象，构筑独特的审美世界，以此来展示生活，表达作者的人生思考。文学创作尽管有逻辑思维的参与，但形象思维始终占据主导地位。而文章写作与之相反，主要采用逻辑思维，它往往以科学的态度、冷静的分析、严密的逻辑推理去反映真实的状况。它依据一定的系统知识、遵循特有的逻辑程序而进行思维活动，以揭示和把握事物的内在本质和一般规律为己任。这就决定了文学阅读与文章阅读思维上的区别，一个是形象的，一个是逻辑的。具体来说，有这样两点：

---

① 厨川白村．苦闷的象征［A］．鲁迅译文集（第3卷）［C］．北京：人民文学出版社，1958：234

其一阅读文学作品不能离开想象，想象的过程就是作品中形象还原再现和创造再生的过程。读者通过形象把握文本，通过形象获得意义，通过形象实现与作者的对话。在文学阅读过程中欠缺想象力，也就很难做到丰富精神世界，甚至于产生独特的感悟。在诗歌中，强调的是对意象的理解和领悟，在小说或戏剧中，强调的是对人物形象的分析和把握。而文章阅读，读者更多接触到的是概念、判断、推理，所以，读者在阅读过程中必然要付之以理性的思考，在推敲字词基础上把握文章的主旨，才能“得意致用”。

其二阅读文学作品需要体验。从文本角度看，因为形象的塑造熔铸了作者的审美感情，其中的丰富性和复杂性只有通过体验才能准确深刻地把握。从作者角度看，作者的表情达意是特定环境感物触怀的某种体验，读者只有用自己的体验去触摸作者的体验，才能去掉隔膜，较为准确地理解其中的意蕴。王一川的体验美学认为体验是“读者在观赏和享受美时产生的深层的、活生生的、令人沉醉痴迷而难以言说的特殊的内心感受，伴随着紧张、剧烈的内部活动，丰富活动的现象，热烈欢快的情感。”① 体验其实就是一个主体心灵浸入文本的体认、理解、甚至交融的过程，其特点是整体的、情感的、形象的。在我国传统诗学和传统语文教育中，经常使用的“涵泳”“吟诵”“品味”“体味”“妙悟”“入神”等等，都体现这一过程。而文章阅读则着重体现于分析，通过分析词与词、句与句、段与段之间联系，来理清其间的脉络，达到对文章内容的把握。

（三）阅读方法之别：一为“超原型”，一为“原型”

理性指导下的文章阅读思路较为平直，只要弄清语言结构，便可理解思想内容。因而主要采用“原型”阅读思路，即顺应文章思路有轨运行，就能保持阅读效应与写作意图的一致。正如叶圣陶所说：“作者思有路，遵路识斯真。”而情感参与的文学阅读思路较为曲折，往往起始于语言符号，接着转换成形象蕴涵，再挖掘其历史内容，进而生发出哲理意味，后品评其风格技巧，因而多采用“超原型”阅读思路，读者以自身的心理图式和情感需求重新建构文本，使阅读成为灵魂在审美世界的遨游。

这表现在具体的阅读方法也大有讲究。重实贵用的文章读法，少数重要的文献要用咬文嚼字、寻根究底的精读法，多数只需“观其大意”的略读法和“一目十行”的快读法。悟意审美的文学读法，一般采用形神兼收、反复涵咏的精读法，少用略读法和快读法，因为“不求甚解”的略读和

① 王一川．意义的瞬间生成［M］．济南：山东文艺出版社，1988：5

“一目十行”的快读是难以达到审美境界的。当然，以消遣为目的的文学阅读又当别论。再具体到文章个体和文学个体，都有特殊读法，如论文的提要钩玄法、游记的缘景入情法，诗歌的韵律把握法，小说的批点评注法等等。

（四）阅读标准之别，一为创造，一为理解

以语言而论，文学的语言美主要是艺术修辞（积极修辞），语体风格精练含蓄、生动形象、华丽新奇；文章语言美主要是科学修辞（消极修辞），语体风格追求准确明快、平实质朴、凝练庄重。以真实性而论，文学的真实只求体现历史的必然性，不必要求具有客观实在性，鼓励虚构和想象；而文章真实要求体现历史必然性和客观实在性的统一，不容虚构。因此，文学鉴赏看重题材的典型性、形象的完美性、构思的新颖性和语言的个性化；而文章的鉴赏讲究材料的客观真实性、思想的哲理性、结构的严谨性和语言的规律性。

同时，在鉴赏过程，文学阅读和文章阅读的差异还体现在为读者提供的诱导空间和创造自由度上。文学阅读的再造空间是对文本许多“未定点”构成的“召唤结构”所做的想象性充实、填补和建构，呈现出形象、含蓄、空灵的特点。而文章阅读的再造空间是文本空间的具体发散和延伸，读者的思维活动只能在守其真、遵其义的前提下进行，呈现出真实、明彻、具体的特点。文学阅读的创造，主要表现在“审美性赏读”和“开拓性评读”上，文章阅读的创造，主要表现在“诠释性解读”和“迁移性用读”上。

（五）阅读测试之别：一为主观，一为客观

文学阅读要求对作品描绘的典型形象的意蕴进行涵泳体味，充分发挥读者的能动性、创造性和体验性，强调主题阐释的多元化，不但允许见仁见智，而且提倡“各自领其奥”，因此，非此即彼、强调统一答案的标准化试题会变成压抑阅读创造的桎梏，而不拘一格、自由发挥的主观性试题大有用场。文章阅读强调准确理解，一般不许误解、歧解，强调释义的一元化，承认主旨有一个客观共识的标准，因而标准化客观性试题在一定范围内还派得上用场。

20 世纪 80 年代初期张寿康在《文章丛谈》中说：“文章是一种工具，是人们表达思想感情，从事工作和社会生活的重要表达工具，这是文章的特征和性质。……我们所说的文章，指反映真实事物的一类，包括记叙、说明、议论、抒情的文章，通常说的应用文体也包括在内。文章不包括可以虚构的文艺作品，不包括小说、戏剧、诗歌，这些是文学创作。文章写

作和文学创作，两种理论有联系，但是两者是各自独立的。”① 不独文章写作与文学创作要分开，文章阅读和文学阅读显然也有分开的必要，因为文章和文学毕竟是两种性质的文本形态。

二、国外分类阅读教学的启示

文学与文章的分野，文学阅读与文章阅读的区别，必然导致文学阅读教学和文章阅读教学的不同。从逻辑上来说，这是顺理成章的事。但我国语文教育中的很多问题却并非合乎逻辑，循于事理。在百年语文教育史上，普遍存在着把文学当做文章来教，把文章当做文学来教的怪现象。这种“类文学”阅读教学的现象和成因前面已经做了分析，在此不再赘述。这里我们来关注一下国外阅读教学的状况，以资借鉴。

第一章中我们曾做过分析，日本和我国一样，并不存在独立的文学课程。但这不妨碍其对文学阅读和文章阅读的区别。例如在“现代国语”的高中阅读教学中就规定“能掌握适应目的和文章表达形式的阅读能力，正确的读懂文章的主题和要旨，提高对事物的看法和认识”。对于高中的文学教育则侧重于通过阅读文学作品，增强对社会和人生的了解和兴趣，识别人生，培养人格；学习各种文学体裁、培养鉴别和欣赏文学作品的能力；了解文艺批评和文艺思潮的概貌；了解日本文学史梗概等等。除此以外，还详细规定了有关论说文、评论文、说明文、解说文、报告文、记录文等各种文章和小说、散文、短歌、俳句、近代诗、戏曲、物语等文学体裁的教学要求。

在阅读教材编排上，他们也把文学和文章分开，分为文学性文章教材和说明性文章教材两种类型。这种情况即便在小学阶段也不例外。文学教材以诗歌、童话、小说为主，说明性文章教材则拓展了我国传统意义上说明文教材的外延，包括一切有关自然、社会、文化、环境、科学等方面题材内容，两者有各自统一的、一贯的系列。这种分法在日本所有教科书图书公司都是相同的。②

美国宾夕法尼亚州《阅读评价手册》（宾夕法尼亚州教育厅评估报告处，1997）根据阅读目的不同，把阅读文本分为三种类型，并对之作出不同的要求：

1. 文学欣赏型的阅读

---

① 转引朱广贤．中国文章分类学研究［M］．北京：民族出版社，2000：126

② 付宜红．日本语文教育研究［M］．北京：北京师范大学出版社，2003：52

- 阅读对象包括小说、小故事、诗歌、戏剧以及散文。
- 此类阅读要求读者深入了解人物环境、事件、情感以及情节发展的种种可能性。
- 要求读者了解不同题材风格的作品的各自特色，并对文本的结构有一定的预见性。
- 要求读者探究作者是如何一步步展开叙述的。
- 要求读者深入文本之中，仿佛亲历其事，身临其境。

2. 了解信息型的阅读

- 包括阅读报刊文章、教科书、百科全书条目和专著等。
- 要求了解这类文章（如图表、脚证、曲线图、副标题、表格）的特点。
- 要求有把握主要信息的能力（例如：浏览一本杂志或者从一份调研计划里快速获取所需信息）。

3. 实用操作型的阅读

- 包括阅读各类文件规章，如汽车或火车时刻表、游戏规则、教室或实验室使用条例、联单、保险单、菜单等。
- 需要具备理解这类文件规章的结构及其目的的能力，以便在阅读时寻找所需信息，理解其意并进行正确的操作。
- 需要读者不仅能读懂文章，理解信息，还要具有根据所获得的信息进行相应操作的能力。

这里不仅区分了文学阅读和文章阅读，还把文章阅读作了进一步细化，区分了信息和操作两种类型，为我们理解阅读类型提供了新的框架。

文学阅读和文章阅读的分类教学，其意义不只在于对文学阅读和文章阅读不同特点的认识，还在于分立之后对于阅读能力培养的不同追求。上述所举美国的三种阅读分类中就涉及不同的阅读能力要求。日本著名国语专家增渊恒吉先生对此还有更详尽的分析，他认为文章的理解能力包括以下内容：①

1. 大体把握文章内容的能力；
2. 正确发音并掌握词语意义的能力；
3. 解释句子结构的能力；
4. 明确指代成分在句中意义的能力；
5. 概括文章段落的能力；
6. 掌握由若干段落组成的长文的构思及其主旨的能力；

① 曾祥芹．文章学与语文教育［M］．上海：上海教育出版社，1995：68-69

7. 将读过的文章加以组织应用于实际、解决问题的能力；

8. 对读过的内容识别和批判的能力。

而文学阅读能力，除了上述共同理解能力外，还包括：

1. 理解情节发展和结构的能力；

2. 理解景物描写和登场人物心理描写的能力；

3. 理解人物思想和性格的能力；

4. 把握主题的能力；

5. 把握作者的人生观和对事物的观点、想法，并能提出意见或进行批判的能力；

6. 欣赏文体特色和表达技巧的能力。

《现代德语》是德国初中语文教材，其阅读练习可分为四大类：一类是对实用类文章的阅读理解练习；另一类是对文学作品的阅读阐释练习；第三类是将阅读作为完成其他教学任务的手段，如阅读与写作，阅读与口语等；第四类训练如何读懂，即如何学习和掌握有效的阅读技巧。①

关于实用类文章的阅读练习——

这类练习常见于学习技巧的这个教学“板块”之中，如第8册教授一般性阅读技巧（快速阅读、信息阅读和消遣阅读等）和对实用类文章的阅读和理解。第9册训练怎样对实用类文章作“读者文摘”和怎样用形象手段表现阅读结果等。第10册训练如何写内容提要。我们展开谈谈内容提要的撰写。首先，通读课文，运用勾画技巧和关键词技巧，标出重要信息，初步了解文章内容。再读一遍，阅读时查阅不认识的关键词和句子，并将关键词记在纸上。一篇文章就是对某一问题的回答。读懂文章就意味着寻找这个有待回答的问题。请找出本文想回答的问题。以上主要是对内容的分析。此外还要进行形式分析，常提出这些问题：文章可按内容划分为几个段落？每一段的内容大意是什么？有无论据？如有论据，那么，是采用哪种论据？（列举事实？援引权威人士的话？下定义？因果关系？）有无提出反方观点？作者采用何种语言特征？（客观报道性、主观评价：是褒，还是贬？是强化，还是削弱？是平实还是讽刺？）对内容和形式分析之后，就可以进一步确定对文章的理解程度。请将文章内容用自己的语言客观而又概括地写下来，即撰写对本文的“内容提要”。

关于文学类文章的阅读练习——

这类练习有的见于写作教学之中，如读小说，写出故事梗概，读诗歌，模仿与一首习作；有的见于阅读技巧之中，如第8册介绍了文学作品的三种

① 中外母语教材比较研究课题组编．外国母语教材评介［M］．南京：江苏教育出版社，2000：52-60

叙述方式，还训练如何了解文学作品，尤其是现代小说的特殊言语表达方式，如内心独白或内心旁白和意识流等，介绍它们的表现形式、语法特征和美学功能。

其中，第九册训练如何读懂一篇文学作品，有以下练习设计：读者如何接近一篇作品？故事的开端有什么特别之处？谁在叙述故事？这一段的故事情节是什么？读者如何进入一篇作品？课文有几处打有星号，并在课文旁边标有小云朵。星号所标的地方是一种内容“空白”，要由读者思考填补。请问：这几朵云彩里“藏”的什么内容？请继续读下去。如发现新的空白处，就停顿一下，与周围的同学议论一下。请深入到故事情节中去，深入到人物内心，想他所想，感他所感。请复述故事，最好将复述制成录音磁带，在班上一边放一边解说。表演这一段故事情节，撰写这段故事的故事梗概，找出作品所涉及的矛盾或问题。情节如何发展？出现哪些人物？他们有什么性格特征？人物关系如何？表演人物对话。这篇作品属于什么文学形式？对这种形式如何定义？它呈现什么典型特征？

通过以上分析，我们看到，国外母语教育普遍强调文学阅读与文章阅读的分立，遵循不同的教学逻辑和教学程序，把文学阅读能力和文章阅读能力的培养区别对待，这为我们认识阅读教学提供了借鉴。回顾我国语文教育的历史，尽管自上世纪八十年代文学教育元气逐渐复苏之后，就一直提倡文学鉴赏能力的培养，但直到今天，这一目标在课堂中的落实还是很不理想，其中的原因自然很复杂，但有一点是可以肯定的，多年以来，我们少有清醒的教师，站在文学与文章教学分立的立场来考虑教科书里的选文，少有清醒的研究者站在文学与文章阅读能力区别的角度来审视语文教学大纲中笼而统之的文学鉴赏能力培养。

第三节　从“文学阅读教学”到“文学阅读能力教学”

一、文学阅读教学：误区中的反思

确立文学阅读和文章阅读的界限，把文学阅读教学视为美育的一个组成部分，是我们研究文学阅读教学的第一步。接下去我们要考虑的是怎么进行文学阅读教学。在理论和实践中，尤其是在语文学科之下，人们所谈的文学阅读教学并不一定是同一个含义，所实施的文学阅读教学也未必是同一件事。分析语文教学的现状，大概有三种文学阅读教学的说法和做法，如果从三个角度来看，那么第一种是从课文本身性质出发的“读文学”，第二种是从教师教的角度出发的“教文学”，第三种则是从学生学的角度出发的“学文学”。这三种说法和做法，实际上是对文学阅读教学性质的三种不同的认定。前两种是目前文学阅读教学最为流行的方式，它们自有存在的价值，但并不就是真正意义上的文学阅读教学。对此，我们作些讨论。

（一）“读文学”

所谓“读文学”，是指充分发挥所选文学作品的魅力，使学生通过阅读文学作品直接获得美的熏陶。我国长期以来所采用的是以“文选”为主体的教材模式，向来非常注重选文的典范性，“文质兼美”是一以贯之的选文准则，因此，选入教材的文学作品本身都包含丰富的美的元素，由选文构成的语文教材更是一座琳琅满目的“美”的宝库，是自然美、社会美、艺术美的集萃。在审美领域上，它涉及社会美、自然美、艺术美、形式美所有方面；在美的形态上，既有优美和壮美，又有悲剧和喜剧甚至悲喜剧，不仅有美而且有丑，“化丑为美”。它还涉及美的规律。如：对称、和谐等。

韦志成的《中学语文美育》是较早也是较系统地从美育的立场来研究语文教育的专著，它用整整一章内容来论证“语文教学的美育依据”，这个依据是从教材方面来回答的："语文课本是语文学科的根本，是教师'教书育人'的根本，……这套课本坚持选用名篇名作，扩大了选材的范围，其中文学作品占百分之七十以上。论内容，古今中外名家荟萃，久经时间考验，历来脍炙人口；谈形式，有诗歌、小说、散文、戏剧、童话、寓言、民间故事等，新颖活泼，娱人耳目，这套课本，通过多种多样的文学作品在学生面前展现了一个璀璨夺目的'美的世界'……充分利用这套课本包含的美的因素，能够培养学生爱祖国、爱人民的品质，富有革命理想的境界，具有对自然美、生活美、艺术美充分感受和正确理解的能力，形成他们健康的美感和高尚的情操。"①

从教材选文角度来论述语文课的美育，比较能得到认同。"善于发挥教材内涵美的魅力，对学生进行审美教育"，也是杜卫主编的《美育学概论》中"语文课的美育"的基本观点。汪诚国认为，"加强语文课美育，是由语文教材中丰富的美学内容决定的。"② 有的研究者在此基础上甚至认为"语文教学的审美教育功能主要来源于语文教材，依托于语文教材。……每一个语文教师都应重视和挖掘教材的美育功能，提高学生的审美水平，培养学生的审美创造能力，促进学生全面发展。"③ 但是这些论述与其说是站在文学阅读教学的领域，不如说是站在文学阅读的领域更为恰当。

这里我们看两个例子：

例1：有位教师在上《卖火柴的小女孩》时，开始范读，入情入景，学生感动得热泪盈眶，随后，他指导学生朗读，学生反复朗读了几遍课文。教师问学生，还需要讲吗？学生齐答：我们懂了，不需要讲了。

例2：《天山景物记》的教学：教师设置了一个奇妙的教学氛围，师生按照课文描绘游踪，去游览天山奇丽的景物。教师设计了一个奇妙的教学手段，让学生们选择自己喜爱的景物描写片段撰写对联，大家在一起做一番"人文旅游"。于是，生动活泼的场景出现了，同学们吟联评对，热闹得很。……一课上完，同学们吟出了好多幅对联，且不说场面之热烈，群情之激动，仅从对联的提炼来看，就可以想象同学们是如何深深地进入课文，咀嚼和领略课文的意境的。④

上述两例，前者运用了"书读百遍，其义自见"的朗读法，后者运用吟联评对、"人文旅游"的创意，都较好地实现了让学生直接接触课文获得

---

① 韦志成．中学语文美育［M］．南宁：广西人民出版社，1986：35

② 汪诚国．语文课美育论［J］．常州师专学报，2002（5）：79-83

③ 成继荣．试析语文教材的美育功能［J］．中国人民教师，2005（3）：20-21

④ 转引自王荣生．文学鉴赏教育定位定性［J］．宁波大学学报（教育科学版），1998（4）：19-24

美的熏陶的目的。但是，这毕竟只是采用教学手段比较好地实现文学作品的美育功能而已，并不是真正意义上的中小学课堂框架下的文学阅读教学。文学作品自身的美育功能与中小学课堂框架下的文学阅读教学既有区别又有联系。“文学审美活动并非就是审美教育活动”，文学作品的阅读并不就是文学作品的阅读教学。

（二）“教文学”

“教文学”是从教师教的角度来说的，它与“读文学”的共同之处是都看重学生对文学作品的阅读，不同之处是立足点已经转移到教师对课文“精妙”之处的赏析，它更强调对作品形式方面的理解与欣赏，强调教师的示范与点化作用。如有老师教《荷花淀》，抓住“女人的手指震动了一下，想是苇眉子划破了手，她把一个手指放在嘴里吮了一下”一句中的“震动”和“吮”两个动词，剖析水生嫂听到丈夫要上战场的复杂、缠绵的心理；在“你走，我不拦你。家里怎么办?”一句中的句号上大做文章，深入开掘水生嫂丰富、生动的内心世界。通过教师这种点化性的分析和讲解，学生对文学作品有了更深的理解和领悟，提升了文学阅读的层次，同时也或多或少“悟”到了一些文学鉴赏的奥妙或门径。

以“教文学”面目呈现的文学阅读教学在当前课堂教学中非常普遍。这方面成功的课例很多，但不成功的肯定更多。这里面有三个因素起着制约性作用：

首先是教师的因素。教师示范是否到位，点化是否有效取决于教师的文学修养和教学艺术。因此，只有自己掌握较高文学鉴赏能力的人，才能够胜任示范与点化的职责，同时，只有灵活掌握教学艺术的人才能将这种示范和点化有效地传达给学生，激发和感染学生。因此，这种对教师素养过于依赖的文学阅读教学潜伏着极大的风险，在习惯于当教参“搬运工”的教师手上，它很可能就演变为一种文章讲解分析，滑进“类文学”的窠臼中去。

其次是可教性问题。教师针对某一篇具体文学作品特定部位的示范和点化，构成的是传达与接受的关系，属于无法直接教学的内容。在文艺界，人们是用“具体化”“前结构”“期待视野”等这些接受美学的概念来阐释文学的接受活动的：具体化的过程就是读者通过文本的阅读，在想象中把文本中潜在的未定的空白点转化为有血有肉的具体可感的艺术世界的过程。文本的具体化过程，实际上是文本的影响力与读者的创造力的双向运动过程，一方面文本的潜在意义作为一种影响力，引导读者按原有的潜在意义来解释它，理解它；另一方面读者作为一种创造力对文本施加作用，力图按自己的愿望、倾向和趣味来解释作品。这两种对立的力量在某一点上的统一，就实现了文学的接受活动。而造就读者创造力的是带有个人主观色彩的“前结构”或“期待视野”，它包括读者接受作品的一切条件——读者受教育的水平、生活经验、审美能力、艺术趣味以及读者从以往阅读的作品中获得的经验和知识、对不同文学形式和技巧的熟悉程度等等①。也就是说，教师的点化和示范其实包含了教师融合全部个人因素的二度创作，是其心灵触摸之后的感悟，是特殊的“具体化”的产物，具有极大的个性化特点。一般来说，学生是很难重复这一具体化过程的，而只能去实现自身的具体化过程，并在具体化过程中完成自己的再创造。这意味着，教师的“教”并不一定能实现学生的“学”。

同时，还有学生的因素。学生的具体化过程能否顺利完成，具体化过程中的再创造质量如何，直接取决于学生自身接受作品的一切条件，也就是他的“前结构”或“期待视野”。同时，当他接受教师的示范点化之后，是否有所得，产生直觉性的“顿悟”或理性化的“深悟”，获得一些文学阅读的方法，也取决于教师，特别是学生的个体条件和当时状况。

这三个因素制约着这种“教文学”阅读教学的效率。许多学生尽管在课内很好地学习了课文，却没有形成良好的阅读能力，或者说能力不能有效地迁移。比如有的学生学了鲁迅的小说《故乡》，却还是没有办法读同样是鲁迅小说的《祝福》和《阿 Q 正传》；学了很多唐诗，却没办法鉴赏杜甫的《登高》和李白的《蜀道难》。这显然告诉我们，文学阅读教学并不就是文学阅读能力教学。于是，自然就提出了第三种文学阅读教学——以文学阅读能力为出发点和归结点的文学阅读教学。由于能力的获得主要通过学生体现，因此，我们把这种文学阅读教学称为“学文学”的阅读教学。

上述我们的讨论并非否定第一和第二种文学阅读教学，在承认的前提下，我们又说它们还不直接就是我们主张的文学阅读教学，这两种判断并不矛盾，因为两种判断是在两个不同层面上运行的。其立论的基础是对“教育”的三种理解：一是广义的，泛指一切增进人们的知识技能，改变人们思想和行为的活动；二是狭义的，主要是指各级各类学校的教育，它是社会有目的、有计划和系统地影响下一代的社会实践；三则是我们现在所论述的，特指在课堂教学框架下的中小学教育，它对教育的目的、计划和系统性有更为严格的规范，是一种按照学习的内在逻辑沿着特定的程序在规定的时段里达到特定的教学目标的活动。这种由教师按教育学和学科原则设定的、表现为现实可能性的教学目标要求全体学生按时按质地达到并能够从学生的行为中被有效地测试出来。

---

① 童庆炳．文学活动的美学阐释［M］．西安：陕西人民出版社，1992：277.281

二、文学阅读可教性因素分析

以文学阅读能力为出发点和归结点的“学文学”阅读教学首先涉及的是文学可教性问题。对这一问题国外的研究能带来比较多的启示。

马蒂森·赫斯曾很概要地切分出文学教育的“可教育方面”：分析和解释文学作品不同于体验和鉴赏它，分析和解释文学作品就是把作品分解开来，以看出它是如何构成的，而体验和鉴赏文学则意味着用自己的心灵去感受作品中的一切，并进而确定作品的价值。“分析和解释文学作品的技能是可以教会的，体验和鉴赏却取决于各人的情况。体验和鉴赏的能力可以通过训练分析和解释文学作品的技能得到提高。”① 当然，这一表述并不意味着体验和鉴赏是“不可教育”的，并不意味着随着美学、文艺美学、美育学、审美心理学等研究的深入，体验和鉴赏的某些部分不能转化为“可教育方面”。重要的是，这一表述鉴别了审美教育活动和审美能力的教育活动的区别和联系，凸显了文学阅读可教性和不可教性的矛盾，把我们的视野吸引到对可教性问题的探讨。

日本学者井关义久的研究正是在区分可教性与不可教性的基础上展开的。他依照文艺批评理论中的“分析批评”方法与步骤设定了以下（1）～（3）的过程，认为教师所参与的文学阅读活动是过程（2）中的“主题假设”至“批评”的阶段，属于可教的过程；其他的阶段是学生阅读活动阶段，属于不可教的过程。

（1）阅读理解（感动）

↓

（2）主题假设→表达分析→假设主题的确认、修正、验证→批评（文艺性解说）

↓

（3）阅读理解（感动）的深化

根据他的研究，“小学、初中、高中阶段能够掌握的初步的术语”主要有以下这些：

提示印象的词语：视觉、听觉、触觉、味觉、嗅觉；印象词语的使用方法〔单一意义印象词语、多义印象词语（比喻、象征）〕、插曲、规模、

① 凯伦·马蒂森·赫斯著，赵太和、金宏达译．文学鉴赏辅导［M］．北京：北京十月文艺出版社，1986：9

高潮（顶点）

作品格调（喜剧、悲剧、抒情、反语）、作品类型（叙事、说明、描写、表述、问答等）、视点（第一人称视点、第三人称限定视点、第三人称全景视点、第三人称客观视点）

主题（主题内容、主题构想）、情节、设定、素材、题材

中心人物、偏离、说话者（讲述者）

井关的“分析批评”式文学阅读教学的主要内容就是这些成体系的“批评术语”以及依据这些术语的“分析技术”。他认为，教师不应在个别的、具体的“阅读”阶段（如图中的过程（1）和（3））有意识地使学生理解什么，而是要通过“术语”和“分析技术”的教学，让学生最终能够依靠自己的能力进行批评。

究竟哪些属于可教的内容，另一位日本学者有不同的理解。

向山洋一在文学教学内容与绘画中的透视法、音乐中的和音、音阶等类比基础上，提出文学教育应教授普遍、客观的教学内容。他认为①：

“在文学中，如果分析各种要素，也会有同样性质的东西存在。这样的东西会成为阅读文学的基本能力。如同绘画中的透视法，在任何绘画中都用到一样，这样的东西是在任何文学阅读中都会用到的。……与绘画中的透视法、配色相类似，文学中有‘视点’‘主题’‘形象’等概念。”

向山认为至少有10个左右的基本的文学构成要素（分析术语）可以在小学阶段教学，以后，他又改为6个（大致每学年一个），大体是“视点”“主题”“形象”“对比”“情节”“作品类型”“高潮”等。

这里可以看到，向山所构想的“教学内容”（实为“课程内容”——笔者注）与井关的有一致之处，即不是个别作品阅读的“感动”，而是在作品之外的“分析批评”的“术语”和“技术”。在他看来，作为教学内容应首先教授基本的“术语”“技术”，在理解的基础上，学生以这些基本“术语”和“技术”为武器进行阅读分析。这个过程中，学生发现了什么，理解了什么，这是学生的自由体验活动。即便由于讨论、争论而使其原有的思想发生变化也是预想之中的事，教师不应对此进行干涉、统制和诱导。不过比较而言，向山更追求作为满足文学教学内容“术语”的“普遍性”和“一般性”。

两位日本学者的研究表明，指向阅读能力培养的文学阅读教学一方面要让学生掌握一些文学术语，理解其中的内涵，另一方面要训练学生掌握以这些术语为依据的“分析技术”。因此，这里所谓文学阅读的可教性因

① 西乡竹彦编著．文学教育基本论文集（全四卷）[C]．明治图书，1988

素，就是指这些术语所代表的文学知识和以文学知识为基础的分析技能。两位学者在教学内容上的分歧显示，这些可教性因素存在很大的不确定性，每一个研究者似乎都可以开列出一个清单来，① 其间是否存在如向山洋一所说的“普遍性”和“一般性”的文学知识，还是未知之数。

法国高中阶段对所要掌握的知识有比较详细的罗列，我们不妨看看其一年级（高中第二年）教学计划中必须教的有关文学“术语”：②

修辞格和修辞：照应、突出、喻义、反论、连词省略、比喻、省略、层递、替代、暗喻、借代、反义相衬、拟人法、象征等；

韵律类别：重音、语调、诗词格律、节奏、速度……

叙述类别：故事、叙述、叙事作品、故事时间、叙述时间、叙述人、主人公、聚焦、场景、简述；

戏剧类别：动作、剧情、演员、人物、动作者、展现、情节、高潮、结局、独白、轮流对白、误会、旁白、姿势……

文体类别：语气、模仿、幽默、讽刺、嵌入、循环；

美学类别：巴洛克风格、古典主义、诙谐文学、滑稽英雄、粗俗、高雅、悲歌、史诗、抒情、悲怆、正剧、悲剧……

在我国，文学阅读可教性知识的研究主要集中在大学中文系的“文学鉴赏概论”课以及为这门课程所准备的教材上，至于中小学阶段，究竟需要教哪些文学术语，哪些先教，哪些后教，究竟要教哪些分析技术，哪些在低年级教，哪些在高年级教，这些问题尚未引起足够重视。

三、文学阅读可学性因素分析

前面日本学者井关义久的研究指出，学生“阅读理解”的一前一后两个阶段都是不可教的。如果要说可教的，仅是那些“术语”即文学知识，以及建立在“术语”基础上的分析技能。那么什么是不可教的呢？陈思和曾指出，文学学科具有审美、知识和精神传承三位一体的功能结构③。其中，知识是可教的，不可教的是审美和建立在知识和审美基础上传承的文学精神。但是不可教的东西是不是就是不可学的呢？回答是否定的。

---

① 陈太胜．作品与阐释：文学教学引论［M］．广州：广东教育出版社，2006：3

② 中外母语教材比较研究课题组．中外母语课程标准译编［S］．南京：江苏教育出版社，2000：494

③ 陈思和．是“知识”还是“审美”？——中文系文学课程多功能组合的构想［J］．东方文化，2003（1）：67-71

我国古代就有通过对话体验获取意义的观念，如：

作者用一致之思，读者各以其情而自得。（王夫之《船山遗书》）

杜甫似司马迁而不繁一辞，正欲使自得耳。（刘熙载《艺概》）

夫境界呈于吾心而见于外物者，皆须臾之物。惟诗人能以此须臾之物，镌诸不朽之文字，使读者自得之。（王国维《人间词话》）

列夫·托尔斯泰曾说："艺术活动是以下面这一事实为基础的：一个用听觉或视觉接受他人所表达的感情的人，能够体验到那个表达自己感情的人所体验过的同样的感情。"① 鲁迅翻译的日本文艺批评家厨川白村《苦闷的象征》中也有类似的见解。不过，前者是从作者创作的角度来强调这种可理解性，后者则是从读者的鉴赏过程来分析："……读者和作者的心境帖然无间的地方，有着生命的共鸣共感的时候，于是艺术的鉴赏即成立。"当然，文学阅读的可理解性不同于其他学科的甚或文章阅读的可理解性，"读者看客听众从作家所得的东西……乃是并非得到知识，是由于象征，即现于作品上的事像的刺激力，发现他自己的生活内容，这种在作品中的自我发现，就不是一般的被吸引，而是一种现实与艺术的沟通，主体与客体的沟通"，故厨川白村又说："所谓鉴赏者，就是在他之中发现我，我之中看见他。"② 有了这种沟通，便有了情感的交流和融合。但要实现这种沟通，读者必须有相应的生活经验和知识积累。鉴赏者的心理文化结构只有与文学作品相契合，这种沟通才能发生。而这种心理文化结构包括审美心理、智力结构、伦理道德等诸多方面。

也就是说，在文学阅读教学中，如要把不可教的东西转化为可学的东西，前提是要引发学生的心理文化结构与文学作品之间的对应关系，而创造情境是基本的引发方式。

创造情境的基本方式有两种：一进入实景，二营造氛围。"缀文者情动而辞发"，作者在文中表达的情感体验，多是出于对生活的独特感受，可以说，没有生活便没有作家的体验。所以，文学阅读教学中应注意将学生从学校小课堂带入到社会大课堂，让他们有目的地体验生活、观察生活、认识生活，从对生活的直接接触中获得启示，建起学生与文本中作者的情感沟通的桥梁。前苏联著名教育家苏霍姆林斯基特别重视学生到生活中直接去体验，他一周两次把学生带到野外去，并称之为"蓝天下的学校"。我国现代著名诗人徐志摩也常常兴致勃发，常把学生从课堂引到课外，涉足山川碧野间，然后忘我地诠释诗歌的艺术真谛，学生沉醉其间，乐而忘归。在"大语文"观念引导下，现在很多语文教师也很重视利用课外语文教育

---

① 托尔斯泰著，丰陈宝译．论艺术［M］．北京：人民文学出版社，1958：45

② 张炳隅．文学鉴赏学［M］．上海：上海教育出版社，1991：25

环境，通过调查、参观、采访、观察等直接感知活动去获取生活的、审美的体验。

由于有的文学作品，因其内容所限不可能进行直接体验，这就需要教师创设生动具体的文学阅读氛围。通常情况下，我们可以动用情感表达的有效手段，把情感寓于一定情境之中，达到情和景的和谐，使抽象的情感信息可闻、可见、可触、可感，从而奠定进入作品的情感基调，以此叩击学生的心扉，唤起相应的情绪。创设阅读氛围的方法很多，可以美读，把文字转化为立体可感的形象，在语调的抑扬顿挫中感受文中情感的起伏；可以音乐引导激情，因为音乐能“从男人心中烧起火来，从女人眼中带出泪来”（贝多芬语），使学生的听觉最大限度参与感知活动；可示以图画，直观展现与课文内容相关的艺术形象，诉诸学生的审美感受，使学生如历其境，如见其景；教师还可通过语言渲染、姿势模拟，以恰当的手势、逼真的神态、动情的语言激起波澜，或爱或憎，或喜或悲。这些方法可以单独使用，也可以配合使用，这要根据具体的教学内容而定。如教学朱自清散文《背影》，教师可在二胡曲《江河水》缠绵悱恻的音乐背景下朗读课文，把学生带到兵荒马乱的年代，体会其家境“祸不单行”的人生况味；教鲁迅小说《祝福》，教师组织学生观察祥林嫂三到鲁镇最终沦为乞丐的幅幅肖像画，以言语描述去表现嘈杂喧闹的祝福气氛，以表情再现祥林嫂形容枯槁、精神崩溃的神态，从而唤起学生惊讶、悲哀、愤怒的情绪体验。

通过创造情境的方式让学生获取情绪体验，这对于学生积极情感能力的养成有着刺激和催生作用的。正如赞科夫所说：“教师在自己的实际工作中，就应当直接地依靠以至利用这些情绪体验，以便使学生有效地掌握知识和技巧。”①

从学生获取审美情感并由此生成文学精神的完整过程来说，情境创设还只是第一步，这一步的基本作用是激发学生的情绪，形成进入作品的“预备情感”和“接受心境”。这个过程还有第二步和第三步。第二步是情感共鸣，心灵相通；第三步是情感升华，理性介入。

如果说第一步情绪引导还主要依赖外在的情境创造，那么第二步就要进入到文本感知、言语品味。文学是语言的艺术，好的作品往往都有鲜明的色调和浓郁的情感，或清雅明快，或曲折回环，或发弦外之音，或“此时无声胜有声”。品味言语并不限于一字一句，诗歌有诗眼，散文有文眼，小说有线索，戏剧有动作，须抓住关键词，才能把作品内蕴的情感和形象

① 赞科夫著，杜殿坤译．和教师的谈话［M］．北京：教育科学出版社，1980：116

再现出来。

一般说来，作者借助语言表达情感可采用两种方式，一是标示各种情感类型的词句，二是标示体现情感的外在形象，教师如能注意引导，就比较容易让学生与作品形成情感共鸣。前者如鲁迅散文《为了忘却的记念》，其文题就颇值得玩味，既是“记念”，为何要“忘却”，既是“忘却”，因何有这么长的“记念”文字？对这种矛盾表达法的细细品味，可以体会到作者当时因革命者被残杀而产生的悲愤难抑的心情。后者如《白雪歌送武判官归京》中首句“北风卷地白草折，胡天八月即飞雪”，其中关键词是“卷”和“飞”，这两个动词和“北风”“飞雪”一组合，形成劲风席卷大地，雪花随风飞舞的情状。陶渊明的组诗《饮酒》，其中常入选中学语文教科书的“结庐在人境”一首，把意境描画与真情表白巧妙融合，勾勒出诗人恬淡、纯真的性格特点。诗中“采菊东篱下，悠然见南山”两句，最为后人赞赏。“悠然见南山”的“见”字，有的版本写作“望”。到底取哪个字好？自宋代以来就有争论。苏轼说：“‘采菊东篱下，悠然见南山’，因采菊而见山，境与意会，此句最有妙处。近岁俗本皆作‘望南山’，则此一篇神气索然矣。”这确实有些道理。因为“望南山”，是心中先有一个南山在，再去望，已经没有什么新鲜意趣了，所以坡公说“一篇神气都索然矣”。不若偶然得之，则采菊时之心境于无意中恰与南山胜景所包含的意趣相帖和，所以佳妙。

在与文本对话，品味言语过程中，引发联想，激发想象，也是唤醒学生情感的重要方式。如教学关汉卿散曲《大德歌·冬景》中的第一节：“雪粉华、舞梨花，再不见了烟村四五家”，以丹青泼墨的姿态描绘出一幅冬日傍晚渔村雪景，给读者留下了很大的想象空间。“一切景语皆情语也”，对“景语”的理解越到位，对“情语”的感悟也就越透彻。所以，在教学中可以系列设问：

雪花为什么是粉色的？

梨花的颜色、味道和姿态怎样？

“舞”和“飞”“飘”比情状有何不同？

由“烟村”你想到什么？

为什么不见了“烟村”？

诗人站在什么地方看这幅景象？

这一连串的提问，容易打开学生的想象空间，使他们充分调动各种感官，在头脑中呈现曲中所描绘的声、光、色、态，拓展了作品的形象层次，获得身历其境的体验。

王国维在《人间词话》中针对文学阅读有段名言：“诗人对于宇宙人

生，须入乎其内，又须出乎其外。入乎其内，故能写之。出乎其外，故能观之。”① 所谓“入乎其内”，就是要设身处地感受和体验，否则不能真正鉴赏作品。但在深入体验作品情感的同时，还须对之有清醒的认识和理性的判断和评价，这就是“出乎其外”。因此，学生要真正获取审美情感，还须上升到第三层次：情感升华，理性介入。

罗兰·巴特在其批评名著《S/Z》中将叙述文本分成两种：一种是“可读式”，其中没有空白点，读者只能是消费式的接受；另一种是“可写式”，它是一连串能指的结合，但其所指是不确定的，读者可“创造性地重写”。这里我们借用这一说法来表述这一层次的阅读体验类型：可读式体验和可写式体验。

可读式体验 在教学中采用深处设疑的方式，把作品中采用曲笔、奇笔、反笔叙写的那些蕴涵丰富、意趣高远的内容揭示出来，让学生在解惑中体验。如林觉民《与妻书》中运用反常手法来倾吐自己矛盾复杂的情感：“与使吾先死也，无宁汝先吾而死。”对此，教师可有意设疑：作者对妻子的挚爱之情前文已体现得淋漓尽致，为什么此处又希望妻子先于自己而死呢？这不是自相矛盾吗？学生在深入思索中就可以领悟到这种挚爱之真正深邃和无私，以至不想让爱人承受一点点人生的痛苦。

可写式体验 形象化的文学表述能体现文学作品创造性的特质，也能激发学生体验过程中的创造激情。有教师教学朱自清散文《背影》，引导学生找出表现父爱的典型语句，领先作了一节诗，结果全班都成了诗人，那是一首关于父爱的诗：②

父爱，是簌簌落泪时一句
“好在天无绝人之路”的劝慰
父爱，是再三的叮嘱
和最终的不放心
父爱，是迂
也是害怕（儿子）夜间着凉的一件紫毛大衣
父爱，是攀越铁道蹒跚的背影
和一个朱红的橘子
父爱，是一封让自己泪光晶莹的书信
和终生品读不完的背影

有了这样创意的表达，我们完全可以相信学生已经深刻领会到了课文

① 藤咸惠校注．人间词话新注［M］．济南：齐鲁书社，1986：104

② 谢庆华、王剑．《背影》是一首诗——接纳学生“挑战性”的个性化感受［J］．语文教学通讯·初中刊，2006（3）：21

中所表现的父子深情。

上述三个层次不同、深度有异的体验形式共同构成了一个完整的审美体验序列，呈现出由初级层次到高级层次，由外部体验（感知觉）向内部体验（文学精神）、由浅层感知到深层感悟的层递性。这与我国古代美学家宗炳“会目”“会心”“畅神”三境界，现代美学家李泽厚提出的“悦耳悦目”“悦心悦意”“悦志悦神”三层次说大致相同。这一审美体验序列的存在为文学阅读教学完成“不可教”但“可学”的审美情感和文学精神提供了可能。

王国维在总结文学鉴赏的不同境界时说：“有我之境，以我观物，故物皆着我之色彩；无我之境，以物观物，故不知何者为我，何者为物。”文学阅读教学其实也存在这两重境界“有教之境”和“无教之境”。“有教之境”以知识传递为目的，把可教的文学“术语”和分析技能教给学生；“无教之境”以涵养情感，提升精神为目的，把不可教的审美情感和文学精神在引导学生体验中助其获取。当知识和技能已经化入学生的文化心理结构之中，一切的传达和接受都显得那么自然而然，文学阅读教学就上升到一个理想化的境界：此情此景，“我”即为主体，难辨哪是知识，哪是情感，哪是分析，哪是感受，师生谁主谁客已不重要，重要的是双方携手，随文入意，随情入境，共同深入作品的堂奥，领略文学的精髓，一起成长。

把中小学课堂教学框架下的文学教学切分成可教性因素和可学性因素，其立足点看起来都针对对象——文学作品本身而言的，其实不然。可教性因素所指是文体的知识、文本的知识、文本解读的知识等，这些知识属于对象知识，也就是着眼于文学作品的知识。可学性因素是针对那些不可教的部分，学生作为学习主体在教师引导下主动学习所体会到的东西——审美情感和文学精神。其实，说可教和不可教，是相对而言的，不可教的东西未必真不可教，只是更强调学习者的主体意识罢了。如我们上面分析，学习者入情入境，“会目”“会心”“畅神”，就能体会到作品中丰富的审美情感和充溢的文学精神。也就是说，对可教性因素而言，立足点是对象知识，核心是文体知识；对可学性因素而言，立足点是主体知识，主要是解读方法。这一理解与近来有学者从文学作品的读法角度提出“着眼于对象的阅读图式”和“着眼于主体的阅读图式”① 的分类有暗合之处。

---

① 倪文尖执笔．“想象与移情”单元样张（上）[J]．语文学习，2007（3）：15-19

第三章

在反思中构建：文学写作课程内容分析

第一节 “小文人语篇”写作教学批判

一、“小文人语篇”写作教学的表现

王荣生把我国现行的写作教学归纳为五种取向，分别是“闪光点”的记叙文、“格式化”的议论文、“生动”的说明文、“日常”的应用文和“小文人语篇”的“好作文”。① 其中，“小文人语篇”的写作教学最有代表性。“小文人语篇”“总的笔调是辞藻‘优美’、笔墨‘精彩’，如发议论，则具有‘哲理散文’的倾向”，“‘闪光点’的记叙文、‘格式化’的议论文、‘生动’的说明文，如果达到了‘小文人语篇’的‘程度’，就可以上升到‘好作文’（即教师给高分的作文）”，也就是说，在目前中国，引导学生写出“小文人语篇”，正是中小学写作教学追求的最高境界。

“小文人语篇”是文学教育与文章教育混淆在写作教学领域中的产物，它是异化的文学写作教学结出的异化的精神果实。从体裁上来讲，“小文人语篇”应该属于散文，但这是一种怪异的散文，刘锡庆这样描述，“其特点及写作要求大略与‘散文’相同，只是由于它‘文学性’不足，一般较难跨入文学文体中‘散文’的殿堂”。② 是散文又不是散文，原因是“文学性”不足，不是散文却又是散文，原因是特点和写作要求大略与散文同。有人把它称之为“散文习作”，其实名不副实，因为是“习作”总还往“正宗”的路上走，但一旦入了“小文人语篇”的写作模式，最后恐怕连真正的散文都看不顺眼了。然而，在我们的语文课堂里，教师所津津乐道，学生所孜孜以求的正是这种既非文学又非实用的、既像文学又像实用的“四不像”文章，真是咄咄怪事！

---

① 王荣生．语文科课程论基础［M］．上海：上海教育出版社 2005：127-133

② 刘锡庆．基础写作学［M］．北京：中央广播电视大学出版社，1990：156

从写作教学的过程来看，“小文人语篇”是这样一步步形成的：

（一）积累：片面突出好词好句

在写作教学中，我们从来就没有放弃过对积累重要性的强调。我们经常引古人诗句来谆谆教诲学生：“读书破万卷，下笔如有神”“读万卷书，行万里路”“汝果欲学诗，功夫在诗外”。平心而论，积累作为写作教学的一条重要经验，再怎么强调也不过分。但积累什么，这是关键问题。积累有材料积累、语言积累、生活积累、情感积累等，古人所强调的是通过查阅文献来积累材料，通过阅读来积累语言，通过出游来积累生活，通过体验来积累情感，重视作为写作“源头活水”的积累。而在我们的写作教学中，更多强调的是好词好句的摘抄，优美段落的背诵，没有任何应用情境的成语、谚语、格言的记录等等。

类似于下面这种写作教学经验可以说是老生常谈了：

写好作文的重要途径是要通过摘抄来积累语言材料，像名言警句、好词妙句、诗词名句等等。好词妙句可以让学生自己从所读的文章里选择，名言警句可以通过教师提供，每日两三句，记录下来并加以背诵。诗词名句积累有必要规定一定的主题。如古诗中写春的诗句、与友情有关的句子、写到乡愁的句子等，还有关于勤奋的名言、关于珍惜时间的名言、关于人生的格言等等。只要每天积累一点，持之以恒就能形成一个语言材料的宝库。

之所以特别强调好词好句的积累，是为了学生写作时能够套用。只要随手翻开一本学生的作文，你会很容易地发现这样的点评：“你的作文有很多好词好句，是一篇好作品……”，或者“你的作文好词好句太少了……”等。从这些相当普遍的点评中，我们很容易发现，在写作教学中，“好词好句”被放在了极其重要的位置——其实这里就反映了这样一种作文观：一篇文章没有好词好句是不行的。于是作文的“优生”们纷纷以此为乐，以此自矜；作文的“差生”们则以此为难，以不能如此为耻，一动笔就把目标锁定在佳词丽句上。

我国传统写作教学中的“炼字”“炼句”与强调好词好句的“小文人语篇”作文观是有本质不同的。古人强调锤炼，“为人性僻耽佳句，语不惊人死不休”是诗圣杜甫著名的两句诗，一千多年来的中国诗坛尽管新旧代嬗，但是，“语不惊人死不休”，却是不同时代的诗人都望风来仪的一面艺术旗帜。但古人“炼字”也好，“炼意”也好，都是在一定文本、一定语境中实现的。如王安石“春风又绿江南岸”一句中的“绿”字曾改过十多次，先后用了“过”“入”“满”“到”等字，之所以最后选定用“绿”字，是因为“绿”字不但表明春风到了江南，而且连春风到江南后带来的勃勃生机、盎然春意都表达出来了。而“小文人语篇”的好词好句，是摘抄剪贴的，看起来颇有文采，却未必符合文章表达的需要。很多时候，一篇好文章未必有什么佳词好句，但整体上它能打动人，依然是好文章。

（二）指导：刻意为文与模式作文

究其本质而言，写作不过是人们满足生活需要的一种方式。远古的人们“劳者歌其事，饥者歌其食”，无非是自吟自唱内心对生活的体验与感悟，史家们最初不过是为了在有限的龟甲竹简金石上尽量精简地记下历史事实，竟成了《诗经》《尚书》之类的千古典范。但长期以来，在写作教学中，正如于漪先生所说的，很多教师把“教学生写作文”理解成了“叫学生写作文”。刻意作文成了教学的通病。因为是刻意作文，学生本身并无表达的需要，没有真情实感。但他们为了完成任务，强制自己搜索枯肠，绞尽脑汁，“编”出文章来。既然是“编”出来的，内容上无甚可观，只好在形式上作些装饰。平日积累的好词好句，此时正可以派上用场。现在一些所谓“满分作文”，捡的就是这个便宜，如下面这篇：

风起风落间，夏风抚过松林，飒飒作响，那是林海的呼吸；初阳掠过草地，拾起珠玑，那是天外的暖意；蝶翅轻拍花朵，轻舞飞扬，那是新生的涌动；绿叶滴下晨露，折射阳光，那是盛夏的生机。

天上漫卷的白云，堤上婆娑的新柳，山间欢唱的小溪，田里清亮的蛙鸣……

风起风落间都诠释着世界的精彩与生活的奇妙，它们是渺小的一点朱砂，却折射了整个大自然的完美与感动。

孔子登泰山而小天下，泰山的日出让一代圣人为之叹服，仅是那一抹红色的悸动，仅是那一山绿色的清风，一个流芳百世的“儒”字便刻在了所有炎黄子孙的心里，难以磨灭。

……

诗人在山川虫鱼中寻求旷达的灵性；画匠从日出日落间品读色彩的真谛；哲人在历史画卷中参悟不变的真理；政客从古树古语中总结历史的遗训。

风起风落间，你可曾感受到自然的轻松与愉悦？

风起风落间，你可曾闻到花香的纯朴与清新？

风起风落间，你可曾领悟到时空的变幻与神秘？

从形式上说，这篇文章间行错杂，不可谓不新；辞藻华丽，不可谓不优美；文笔老练，不可谓不精彩；修辞多样，排比贯串到底，抒情意味浓郁，且似乎有着人生哲理的思考，不可谓不灵活……但仔细品读之下，我们读出了什么？似乎什么都没有，只是看到一堆无比绚烂的死的辞藻而已。

如果说刻意作文的风气是“小文人语篇”出炉的温床，那么模式化训练，则是“小文人语篇”出炉的基本工序。现在的写作训练，都在往应试靠拢。不少语文教师都有一套写作训练“秘笈”，如什么“三段式”写作法、什么“三大三小”议论文训练法、什么“还原历史故事”记叙文训练法，什么“议论文散文化”训练法……这些写作训练法大都强调什么“凤首、猪肚、豹尾”，教师往往要学生背诵一些名言警句和排比句，记诵一些古人故事进行改编和“再创作”。主张学生在写作过程中以佳词丽句来开头，目的是要吸引起评卷老师的注意和好感，有时甚至给学生准备出大量的成品文章进行背诵，要求学生在考场作文中“灵活”套用。这样，一些领悟能力强的学生，谙熟各种套路之后，能够应作文题变化而变化，往往以这种结构精巧，辞藻华丽的“小文人语篇”胜出。

（三）过程：亦步亦趋地模仿“范文”

除了模式化训练外，还有一种训练方式是语文教师常用的，那就是引导学生对课文的模仿。写作教学旨在教会学生写作，模仿是学习写作的一种方法，而且从读写结合的角度看，课文也是写作训练的很好的范本。应该说通过模仿课文学习写作这件事本身并无不妥，关键是这种模仿是基于一种什么态度的模仿，模仿的是什么。“小文人语篇”写作教学强调对课文的模仿，模仿的往往是课文的谋篇布局和语言特色，对于课文的立意以及为什么要这样写、为什么用这样的词句，却并不关心。这种模仿往往是亦步亦趋、生搬硬套的模仿。这里看一则学写开头的写作训练课例：①

1. 教师多媒体展示部分精美佳作的开头：

- 童年的记忆像一片长满花花草草的森林，林子里的树长得很茂盛。阳光从树叶间的空隙里洒下来，照在路上，留下一个个暗影或光斑。（摘自《生活随想》）
- 一直以为砍价是俗不可耐的事。每次买东西，都装成一副财大气粗的样子，一问价便付钱。看到小商贩们狡黠的一笑，心里才明白自己已被人“宰割”，可就是爱面子，咬牙认了。（摘自郭彦君《第一次砍价》）
- 夜深了，劳动了一天的人们带着香甜的梦沉睡了。窗外，深蓝色的夜空缀满了宝石般的星星，银盘似的月亮铺洒下皎洁的月光，静静的院落融化在清凉的月光中，我不由自主地走到小院中。（摘自《小院夜色》）

---

① 摘自艾艳．如何写好文章的开头［J］．黑龙江教育，2007（9）：10-11，有改动。

……

2. 引导学生把自己写的作文开头与上述作品开头进行比较，总结以上这些开头的特点并分析自己作文开头存在的问题。(生答略)

3. 师生一起总结了6种开头方式和7种开头写作方法。

4. 要求学生从提供的材料中选一例写一个开头，也可自己拟题，然后写一个开头。题目：《守卫精神的火种》《阅读身边的人》《雨中品读》

在这则课例中，教师和学生，应该说对于作文的开头都作了一番研究，尤其是教师，在组织教学过程煞费苦心，又是举例，又是分析，又是引导，又是概括，目的是让学生了解种种作文的种种开头法。但只要稍往深处想一想，就发现这种教学只能停留在皮毛上：作者之所以写出“这个”而非“那个”开头，难道只是为了开门见山、引人入胜吗？“怎样表达”和“表达什么”是两回事吗？不管是从文艺学理论上来看，还是从作家的经验出发，“怎样表达”从来就和“表达什么”是紧密相连的，两者一体两面，须臾不可分离。当我们执著于模仿其“怎样表达”之时，必须以了解它在“表达什么”为前提。“小文人语篇”写作教学常常忽视这个前提，进行着纯技巧训练的时候，结果训练出来的学生成了“小文人”——谙熟种种抽象的表达技巧，却没有什么东西需要表达。这些“小文人”写出来的作文于是只能是四不像的“小文人语篇”——外表无比精致，内在却空空如也的“绣花枕头”。

（四）评改：语言因素无限放大

“小文人语篇”的“粉墨登场”和写作教学的评改环节息息相关。在评改环节中，无论是教师还是学生，对于“表达什么”的关注远远不及对于“怎样表达”的关注。而“怎样表达”最后往往就落实在语言因素——语言有没有文采上。教师对于作文教学所进行的研究很大一部分就聚焦于如何让学生的作文“出彩”。研究的结果不用说是大同小异的：加强细节描写，变叙述为描写，善于类比联想，多用各种修辞方法，精于炼字炼句等等。学生对于作文教学很大的修改也是在字词句的“文采”上修改，能在适当的地方加上一两句古诗名句，名人名言是他们最为得意、最能产生成就感的事。师生对语言因素的无比重视，强化了“小文人语篇”的写作教学观念：“文采”胜过一切，“文采”拥有一切。这样的评改环节在写作教学中再平常不过：

在一节作文辅导课上，教师将课前印制好的一篇高分一篇低分的两篇学生习作分发给学生，让学生将其进行比较。然后要求学生回答几个问题：“好的文章美在哪里？”“为什么这篇文章的语言这样优美？”…… 学生在教师的引导下，得出了答案：这篇文章标题美、内容美、语言美、结构美……它如此“美”的原因是，小作者善于遣词造句，善于运用修辞手法，善于采用段落排比的文章结构。

接下来，老师要求学生以“雨”为题，模仿这篇好文章写一段话。学生积极举手，不少学生果然妙语如珠地将“雨”描摹了一番，并受到老师的称赞，得到同学的掌声……

这样平常的作文评改包孕着很值得深思的地方。首先，我们有必要问：为什么说这篇文章就是“美”的？“美文”或者说“好文章”的标准是什么？谁定的标准？是不是任何人都要接受这个标准？其实，如果我们认真阅读一下那篇被暗示为“差作文”的文章，会发现虽然它词汇并不丰富，语句也谈不上华美，字迹更不算美观，但是与另一篇“好作文”相比较而言，它更富有童趣，质朴的语言更直观地流露着一个孩子对自然的真实感受。这样的作文的确算不上“美文”，但是被一棒子打入冷宫，很难令人接受。反过来说，辞藻华美、修辞丰富的文章就一定是“好”文章吗？由此看来，“小文人语篇”写作教学的观念实在浸淫太深，我们对它已经习焉不察，把本来需要审视和反思的好文章标准想当然地作为公共标准，来评判一切作文，来指导我们的写作教学，最后来引导学生的作文取向。客观地说，当前写作教学的低效甚至无效跟这种想当然的思维模式不无关系。

二、“小文人语篇”写作教学的弊端

前面我们分析了“小文人语篇”教学在整个写作教学过程的表现，其中已经提到了它的某些弊端，这里我们进一步作些讨论。

（一）扭曲评价标准，不利于作文评改

“小文人语篇”写作教学偏重于好词好句的积累与运用，评改时强调写出语言的文采。但好词好句就是好的语言，就是有文采吗？把好词好句进行外加与堆砌就是在给作文增加文采吗？“小文人语篇”的作文评价标准显然扭曲了“文采”的真正含义。

古人往往称好的语言为有“文采”。可什么叫“文采”呢？许慎《说文》曰：“文，错画也。”《周易·系辞下》曰：“物相杂，故曰文”。采是多色的丝织品，如晁错《论贵粟疏》：“衣必文采，食必粱肉。”后引申为彩色，如《孟子·梁惠王上》：“抑为采色不足视于目与？”显而易见，“文采”是具有不同色泽、质地、意义、功能（杂与多）的文字的融汇而成的统一体；就像作曲家将不同的声乐符号组合成一篇优美的具有一定的旋律与节奏的乐曲，文字的组合也有一定的旋律与节奏。从表面上来看，文字

的旋律与节奏来自于“文字本身”，即字、词、句的锤炼，其实不然，因为看似优美的字、词、句未必能组合成一篇优美的文学作品。文采并不等于优美词语的堆砌，裁缝师傅的碎布，花花绿绿的一堆，似乎很美，却只能用来做拖把。真正的文采是情感与思想的有机融合，是情感与思想的交响乐，是它的旋律与节奏。古人写作文讲究“炼词、炼句、炼意”，炼词、炼句固然重要，却算不得文采之大乘，炼意才是文采的精髓与旨归。孔子曰：“辞达而已矣。”祖咏谈写诗时说“意尽而止”，苏轼《自评文》中说：“吾文如万斛泉渊，不择地而出，在平地滔滔汩汩，虽一日千里无难，及其与山石曲折，随物赋形而不可知也；所可知者，常行于所当行，止于不可不止，如是而已。”《答谢民师书》又说：“大略如行云流水，初无定质，但行于所当行，止于不可不止，文理自然，姿态横生。”可见，“辞达”“意尽而止”“行于所当行，止于不可不止”乃文采之化境，若斤斤于字、词、句的锤炼，则难免堕入恶趣。佛经云：若以色见我，以音声求我；是人行邪道，不见真如来。仅仅在字、词、句上求“文采”是缘木求鱼，是走入了歪路。要知道，“文采”从来都不是一件可以随时可以加换的外衣，而是和作者要表达的思想情感互为表里，融为一体的。明乎“文采”的真谛，才能去追求真正的文采，引导学生去探讨隐藏在作品背后的意义。

此外，即便真正希望引导学生写出有文采的文章，也不能把文采视为评判文章好坏、水平高低的唯一标准。文章的风格本来就是百花齐放：有的朴实，有的华丽；有的浅白，有的典雅；有的直露，有的含蓄；有的爱用生词新句，有的爱用家常语言；有的表达深刻的思想哲理，有的抒写平凡的生活情趣。它们各有其美，各有其存在的价值，我们不应该扬此抑彼。比如，朱自清的《背影》与《荷塘月色》，可以分别看作朴实与华丽两种风格的代表作，你说哪一篇更有“文采”？按好词好句的标准来看，大概是《荷塘月色》吧，因为它修辞丰富、用词精美。看《背影》，它运用朴素的家常语言，没有深刻的说理，也看不出材料有多丰富、形象有多丰满。然而，我们能说《背影》不是好文章吗？或者说，它没有《荷塘月色》美吗？显然不能这样看！再如，与汉赋及魏晋散文相比，唐宋“古文运动”中的散文要朴实得多，然而，我们能说它不如汉赋及魏晋散文吗？显然也不能这样看！苏轼在《与侄书》中说：“凡文字，少小时须令气象峥嵘，彩色绚烂，渐老渐熟，乃造平淡；其实不是平淡，乃绚烂之极也。”在苏轼看来，“绚烂”只不过是少小作文的低级境界，而“平淡”才是“渐老渐熟”的高级境界。当然，这是苏轼的一家之言，我们大可不必奉为准则，大可不必扬“平淡”而贬“绚烂”，但苏轼的话至少表明：平淡朴实也是一种美！“小文人语篇”写作教学唯文采是求，显然使作文评价标准狭隘化，不利于学生作文多样化的健康发展。

（二）败坏写作品性，不利于提升人格

“小文人语篇”写作教学对“文采”的特殊追求在一定程度上把学生引导到片面强调作文的形式，而忽视作文内容的错误道路上去。毋庸讳言，中学生写作文讲假话套话已经成为普遍现象。例如，据一位家长讲，他女儿的作文几乎全是写的假话，假感想，是假故事大全。不光是她这么写，她说班上的同学写作文都是这样，大家都写过“扶老婆婆过大街，给老师送伞那类的故事”。大家共同编着一样的故事，“然后套上时间、地点、人物三要素这样的格式，去老师那儿领一个好分。”① 最为典型的是1998年高考作文试卷，考生从《战胜脆弱》和《坚韧—— 我追求的品格》两个题目中任选一个写。据有关资料提到,② 竟有“多达百分之几的考生‘谎称’自己的父母都死掉了”，以便“在这样一个假的背景下”体现自己能够“战胜脆弱”，证明自己在追求“坚韧”品格。父母是至亲至爱的人，可是为了提高考分，竟然编造他们死掉的故事，这不能不令人吃惊！

从孔子的“言语，立信”和《周易》提出“修辞立其诚”到韩愈“文者，必有诸其中，是故君子慎其实”，再到刘熙载“文惟其是，惟其真”，历代教育家对学生的写作练习总是强调一个“真”字，对假话套话都予以坚决否定。现代著名语文教育家蒋伯潜早在四十年代就指出过：“‘修辞立其诚’的话，是很有道理的。言不由衷，不但做不好文章，而且影响于青年心理修养者极大。”③ 为什么说对青年的修养影响极大呢？因为作文“言不由衷”就是欺骗，既在欺骗读者也在欺骗自己，所以是“自欺欺人”。新中国成立后，写作教学也坚持了这一基本原则。叶圣陶于1949年8月给当时华北人民政府拟订的《中学语文科课程标准》中就明确规定，学生表达意思要做到“不虚浮，不夸张，老老实实，诚中形外”。中国的传统教育历来强调“文品”与“人品”的统一，写作中讲假话套话，看似只是个教学的问题，实际败坏了学生的写作品性，最后坏了他们的做人品行。

当然，“文如其人”的“文”未必就是作品的内容，它也可以表现为“言之词气”，即作品的格调。格调作为作者精神个性的自然流露，它根本无法有意作伪。因此，对于作品接受者来讲，我们完全可以从作品的总体格调中领略到该作者的创作个性和精神气质。而“小文人语篇”堆砌的好词好句，本身就与所表达的思想情感相分离，再怎么读，也难以读出其

① 王丽．中国语文教育忧思录［C］．北京：教育科学出版社，1998：9

② 孔庆东等主编．审视中学语文教育［C］．汕头：汕头大学出版社，1999：18

③ 顾黄初、李杏保编．二十世纪前期中国语文教育论集［C］．四川教育出版社，1991：834

“真性情”“真滋味”来。

从“求真”这个角度来看，“小文人语篇”教学若得不到及时纠正的话，就必然会造成两种比较严重的后果：其一，它使中小学生这个特定写作主体的心理体验、情感态度、个性气质和精神欲求等各方面受到了完全的遮蔽，丧失了发出真实自我声音的可能性，从而直接导致其表达上的“失语”；其二，它滋长了中小学生人格中虚伪的一面。众所周知，语言作为观念的传达媒介，就像一枚硬币的正反面一样，一面连接着人的思维，而另一面则连接着人的实践行为。当你以虚假的方式去传达观念的时候，那么你面对这个世界的态度以及据此所采取的实际行为也很可能是虚假的。在追求好词好句、好“文采”的同时若失却了人之品性，这是极其可悲的。

（三）模糊教学内容，不利于分类指导

“小文人语篇”写作教学对“文采”的追求是作为写作的最高境界。这种境界里，不存在写作文体或内容上的区别。有研究者把当前写作教学归结为两种偏离：一为对实用写作的偏离，一为对文学写作的偏离。① 这种概括是有一定道理的。

在实际的课堂教学中我们可以观察到，现在的写作教学，大部分把精力下在这些方面，比如审题——去揣摩命题者的意图，揣摩命题者到底怎么想，“他希望我写些什么”；比如修饰——根据当前流行的规则，来追求语言的华丽、立意的新颖和构思的奇巧，来“包装”自己的思想感情。这种写作教学，在“科学语体”或“公文语体”中显然没有任何价值。以“科学语体”或“公文语体”的实用写作教学中，教师所要教、学生所要学的核心内容是“读者意识”和“问题意识”。也就是说一篇公文或一篇论文往往是为了解决现实情境中的一个真实问题，“写给谁看”“解决什么问题”是它们首先要考虑的。其次，“小文人语篇”所追求的好词好句并不适合实用写作。实用写作“因事成文”的特点要求实用文体的语言不像文学作品那样可以用华丽辞藻描绘景物，不宜极力铺垫烘托、形容修饰或委婉含蓄。大多数实用文在笔法上直陈其事，在表达上多用叙述、说明、议论，一般较少用描写，在修辞方法（除少数文种外）不用或少用比喻、拟人、夸张等；在用词上一般少用华丽的修饰语，力求平实易懂。表意清晰、平实质朴、组句严密、措辞精炼是其基本特点。好的实用文都努力做到表述平实准确，易知易晓，语句明快不拖沓，逻辑清晰而不混杂。

“小文人语篇”的教学也不是文学写作教学。张志公先生曾说，中小学

---

① 叶黎明．语文科写作教学内容研究［D］．上海：上海师范大学，2007：29-33

“最常见的作文题目是什么‘春天’‘秋月’，‘××的早晨’‘××的夜晚’之类。这算文学写作吗？好像说不上。”① 为什么说不上呢？首先是假话套话太多。这些作文带有抹不去的应试习气，显得很“假”；其次是“文学性”不足。文学具有独特的言说方式，它通过词汇、语法、语义的变形、绷紧、错位、歧义，努力超越一般、规范的言说，追求一种表达的自由和美好的境界。而这些作文的言说方式往往与此相反，以标准化的语言追求着“代圣人立言”，努力与“主流话语”“权威话语”“中心话语”暗合或一致。

这种实用写作和文学写作两头都够不着的“小文人语篇”教学导致的结果是实用写作和文学写作教学的两头落空。刘半农先生早就指出：“现在社会上，有许多似通非通一知半解的学校毕业生，学科学的往往不能译书，学法政的往往不能草公文、批案件，学商业的往往不能订合同，写书信，却都能做些非驴非马的小说诗词。”朱自清先生也曾说：“其中写不通白话文的不必论，有些写通了，也不能分辨文章的体裁，到处滥用文学的调子。”②

三、“小文人语篇”写作教学的成因

（一）文体意识的贫弱

自古以来都认为，写作训练要注重明辨文体，“入门要正”。所谓“入门要正”，就是强调讲究写作内容的真实性和表达方式的有效性，就是强调要在一定的规则范围内用恰当的表达方式，去表达基于自身的真情、实感和本事。如果在写作的时候，一味讲究要表现才气和想象，寻求高调和雅格，那么必定形成雅俗错位，以奇为正。《尚书》讲“辞尚体要”，刘勰《文心雕龙·附会》讲“才童学文，宜正体制，必以情志为神明”，是值得参考的。鲁迅先生一生尊敬的老师“有学问的革命家”章太炎就认为：“规则之不知，虽有才调而不足贵。”就是说，写文章不求明辨文体和文字修养，不讲各类文章的规则和情理，而一味鼓吹个人的才调、翻新的想象和耸动的文辞，那么，写出来的文章反而不如那种才调不高却能质朴直接的“雅而拙”者。结合“小文人语篇”写作教学来看，就是从来没有把明辨文体作为教学的前提，让初学者的学生在学习过程中，先掌握不同文体特点，

① 转引自孙移山．张志公先生对作文教学的贡献［J］．中学语文教学，1998（5）：1-3

② 顾黄初、李杏保．二十世纪前期中国语文教育论集［C］．成都：四川教育出版社，1999：151

后修养文字。相反，它把修饰文字作为教学的前提，以让学生写出“文采”为教学的成功，结果把大方向搞错了。

“明辨文体”就要有文体意识。什么叫文体意识？它指人们在文本写作和欣赏中，对不同文体模式的自觉理解、熟练把握和独特感受，是对读写实践的一种能动的再认识。① 对作者来说，他会根据具体的主题思想和表达内容，去恰当选择从大量文本中抽象出来的、存储在大脑信息库中的某种文体模式（具体包含体裁的特征、功能、作法、要求等），去建构自己的作品，以实现特定的写作意图。对读者而言，他会按照文本所提供的具体内容或形象，运用头脑中先于阅读的某种体裁类型，去解读、接受文本所携带的某种语言的或思想的信息。可见，文体意识对于学生练习写作是多么重要。

平心而论，单从“文体意识”的指称来看，说现在的写作教学文体意识缺失是不准确的。我们在写作教学中从来就不曾停止过对记叙文、议论文、说明文等几种“文体”的专项写作训练。我们有很强的“文体意识”：“所谓文体，就是要正确处理好记叙议论抒情的关系。明确谁服务谁的关系。记叙文就应以记叙为主，要有中心事件，同时要点出必要的要素。议论抒情由事件引申，为记叙服务。议论文就应以议论为主，就是要谈出你的看法，要有中心论点，记叙为议论服务，议论要占主要的比重。散文无论是叙事或是抒情都要有抒情主线，也就是说散文要有情点。对于高中学生来说，记叙文议论文散文实质上就是一事一议一情，抓住这就够了。”为了培养学生的这种“文体意识”，我们的要求落实到对这些“文体”特点的精确把握上：“在记叙文中，要求学生不要大段的议论，尤其开头少议或不议，开头最好直接叙事。开门见山，结尾不用号召性的语言。整篇文章尽量少议，并注意把自己的思想融入叙事之中。应就事论事，略微延展。议论文中要有中心论点。最好开头提出，列举事例要简洁、概括，不要详细叙述整个事件。只要切中观点即可。不能堆砌事例。散文中事件是截取式，片断式的，情感显明，要有感情主线。这些要求不能点到为止。要反复强调，直至学生作文中没有这些现象。”② 然而，正像有学者指出的③，记叙文、说明文和议论文这三种“教学基本型文体”是“不伦不类的”“在实际写作中并不存在的”“学生在整个‘习作’过程中学到的是一种在他们将来的写作实践中根本不存在的文体”。既然，这些“文体”在生活中并不存

① 金振邦．时代呼唤自觉的文体意识［J］．社会科学探索，1994（1）：2-5

② 尤世安．中学作文教学的文体意识［J］．语文教学与研究，2006（11）：73

③ 潘新和．“写话”、“习作”与“写作”辨证［A］．李海林主编．语文教育研究大系（理论卷）［C］．上海：上海教育出版社，2005：271-275

在，培养这样的“文体意识”又有什么实际意义！培养真正的“文体意识”，首先要有正确的文体分类，从较高的一层看，先作文学文体和实用文体的区别，以此为基础，文学文体细分为诗歌、小说、戏剧、散文，实用文体分社科类实用文、科技类实用文和公文等。这样，所谓文体意识，就是诗歌意识、小说意识，就是科技论文意识、公文意识等。不同的文体有不同的表达规则和情理，掌握了这些规则和情理，就认为具有了一定的文体意识。

（二）权威考试的导向不当

很明显，“写作能力”的培养，一头连着课堂，一头连着各式各样的考试，尤其是高考和中考。从顺序上看，似乎培养在前，考试在后。因为考试是对学生“写作能力”的检测，也间接地进行着对学校培养状况的评估。但从实际上讲，却是考试在前，培养在后。因为要培养的是什么样的“写作能力”，乃至什么样的东西叫“作文”，定夺于高考、中考这样的权威考试。至少到目前，高考、中考对学生“写作能力”的检测，还是通过“一考定终身”的试卷。这样，权威考试的评分标准对于课堂写作教学就具有重要的导向作用。

“小文人语篇”的“受宠”和高考的评分标准是不无联系的。自2000年始，高考作文的评分标准分出“基础等级”和“发展等级”。“发展等级”起初占分为10分，后来分值加大，增为20分。这一规定的出发点是好的，是为了鼓励考生写出有“发展等级”的文章，或者是对写出“发展等级”文章的考生给予高分，不埋没其写作才能。然而，“发展等级”的导向是值得审议的。所谓“发展等级”由四个构成要素：①深刻（透过现象深入本质，揭示问题产生的原因，观点具有启发作用）；②丰富（材料丰富，形象丰满，意境深远）；③ 有文采（词语生动，句式灵活，善于运用修辞手法，文句有意蕴）；④有创新（见解新颖，材料新鲜，构思新巧，推理想象有独到之处，有个性特征）。有研究者对近两年百余篇高分卷进行了分析，① 发现“发展等级”得高分的最关键之处是“有文采”，“广大考生最易理解和接受的也是‘有文采’这项，他们认为通过努力最能见效的也是此项”。这样，原来的四要素变为一要素，“文采”成了写作教学唯一的风向标。

从教学实际来看，以“文采”作为风向标，正使得中学写作教学偏离正确轨道。写作教学的根本之路在于引导学生观察生活、感悟生活、增加

① 丁卫东．文采——高考作文的“发展等级”的亮点［J］．中小学教学研究，2003（5）：26-27

积累，培养其观察、感悟、认识的能力。观察、感悟、认识的能力提高了，积累增加了，解决了“有米下锅”的问题，就容易写出内容充实、见解深刻、感情真挚的好文章；反之，只能胡编乱造，无病呻吟，矫揉造作，哗众取宠。因此，写作教学要着重培养学生观察、认识、感悟的能力，要在内化其基本功上下功夫。然而，自从有了“文采”的评分标准，中学写作教学就完全是一种急功近利的做法：为追求“有文采”，使文章具有“视觉冲击力”，总要求学生堆砌排比句、比喻句，罗列古诗文，乱用似通不通、华而不实的生词新句。作文评价也是“扬华贬朴”，写得华丽花哨的，给高分；写得朴实平淡的，给低分。这种做法已经导致的后果是：学生少观察、感悟、认识的能力，少内容充实，感情真挚的好文章，而多胡编乱造、哗众取宠之姿态，多无病呻吟、形式花哨的“小文人语篇”。不妨看近年的一篇满分作文：

我策一匹骏马，在昏黄的古道上奔驰[1]。然而，官场的尔虞我诈，世俗的道貌岸然绊住我奔跑[2]的脚步，无情的现实冷却了我一腔热血。是啊，想当年力士为我脱靴，贵妃为我磨墨，那该是我仕途上奔跑[3]得最顺畅的时期啊。

可是，无意间我看到了力士谄媚的丑态和贵妃不可告人的笑，我觉得我应该永远让我奔跑[4]的双脚停滞不前，离开这黑暗的金马门。我清醒地知道，我宁愿散尽千金，只求一醉，也不愿摧眉折腰，做大唐的“御用文人”！于是我带上一把佩剑，把一杯酒去寻访我暂且放在名山的白鹿，永远跨出黑暗的仕途之门。

昔日我骑御赐骠马奉诏奔驰[5]，今日我骑白鹿奔向我梦寐以求的远方。浊酒深酌，重返喜地，寻幽豪饮，同销万古情愁，南下吴越，梦游天姥，齐叙难酬鸿志。奔跑[6]让我屡跌屡撞，奔跑[7]又让我获得心灵的超越——思想，永远在徘徊和失意中成熟。

有教师作了这样细致的分析①：短短3个小节7次出现的“奔跑”二字是作者为了迎合题目而有意突现的。许多语句牵强组合，十分生硬。如2，3，4处用“奔跑”来描述李白涉足仕途，就不够恰当吧？6与7处的“奔跑”更是莫名其妙：如果指投身官场，那又为何“让我获得心灵的超越”呢。可见，行文之时作者并不在意李白当时仕途进退的心灵体验，在意的只是用“奔跑”二字抓住阅卷者，赚来分数。我甚至有理由怀疑此文是宿构，考场里临时组装到了话题“奔跑”上。再来看作者的“文化感悟”：“我宁愿散尽千金，只求一醉，也不愿摧眉折腰，做大唐的‘御用文人’”。

① 钱林波．审视“伪文化作文”[J]．语文教学通讯，2006（12）：40-41

简单一句，李白的心灵挣扎被消解了，化用的名句，“散尽千金”云云又把飞扬的诗思错误地作了“现实处理”，理解不到位。文句也多不通，“齐叙难酬鸿志”“奔跑让我屡跌屡撞”明显有生造之嫌。

最后得出的结论是：这篇所谓满分作文，常识错漏，文句拗口，理解有误，运用失当。正如胡勤所论，“31.5 万考生，好作文寥寥无几，写身边生活的文章几乎看不到。其中不乏空洞之作，没有实质内容，披着华丽的外衣，满是整容的痕迹”。“整容”二字道尽其虚伪本质。

（三）工具理性与文学写作的异化

本质意义上的文学写作是一种诗意写作。如果把写作定性为“一种表情达意的文字组织工作”，那么文学写作则是用一种想象文字构筑自己的心灵世界的组织工作。对于文学写作来说，文字本身不仅仅只是一种工具，更是一种具生命本真的存在方式。

文学写作一个很重要特点就是写作文本必须创造出一个想象性的诗意空间。想象性空间是作者驰骋神思，灌注情思的人生镜像，是作者精心编织的一个理想梦境，是作者营造自我的存在图景，是作者人事阅历的一种心灵投射。从技术角度上说，想象性空间是衡量一个作者的才华，或者衡量一个作品的好坏的重要标准之一。作者必须提供无限的想象力获得他人认可。当我们的想象力匮乏的时刻也就是我们江郎才尽的时候。

文学写作的第二个特点是具有审美价值。文学写作的文字不是简单的传播工具，其本身具有美学价值。这种审美价值来自于文字的选择和组合、语句的修辞、文字的声音律动，乃至象形文字的视觉冲击等。对于文学写作来说，贫乏的词汇量带来的美感是有限的，莎士比亚戏剧作品词汇量足可成为一本英语词典，这也是莎氏作品魅力源泉之一。当然，对词汇量的审美迷信可能会带来类似于中国古代骈赋写作的词汇量比拼。实际上，对于语言美感而言，字词之间的无限组合带来的新颖感和张力并不逊于丰富的词汇量所带来的美感。有时，在普通百姓的方言俚语中，也可感受常见词汇的巧妙组合带来审美的活力。当然，文字本身的美感更与语句的修辞相关。尽管我们对语句的修辞方法做过许多概括与分析，比如比喻、比拟、夸张等，但这些修辞理论的概括可能要远远落后于语言实践。更为细致些观察，文学语言的美学价值也来自于文字的声音和线条。比如文学写作的最纯粹形式——唐诗宋词，那是听觉和视觉的审美盛宴。现代的写作与音乐渐行渐远，以及现代汉字渐趋定型与标准化带来书写和印刷的便利，是以丧失汉字作为象形文字原初所具有的婀娜多姿的视觉美感为代价的。

随着义务教育的普及和大学教育的推广，写作工具的便利化，信息传播的密集化促使写作与人们的密切相关等，使写作的主体发生了变化，写作的意义也发生了变化。文学写作不再是作家的专利，而是普通民众的生存必需技能；文学写作也不再是作家的安身立命的本真生存方式，而是人们的一种职业或生活的工具，文学写作被消解了诗意写作时代的神圣意义和美学追求，变成了一种机械性的劳作。当这个商业社会触觉敏锐的书商们针对社会热点和流行因素，以令人惊讶的速度不断地推出一本又一本新书；当某些畅销作家根据部分群体的阅读心理编造一个又一个具有雷同故事情节的类型小说，当文学文体中最精致的诗歌可以通过写诗软件按照系统提示输入3个名词、4个形容词和1个动词就可以完成时,① 我们还有什么理由怀疑学生通过外加一些好词好句，来做成一篇有“文采”的“小文人语篇”情况的发生呢？显然，工具理性的强势和文学写作的异化，是“小文人语篇”写作教学大行其道的深层原因。

---

① 侯灵战．诗意写作、理性写作和标准化写作［J］．应用写作，2007（1）：10-13

第二节　文学写作教学与文章写作教学之辨

一、文学写作与文章写作的区别

如上一节所分析，“小文人语篇”写作是非常态的写作，“小文人语篇”写作教学是非常态的写作教学。要确立常态的写作，确立常态的写作教学模式，必须明确文学写作和文章写作的分野，这是倡导文学写作教学的起点。

文学史和写作史表明，文学写作和文章写作经历了从混杂一体到逐渐分立的过程。一开始，人们的文体意识不强，把文学当做文章来写，把文章当做文学来写，是常有的事。以我国古代文章写作为例，论说文可以写得极具形象性、抒情性，极有文采；碑铭哀祭、公文尺牍往往写得荡气回肠或充满情致；题跋赠序，更是生机勃勃，独具灵性；就连“表”这种公文，也有李密《陈情表》、诸葛亮《出师表》这样被后人当做美文、当做文学经典欣赏的。后来，人们认识到文学写作和文章写作的区别，“书论尚理”“诗赋欲丽”（曹丕《典论·论文》），意识到文学与文章的功能作用、结构布局和语言辞藻不同，文学文体就逐渐从实用性文体中独立出来，并确立起各自不同的规范。

我们从下述几个方面尝试对文学写作与文章写作予以分别，以图明确文学写作教学与文章写作教学的大致范围。

（一）写作目的差异

审美性与功利性，是区分文学写作和文章写作的重要尺度。就文学写作目的来说，主要是为了抒写个人对社会的感受、认识，体现个人的个性、情趣等，一般不求通过作品去解决现实生活中的具体问题，即文学写作没有明显的功利目的，所追求的是情感的愉悦和精神的享受，且这种情感或精神也没有现实具体的要求。鲁迅在《拟播布美术意见书》（1913）中说过“美术（艺术——引者）诚谛固在发扬真美，以娱人情。比其见利致用，乃其不期之成果”。① 文学对社会所产生的效应是通过读者的审美而渐渐体现的，而且针对不同的读者会产生不同的效应。因此，文学的社会功用是间接的，是附着在文学作品的审美价值之上的。

而文章写作则不然，其写作目的是现实的，目标是明确的，效果也是直接的，因为文章的基本特征就是实用性。秦代李斯写《谏逐客疏》，是为了让秦王收回逐客令，为秦王朝的兴盛和统一大业奠定人才基础。现在我们写关于环境污染的调查报告，也是为了引起有关部门的重视，而且也会产生一定的效果。一般而言，文学具有认识、教育和审美三大社会功能，而文章可能具有认识、教育功能，但不必有审美功能。

（二）思维方式差异

文学写作和文章写作有不同的思维方式。文学常采用从个别到个别（或个别——一般—个别）的形象思维方法。严羽《沧浪诗话·诗辨》中云：“夫诗有别材，非关书也，诗有别趣，非关理也。……所谓不涉理路，不落言筌者，上也。”别林斯基说：“诗人用形象来思考，他不证明真理，却显示真理。”（《智慧的痛苦》）“哲学家用三段论法，诗人则用形象和图画说话，然而他们说的都同一件事。”（《一八四七年俄国文学一瞥》）都说明文学的思维特征：想象。当然，两种思维方式并非冰炭不可同炉。在实际写作过程中，常常是多种思维综合运用，相互交织，相辅相成。抽象思维对于文学创作也是不可缺少的，它可以帮助作家认识生活，概括材料，通过分析和综合形成明确的创作思想。同样，文章写作并不纯然排斥形象思维，而是将它作为一种辅助方式。有些记叙性文章也需要构成真实生动的形象，也需要情感因素的介入，如新闻文体中的通讯，还有书信的写作等。即使说明性和议论性的文字材料，也不排斥用形象性的语言去表达，只不过侧重点有所不同。

文章是人们交际的重要工具，是为了解决实际问题而作，因此文章写作以抽象思维（即理性思维）为主。作者要抛开事物的感性形式，寻求其内在的联系，找到事物内在规律，实现从个别到一般或一般到个别的抽象，因此思维方式以逻辑思维、模式思维等为主。所谓逻辑思维，即人们在认识过程中正确地形成概念，作出判断，进行推理的思维方式。概念要准确，判断要恰当，推理要严密，是文章写作中基本的逻辑要求。模式思维是解

① 鲁迅．鲁迅全集（8）［C］．北京：人民文学出版社，1981：47

决模式识别问题，古人说“文无定法”，即作品的结构安排应千姿百态，但这适用于文学写作，而文章，尤其是应用文，却有大体相同的结构模式，这是由其写作目的、写作功用等因素所决定的，因此模式思维是提高应用写作效率的十分重要的思维方式。

（三）结构方式差异

如果我们把文章归结为语言符号的系统，那么文学作品不仅是语言符号系统，更是艺术符号的系统，它有其自身的艺术结构和功能。换句话说，文学作品不像一般文章那样用语言直接表达意思，而是先要将语言符号转换为艺术符号，再通过艺术符号的组合来传达其内在的意蕴。这样，文学作品就有了双重符号系统，外层是语言符号，里层是艺术符号，从而建立起区别于一般文章的结构模式，即由“言”“象”“意”三个层面组合而成的大系统。从文本结构角度看，文学是“言—象—意”式的三层结构，而文章则是“言—意”式的两层结构。因此，所谓文学写作是“言以尽象”“象以尽意”，从语言经由意象达到意蕴的创造性审美心智活动，而文章写作是从语言直达意义的文字表述活动。

文学写作和文章写作这种结构方式的不同导致阅读方式的不同。一般来说，文学作品的阅读需要读者作出种种积极的想象，通过对形象的解读来理解其中的意蕴；而文章阅读有一种直接性，人们无须追求“言外之意”和“象下之义”。

（四）写作方法差异

“以情动人”的文学写作和“以理服人”的文章写作在写作方法上也存在差异。文学写作学的研究表明，文学写作的基本方法有典型化的具象概括、意象化的情感表达两种。

典型化的具象概括法：所谓典型化，指挑选精粹的、典型的、有概括意义的材料的过程；具象概括，指经过典型化后的材料，具有概括意义，但其形态仍是独特、鲜明的个别具象。这种方法在不同类型的文学体裁有不同表现。对散文之类的体裁，其表现就是“选择—提炼—补充—强调”的过程。类似方纪《挥手之间》这样的散文，就经历这种过程；对小说、诗歌、戏剧之类的体裁，其表现就是“分解—组合—想象—虚构”的过程。像人物塑造，往往“杂取种种人，合成一个”（鲁迅语）。① 意象化的情感表达：文学写作要求情感表达的有形化和特征化，如诗歌强调诗美的意象；

① 刘海涛主编．文学写作教程［M］．北京：高等教育出版社，2005：9-10

散文注重审美的情境，小说追寻栩栩如生的人物细节，戏剧还原一个生动的冲突场景。

文章的写作方法主要是“类化”和“序化”。“类化”是写作主体对材料分类、归类的思维过程，也就是写作主体把纷繁复杂的材料整理成了章节—层次—段落等成网络状结构的各种形式，并按照预期的写作意图，表达观点、阐述意见、传递信息，以实现写作目的过程。在合理分类、归类的“类化”之后，对材料作出恰当的编序和排序，这个过程就叫“序化”。通过“序化”，使文章层次清晰、条理分明，缜密完整、合乎逻辑。“类化”和“序化”是使文章形成内在逻辑层次的必要手段。

（五）表述方式差异

话语交际在一定的语境中进行，不同语境类型决定并形成了不同的语体。文学语体追求艺术的审美价值，它要求读者思而得之，有充分想象与回味的余地。所以写作过程中可以选用所有的词语、句式句型和修辞方式，讲究音韵美、和谐美、自由美。为尽情达意，可以反复形容，细致描绘。句法上，常使用意合法，少用介词、助词、连词，而且允许打乱词语之间的正常排列顺序和组合关系，往往不能用一般的语法规则去解释，即可以追求语言的变形和“陌生化”。而且“文如其人”，文学语言要表现作者个人的语言风格，表现个性。

而文章写作的表述方式则不同。文章通常是处理公私事务、解决实际问题的工具，因此它以社会化的书面语体为主，尽量避免使用个性化色彩强烈的语言、方言俚语、过于通俗的口头语以及超常规的句式和生僻词汇。关键部分常用规范化、模式化语言。如应用文的开端用语及段落起首语常用表示目的、原因、依据的介词结构，承起衔接语、称谓用语、表态用语都为模式化用语。行文中主要使用陈述句和祈使句，大量使用介宾词组作状语、定语成分。在修辞手段的选择运用上也很慎重，一般只用比喻、对比、排比、对偶等少量的修辞格，而不用夸张、比拟、反语、双关、象征等修辞格，以避虚浮失实。

通过以上辨析，我们大致了解了文学写作和文章写作的区别。然而，需要明确，这种区别总是相对的。文学写作本身就处于遵循规范和超越规范的矛盾运动中，并非一成不变。美国学者乔纳森·卡勒在其《文学理论》中说：“文学是一种自相矛盾、似是而非的机制，因为要创作文学就是要依照现有的格式去写作——要写出或者看起来像十四行诗，或者遵循小说传统的东西；但同时文学创作又要藐视那些常规，超越那些常规。文学是一种为揭露和批评自己的局限性而存在的艺术机制。它不断地试验如果用不同的方式写作会发生什么。”① 文章写作也是如此。关键的是，不管文学写作和文章写作如何超越规范，两者之间本质上的差异还是存在的，这种本质差异为我们进行分类写作指导提供了依据。

二、国外分类写作教学的借鉴

西方国家的母语教学历来强调文学教学与文章教学的区别，表现在写作教学领域则体现为文学写作和文章写作教学的分立。

如法国。它非常强调文学教育，这从其高中语文教学大纲（1998 年）铺列的长长的法国作家的“作品清单”就可见一斑。在写作教学中，它强调的文学写作主要是故事和短诗的写作，而文章写作则包括读书报告、作读书笔记、学写要求信并给予答复。它还进行一些基本的写作训练，如打草稿、修改草稿，写作文提纲，改写短文，学写概要等。

德国的写作训练是和口语交际训练结合一起的。它重视区分语言表达的客观形式（如有目的和客观的报道和描述）和主观形式（如表达亲身经历的或主观臆想的印象），把文章写作和文学写作当做两件事来区别对待（如下表②）：

表 3-1：德国文学写作与文章写作分项训练情况表

学习目的	说　明
—报道，记事	如：报道或记一件事
—描写，描述，说明	描写过程、实物和人物
—有目的的和客观的表达形式	如：做小报告，约 10 分钟；写短语提纲
—表达亲身经历的或者主观的印象	阅读并划分段落，指出文章的中心话题，文学作品中的因果关系，文学形象的特征
故事梗概（作为对文学作品的阐释阶段）	可以在电脑上练习
语言表演性练习：如剧本表演结合文学课进行塑造性写作……	结合处理戏剧文章进行
	如：把故事写完整，给故事配以不同的结尾，变换角度叙述，把叙述体改编成对话体或话剧等

英国有重视文学教育的传统，从上世纪 40 年代起，英国母语教育就确

① 乔纳森·卡勒，李平译．文学理论［M］．沈阳：辽宁教育出版社，1998：43

② 中外母语教材比较研究课题组．中外母语课程标准译编［S］．南京：江苏教育出版社，2000：442

立起以文学为中心的课程，文学写作教学具有相对独立性。《英语国家课程·英语》第三、四阶段（7-9年级和10-11年级）中鼓励学生：①

- ➢ 进行有美学意义和富有想象力的写作；
- ➢ 进行说明性、解释性、辩证性、叙述性、报告性、描述性、劝说性和释义性的写作来传达思想。

针对文学写作，有一些具体的指导，如：

培养学生叙事性文章的写作能力，鼓励学生：

- ◆ 从自己经历中虚构幻想；
- ◆ 利用写作技巧；
- ◆ 利用故事结构、背景的描述、情节的组织以及人物刻画手段和人物关系等知识；

培养学生诗歌写作能力，鼓励学生：

- ◆ 掌握各种诗体的格式；
- ◆ 以自己特有的风格创作与所读诗歌相关的诗文，同时根据自己的经历创作诗歌。

培养学生剧本和对话的写作能力，鼓励学生：

- ◆ 利用自己读过、演过和看过的戏剧经验；
- ◆ 开发他们利用对话刻画人物的能力。

对于文章写作，他们也提出指导性建议，鼓励学生：

- ■ 利用自己阅读过的大量非文学类的文章；
- ■ 以散文、议论文、劝说文等非文学类文体形式组织和表达观点和信息；
- ■ 从口头和书面的来源获取信息，记下笔记，认真加以总结并作出精确的报道。

美国著名学者詹姆斯·布里顿《写作能力的发展》一书提出“表现主义”写作概念，分出三种类型的写作：“表达类”“处理类”和“诗类”。其中，“处理类”是“论点指导型”写作，通常以论点为基础，目的在于报告、解释、分析和说理；“表达类”是种探索性写作，“通过建立新的、不熟悉的东西与已知的和已经历的东西间的来龙去脉的联系，从而帮助吸收新观点”。② 这两类写作可视为文章写作的不同类型。而“诗类”写作被美国人称为“创造性写作”，相当于我们所说的文学写作，它包括小说、戏剧、诗歌、非小说类文学作品的写作。由美国国家教育和经济中心、匹兹

---

① 中外母语教材比较研究课题组．中外母语课程标准译编［C］．南京：江苏教育出版社，2000，263-264

② ［美］约翰·宾，张仁铎译．研究性学习［M］．江苏教育出版社，2004：34

堡大学合作完成的《英语、数学、科学、应用学习能力表现标准》① 是一部在美国基础教育改革中起引领作用的新标准，也是美国基础教育改革重要成果的体现。其中，英语能力表现标准在“写作标准”部分，把文章和文学类型细化，提出更为具体文体的写作要求：

其中涉及文章写作的有：

a 学生写一篇报告；b 写一篇文学作品的读后感；d 写一篇说明过程的文章；e 写一篇有说服力的文章。

涉及文学写作的有：c 写一篇叙述性强的报道（小说或自传体裁）。

这里提到的“报告”“读后感”和“报道”等都是类的概念，标准对它还有更详细的列举，如“报告”包括：

◆ 一篇收集信息的文章。（一篇详述学生收集信息和关于信息本身的文章。收集信息的文章是通过不同的方式，如采访和观察以及传统的图书馆资料研究来展开的。）

◆ 一篇集中报告。（一篇叙述学生在一段时间内所收集到的有关一个主题的信息综合报告。）

◆ 一篇用以作为诸如科学、社会学和数学等学科研究的报告。

如称之为“报道”的叙述文包括：

■ 一篇自传叙述

■ 一篇小说或非小说故事类

■ 一篇亲身经历的故事

■ 一篇历史报道

■ 一篇详细的旅行日记

■ 对一件事、一篇小说或非小说类作品的新闻报道。

针对不同的文类，标准还分别给出了具体的能力表现项目，我们还是以上述作为文章写作内容的报告和作为文学写作内容的报道为例来加以说明，如下表：

① 美国国家教育和经济中心、匹兹堡大学著，上海市教育科学研究院组译．英语、数学、科学、应用学习能力表现标准［S］．人民教育出版社，2004．该标准体系分高中、初中和小学三册，本文所引均来自该标准体系中的“英语”标准部分

表 3-2：《美国英语能力表现标准》中“报告”和“叙述性报道”能力表现项目之比较

报告	叙述性报道（小说或自传体裁）
1. 构建文章内容，建立个人风格，激发读者的兴趣； 2. 把握好贯串全文、传达主题思想的基本主线； 3. 构建一个与特定目的、读者、上下文相适应的基本框架； 4. 包含恰当的事实和细节； 5. 删除多余的及不适当的信息； 6. 运用一系列适合的写作技巧，诸如提供事实和细节，描述或分析主题，叙述相关的轶事，比较、对照、指出并说明其优越性和不足之处； 7. 使文章的结尾有意义。	1. 构建文章内容，提出观点，激发读者的兴趣； 2. 确立情境、情节、观点、场景和矛盾（就自传而言，要有有意义的事件以及从这些事件中得出的结论）； 3. 构建一个基本框架； 4. 运用感性细节、具体化语言展开情节、描绘角色； 5. 删去多余的细节和不一致的地方； 6. 塑造丰富的人物形象； 7. 采用一系列恰当的写作技巧，如对话、设置紧张场面或悬念、命名、流畅和特定的动作描写，例如姿势、手势、表情等； 8. 使文章的结尾有意义。

另外，韩国把写作分为五类：传达信息的写作、说服写作、表达情绪的写作、交际的写作和在信息化社会里写作。① 其中第三类“表达情绪的写作”大致接近文学写作，其内容在文学教学中参校互见。韩国的文学教学包含文学阅读和文学写作两部分，写作类型主要有诗（童诗）、小说（童话、故事）、戏剧（剧本）、随笔四种。其他四类或为获取信息，或为劝服，所写的多为介绍文、报告文、论说文、演讲文以及书信、邀请书等，属于文章写作。可见，韩国的写作教学中有比较明确的文学写作和文章写作的分别。

以上所列举的国外母语课程中关于文学写作和文章写作分立的事实，还不足以反映国外分类写作教学的总貌，更不足以反映当前文学写作最新的发展态势，但是，通过上述事实，我们至少可以有几点可以借鉴：

1. 国外母语课程普遍重视文学写作，已经确立起文学写作的良好传统。“这一传统到了 90 年代发挥更加充分，有关文学写作的方案更为具体全面”。②

2. 文学写作和文章写作通常作为国外写作教学并行推进的两条线，它

① 中外母语教材比较研究课题组．中外母语课程标准译编［S］．南京：江苏教育出版社，2000：503

② 倪文锦、欧阳汝颖．语文教育展望［M］．上海：华东师范大学出版社，2002：315

们时有交叉，但区分还是主要的。

3. 文学写作和文章写作的区分并非笼而统之，而是体现在具体的文体上，并针对这种文体常常有配套的写作知识和策略予以支撑，保证其课堂实施。

第三节　文学写作教学的缺失与构建

一、文学写作教学的结构性缺失

（一）历史回顾：文学写作课程层面的缺失

考察语文独立设科以来的语文课程标准和教学大纲，我们很少能看到有关“文学写作”的相关表述。这意味着，在课程层面，作为文学教育重要组成部分的文学写作教学存在结构性缺失。课程层面的缺失，导致长期以来教材编写和课堂教学对“文学写作”的轻视、忽视甚至是漠视。这里，我们分三个时期来简笔勾勒文学写作教学的演变过程。

1. 解放前的文学写作教学

语文独立设科至1923年施行新学制之前，小学作文“以俗语叙事”，主要写“短篇记事文”，包括日常生活记事、日记或简短书信的写作等，“行文务求简易明了”。中学作文也写“即可易于成篇，且能适于实用”的“简及之文”，以补废除八股文之缺。

1923年施行新学制，制定了中小学课程纲要。小学课程纲要由倡导文学教育的吴研因起草，倾向以儿歌、故事、诗等儿童文学为阅读材料，借以“涵养性情，启发想象力及思想力”，但这限于阅读。对写作，仅要求“能作语体实用文”和“记叙文、说明文”，并无文学写作要求。初中课程纲要由叶圣陶起草，在“毕业最低限度的标准”中只规定“作普通应用文，能清楚达意，于文法上无重大错误”，也没有文学写作之说。胡适起草的高中课程纲要在写作方面强调“促读”的功能，名著精读报告或研究“可代作文”，取的是“文学研究者姿态”，也还是偏向实用的写作。

1929年的小学、初中和高中课程标准，在强调普通实用文的练习之外，也开始有鼓励文学写作的倾向，如小学高年级“作业要项”中涉及剧本的编辑，初中要求能记录故事、传说类文章，而高中的“作业要项”中更是提出了作文练习包括“各种文学体裁的试作”，“教法要点”中强调“凡小说，诗歌、戏剧、各种散文，皆可令学生试作。其有特别天才者，当就其性情所近，指示他多读名家作品，以作模范”。

1932年《高级中学国文课程标准》在“目标”中明确，要“培养学生创造新语文学之能力”，这是语文独立设科以来“文学写作”第一次被提升到课程目标的高度，对中小学写作教学历史具有标志性意义。与此对应，该标准在“实施概要”中要求“凡小说诗歌戏剧，皆可令学生试作”。此后，1936年、1940年和1941年的高中课程标准都沿袭了这一规定，只在用词稍有差异，如1940年表述为“陶冶学生文学上创作之能力”，1941年把文学阅读和文学创作并提，“培养欣赏文艺之兴趣，及陶冶文学上创作之能力”。

但不久，这一规定被更易，“唯实用”写作观抬头，如1948年教育部颁行的《修订高级中学国文课程标准》只在“实施办法”中提及作文在种种练习之外，“他如小说戏剧诗歌等之习作，亦可酌为个别指导”，“文学写作”跑完了龙套，很快重新退回到历史的角落中去了。

2. 汉语文学分科时期的文学写作教学

20世纪五十年代的汉语文学分科，前后不过三个学期，却是我国文学课程改革的一个黄金时期。按理说，文学独立设科，应该能够为文学写作教学留有比较大的发展空间，但事实却并非如此。1956年的文学教学大纲只规定了文学作品鉴赏、文学知识教学和文学语言教学三块内容，文学写作并没有成为文学教学的任务。体现在文学教材的选文中，只有两类：一类是文学作品，一类是文学常识和作家介绍。每篇文学作品课文和文学常识课文都附有注解和练习，但其中没有关于文学写作练习的相关设计。

在汉语文学分科之前，写作教学一直和阅读教学紧密结合，形成了长达半个多世纪的所谓读写结合模式。汉语文学分科以后，汉语和文学各自取得独立的地位，原本与阅读结合的写作却再也找不到自己的位置。写作教学被作为共有的任务由汉语、文学两门课程共同承担。《初级中学汉语教学大纲》曾这样规定：“提高学生的写作能力是文学教学与汉语教学的共同的、综合的任务。为了更好地完成这个任务，除去在文学教学中有计划地进行作文教学之外，在汉语教学的每个阶段里也必须进行有计划的工作”。但实际的情况是，“共同承担”最后等于“各不承担”，在汉语教学中，写作教学演化为词汇教学、语法教学和修辞教学中造句训练、语段训练；在文学教学里，由于教材编排上的缺失，写作教学也无从着手。尽管当时教育部也草拟了《中学作文教学初步方案》，编写独立的《写作》教材，欲建设独立的写作课程，但由于分科教学的过早落幕，这一切都还来不及实施。

因此，总体来看，这一时期由于整个写作教学落了空，文学写作更是无从谈起。

3. 20 世纪 60 至 90 年代的文学写作教学

1963 年颁布的语文教学大纲开篇写道："语文是学习各门知识和从事各种工作的工具"，这一表述所体现的工具论理念深刻影响了教材的编写，"在教材编写者眼里，组合成单元的课文是白话文或文言文、散文或韵文、记叙文或议论文，没有一点'文学'的意思"，① 形成了对汉语文学分科时期文学教育的强力反拨。这种反拨导致在此后的近二十年里，文学教育几乎成为一个禁区。尤其在"文革"时期，似乎一提文学教育就是要培养小资产阶级的思想情调。这种情况直到 80 年代中期才有所改变，1986 年的高中教学大纲在"教学要求"中提出了"初步鉴赏文学作品的能力"，1996 年的高中教学大纲更是提升了文学鉴赏的地位，把它写入了"教学目的"。

这一时期的写作教学内容基本遵循"文体四分"到"文体三分"，又复归"文体四分"的路子。1963 年大纲规定："初中阶段，要求能写记叙文、应用文和简单的说明文、议论文，高中阶段，要求能写比较复杂的记叙文、应用文和一般的说明文、议论文。" 1978 年大纲剔除了实用文写作，只要求写记叙文、说明文和议论文三大文体。1980 年、1986 年大纲沿袭了这一规定。1988 年开始又恢复了实用文写作，变成了"文体四分"，1996 年大纲规定"恰当地运用各种表达方式写一般实用文"。不管是"文体四分"还是"文体三分"，其中的文体都是"文章"的文体，并非"文学"的文体，文学写作依然待在历史的角落里，蒙受着厚厚的灰尘。

（二）现状反思：文学写作教学层面的落空

2000 年修订版语文教学大纲的颁布，为文学写作教学重新回到语文教育的舞台带来了转机。这次修订突出了文学教育的重要性，体现了新的时代特色。体现在文学写作上，就是对想象作文和创造性表达的鼓励。小学大纲中年级强调"能不拘形式、自由地把自己的见闻和想象写出来"，高年级提出"能写简单的记实作文和想象作文"；初中大纲提出"运用联想或想象，丰富表达的内容。鼓励有创意的表达"；高中大纲在强调上述规定外，还取消了对写作文体的限制，不显示记叙文、说明文、议论文或应用文等文体名称，只从表达方式的角度对教学内容作出要求："恰当运用叙述、说明、描写、议论、抒情等表达方式。" 尽管这几个大纲没有直接提到文学写作，但这种对创造性表达的鼓励，实际上为文学写作的回归提供了契机。

---

① 刘真福．建国以来中学文学教育述评［J］．课程·教材·教法，2001（6）：35-39

2001 年颁布，2011 年正式修订的义务教育阶段的新课程标准和 2003 年颁布的高中新课程标准在写作内容的提法上更是向前迈了一大步。义务教育阶段的新课标在“教学建议”中提出，要“为学生的自主写作提供有利条件和广阔空间，减少对学生写作的束缚，鼓励自由表达和有创意的表达”。高中新课标认为“文学艺术的鉴赏与创作是重要的审美活动”，高中语文课程既要培养学生的审美感知能力，又要培养学生审美创造能力，这样就突破了以往把文学教育人为狭隘化为文学阅读的做法，为文学写作教学正式回归定下了基调。在这个课标中，除了在必修课程的“表达与交流”中强调“在表达实践中发展形象思维和逻辑思维，发展创造性思维”“力求有个性、有创意的表达，根据个人特长和兴趣自主写作”，还在选修课程中为文学写作预留了很大的发展空间。在选修课五大系列中，有三个系列都鼓励学生的文学写作，如“诗歌与散文”系列鼓励学生“尝试诗歌、散文的创作，组织文学社团，展示成果，交流体会”；“小说与戏剧”系列，鼓励学生“留心观察社会生活，丰富人生体验，有意识地积累创作素材，尝试创作小说、剧本，相互交流”；“新闻与传记”系列鼓励学生“尝试新闻、通讯的写作”“尝试人物传记的写作”等，这表明，在新世纪前后，文学写作被正式纳入了文学的课程内容。

这里需要说明的是，尽管从课程文件看，文学写作现在已经成为文学的课程内容，但这并不就意味着可以忽视文学写作教学实际缺失的严峻现实。在目前的课堂教学中，写作教学的着力点是“普通文”——记叙文、议论文和说明文。写作教学的指导是教会学生写记叙文要注意六要素，注意选材、剪裁得当，注意综合运用多种表达方式，写议论文要有正确的思维习惯和结构意识，要取例新颖、典型，要举例分析相结合。说明文因为中考、高考基本不考，因此一般也不作为平时训练重点。也就是说，文学写作和实用写作在实际的写作教学处于两头落空的境地。限于目前我国语文教育界对文学写作教学的理论认识以及课程标准的研制水准，作为文学课程重要组成部分的文学写作教学实际上还只能停留在理念上，比如要求写出个性、写出文采，甚至提倡虚构等。要落实这些理念，必须要提供具体的课程内容，如果没有新的知识内容作为新理念的支撑，“在课程理念未转化为科学的课程目标、课程目标未转化为具体的课程内容、课程内容未转化为适宜的教材内容的情况下，课程理念直通课堂，造成了课堂教学层面的文学写作教学的花样百出”。①

① 叶黎明．写作教学内容研究［D］．上海：上海师范大学，2007.

二、文学写作教学缺失的隐性逻辑

我们上面已经分析，文学写作教学在语文课程与教学中长期缺失是个不争的事实。这种缺失表现为“两不沾”：文学教育领域向来只强调文学阅读教学，对于文学写作教学则处于“集体性遗忘”状态；写作教学向来重视“普通文”写作，对于文学写作教学只停留于概念化理解上。为什么会出现这种“两不沾”的情况，其内在的逻辑是什么，这是需要探讨的问题。

（一）两种否定逻辑

1. 一个普遍性表述：“（文学）创作是天才的事”

论及文学教育，人们向来只提文学阅读教学，而忽略了文学写作教学。我们这里看几则有代表性的文学教育定义：

文学教育是指语文教学中以文学作品的审美属性为基点，以文学接受为形式，以高效、顺畅的状态系统为标志，全面培养学生的语文素养和语文能力，以学生的能力发展和人格建构的整合为目标和归宿的一种教育思想的行为。①

文学教育就是一种通过文学文本的阅读、教学、赏析等，使人在获得审美愉悦的同时丰富知识、发展能力、提升道德、开阔视野、陶冶情操的过程。②

文学教育是一种以文学作品为媒介进行的教育活动，……让受教育者广泛接受文学的滋养，在文学实践中去提高鉴赏和创造文学美的能力，培养健康的审美情趣，树立正确的文学观。③

这些定义都强调以文学作品（文本）为中介，强调文学接受的过程，而没有提出文学写作在培养健康的审美情趣，树立正确文学观中的作用。写作与阅读乃是文学教育的两翼，为什么长期以来人们单单强调文学阅读而忽视文学写作呢？我以为，主要的原因是对文学写作的机制研究不深，文学写作被神圣化和神秘化了。这从古代文论中直觉性思维的话语表述方式的发达可以略见一斑。既有《老子》之“玄”“妙”，更有《周易》和

---

① 王保升．试析文学教育的基本内涵［J］．陕西广播电视大学学报，2002（1）：86-91

② 鲁定元．文学教育刍议［J］．内蒙古师范大学学报（教育科学版），2005（1）：90-92

③ 陈国平．文学教育的涵义解读和实际操作［J］．海南广播电视大学学报，2005（2）：91-93

《庄子》之“神”。陆机《文赋》的“应感之会”专论直觉思维，而感兴直觉之时，既须“（伫）中区以玄览”，更须“精骛八极，心游万仞”；刘勰将“神思”冠于《文心雕龙》创作论之首，“文之思也，其神远矣”“陶钧文思，贵在虚静”“规矩虚位，刻镂无形”……如果说，陆机、刘勰之论感应神思是融和了老庄易三玄之神妙，而严羽之论兴趣入神则是引禅悟入诗坛。《沧浪诗话》所标举的妙悟之说、入神之论，在思维方式上兼容了老庄易之神妙与佛禅之般若。在古人看来，文学创作是很神妙的事，如“羚羊挂角，无迹可求”。因此，凡能写出成功作品的人总是被冠以“神”“仙”“圣”“鬼”“魔”等称号，总之，“文章本天成，妙手偶得之”，非人力所能为也。

在这种背景下，人们把创作看做是少数人的事，甚或是天才的事是不难理解的。孙俍工 1922 年发表在《教育杂志》上的《文艺在中等学校中的位置与道尔顿制》一文这样说：

我们对于文艺，有三种兴趣，一是赏鉴，二是创作，三是研究。……研究是专门的……“创作是天才的，彼的目的在于创作者发抒自己底天才，没有创作天才的人，创作的兴趣不容易学得的。”所以有这两种兴趣的，只限于少数特别的人，原不必大家都具备。①

同样是《教育杂志》上，1931 年程其保撰文提出：

文学最大的功用还在欣赏。此种欣赏功用，对于中学学生，尤为重要。普通的人们，究竟是文学的消耗者而非文学的创造者。文学的消耗者乃系普通的，而文学的创造者则属于少数。所以教学的方法，最宜注重文学的精神，而不必拘泥于文学的形式与结构。②

不过这种文学写作的“天才论”带给文学教育的影响是巨大的，不能说叶圣陶的观点与这种“天才论”没有关系，他说：“还有文艺创作，能够着手固然好，不能够也无须强求，因为这件事不是人人都近情的。”③

文学写作“天才论”的观点是对文学写作教学的直接否定。其否定的逻辑是这样的：

文学创作是少数天才的事。（大前提）

中学生不是这少数天才。（小前提）

---

① 顾黄初，李杏保主编．二十世纪前期中国语文教育论集［C］．成都：四川教育出版社，1991：215

② 程其保．初级中学课程标准之讨论［A］．顾黄初、李杏保主编．二十世纪前期中国语文教育论集［C］．成都：四川教育出版社，1991：525

③ 叶圣陶．中学国文学习法［A］．叶圣陶．叶圣陶语文教育论集（下册）［C］北京：教育科学出版社，1980：121

所以，中学文学教育不必进行文学创作。（结论）

长期以来，文学写作教学就是在这样一个貌似正确而有效的逻辑之下被拒斥在文学教育的大门之外。在文学教育中，我们不能，也不必教学生文学写作。

2. 一句流行性话语："作文课不是培养作家的"

如果说文学写作教学被文学教育所放逐是因为"天才论"的逻辑，那么它不能入写作教学的阵营则是因为"作家论"逻辑。在中小学，凡一提文学写作，必有人会提出来反驳："作文课不是培养作家的。"下面这种论述是屡见不怪：

中学作文教学过去不以培养作家为终极目标，现在不以培养作家为终极目标，将来也不以培养作家为终极目标；即使是高等院校中文系的写作课，也从来没有将培养作家作为自己的终极目标。当然，如果因中学作文教学（实际上还必须结合其他）或者高校中文系的写作教学而冒出了一两个作家，那只是一种"外快"。①

这句流行语背后，是对中学实施文学写作教学必要性的否定。这种否定之中，同样存在一个"三段论"：②

文学创作的主体是作家。（大前提）

中学写作教学的目标不是培养作家。（小前提）

因此，中学写作教学不必教学生进行文学创作。（结论）

这里的大小前提均正确，推理过程很严密，因此，得出的结论似乎又是正确而有效的。文学写作之长期被中学写作教学冷落，跟这个逻辑密切相关。在写作教学中，我们不能，也不必教学生文学写作。

（二）两种逻辑背后的写作教学理念

因为"文学创作是天才的事"，所以我们的文学教育忽略了文学写作，因为"作文课不是培养作家的"，所以我们的写作教学排斥文学写作。之所以前提和结论之间构成这样直接的因果关系，原因是这两种逻辑背后隐含着表述者对文学写作教学的基本观念。

其一是文学写作不可教论。

既然"文学创作是天才的事"，既然它是这样神秘而神圣，人们把精力用于培养学生学会文学创作方面显然是徒劳无益的。叶圣陶先生就曾说过：

文学创造是天才与努力的乘积，并不是人人能够着手的。说人人要用

---

① 张英干等．关于作文教学及其模式化问题的讨论［J］．语文教学与研究，1998（12）：5-6

② 叶黎明．语文科写作教学内容研究［D］．上海：上海师范大学，2007：59

本国文字叙事说理表情达意，这是大家承认的；说人人要有文学创造的能力，就好比说人人要有图画创作音乐创作的才能，怎么可能成为站得住的标准？①

若以悠久之岁月而练习不可限程收效之作文，实非今日所应有之事，宜以最经济之时间练成其最能切实应用之作文能力。②

在他看来，在学校紧张而有限的教学时间里，来教这收效缓慢而且难以预期的文学写作“实非今日所应有之事”。

其二是文学写作不适宜论。

与叶圣陶因收效甚微而拒绝文学写作不同，朱自清是因为文学写作偏离了他认定的中学写作教学目标而予以否定。他认为，中学写作教学要讲求实用。他指出：“中学生作文课，该以广义的应用文为主，因为作文课主要是技能的训练，艺术自当居次位。”“叙述、说明、议论三体都是应用文的底子，不会写作说明文和议论文，怎样能写作许多应用的文件呢？现在的学生只知注重创作，将创作当做白话文唯一的正当出路，就是一般写作的人，也很少着眼在白话应用文的发展上，这是错的。”③ 许多人都希望成为作家，但出名者不多，其失败原因，便是到处滥用文学的感情和用语，文学成分太多了，反而失去文学真正的意义。究其原因，一是以文学创作为目标，“二十多年来成功的固然有，失败的却是大多数”，不仅写不好文学作品，而且因此“不能分辨文章的体裁，到处滥用文学的调子”。④二是忽略了说明、议论两种文体的训练，导致这两类文体的写作存在严重的“思路不清”的毛病。“从做白话文这方面来说，一般的标准是大大进步了。对于写景、抒情的能力，尤其非常的可观。可是除此而外，对白话写议论文及应用文的能力，却非常的落后。”朱自清主张青年学生不要只注重纯文学的创作，应将写作的重点放在应用文尤其是议论文、说明文的写作上。

（三）破除这两种逻辑的几个要点

1. 明确文学写作与文学创作的区别

不管是因强调“文学创作是天才的事”而否定文学写作教学，还是因强调“作文课不是培养作家的”而否定文学写作教学，它们都有一个共同

---

① 叶圣陶．中学国文学习法［A］．叶圣陶．叶圣陶语文教育论集（下册）［C］．北京：教育科学出版社，1980：121

② 叶圣陶、王伯祥．对于小学作文教授之意见［A］．叶圣陶．叶圣陶语文教育论集（下册）［C］．北京：教育科学出版社，1980：344-351

③④ 中央教育科学研究所．朱自清论语文教育［C］．洛阳：河南教育出版社，1985：16-27

的症结，那就是对于文学写作缺乏一定层次的分析，把文学写作简单等同于文学创作。

有研究者把文学写作分成三个层次①：其一是文学创作层次。文学创作的主体是专业作家或职业化写作者。文学创作的过程是作家或职业作者通过艺术的语言塑造形象、表达思想感情的过程。它是以人的审美精神活动为中心，以审美实践为基础，是人的趋于全面自由发展的感性的整体的生命活动，是融审美性、创造性与理想性为一体的精神活动过程。其成果是文学作品。文学创作是高层次的文学写作。其二是文学写作层次。文学写作的主体是相对于作家或职业作者的普通大众。文学写作过程是普通大众以文学化的语言和表现方式表达个人情绪、情感的写作活动。如日记写作、博客写作或者向各种杂志的个人投稿的写作等。文学写作没有文学创作这样的专业性和职业性，因而范围比文学创作大得多。其三是文学习作层次。文学习作的主体是中小学生。文学习作是学生在学校教育情境中，通过对文学文体系统、科学、规范训练而达到特定的文学学习和语言学习目的的活动。如果说文学创作和文学写作更倾向于精神的活动层次，那么文学习作更侧重教育的活动层次。

文学写作三个层次上的类别各有各的功能。文学创作作为人类四种掌握世界的方式（艺术的、宗教的、实践-精神的和理论的）之一，是人类寻求“诗意地栖居大地上”② 的精神活动。它具有社会性和强烈的创造性。文学写作则主要是普通人宣泄情感、交流体验、反省自我的表达途径。它具有生活性和娱乐性。文学习作主要是文学练习和语言练习的功能。通过文学练习，学生可以掌握一定的文学写作技能，为走向社会之后自由表达自己的感情打下基础；文学习作也为少数学生日后走向文学创作之路提供发展的可能。语言练习则表现为通过文学写作训练，提高学生的语言水平，锻炼其创造性思维，起到实用写作所不能替代的作用。

文学写作这种层次划分不仅扩开了我们对文学写作的理解，获得对文学写作多样性、多层次的认识，而且清楚地表明了文学写作和文学创作之间的区别，有助于清除“天才论”和“作家论”对开展文学写作教学的掣肘和羁绊。

2. 走出文学写作神秘的怪圈

“天才论”之所以否定文学写作教学的必要性，是因为把文学写作神秘化、神圣化了。如果我们除去它的神秘光环，把文学写作还原为学生表达

---

① 叶黎明．语文科写作教学内容研究［D］．上海：上海师范大学，2007：59

② ［德］海德格尔著，作虹等译．海德格尔诗学文集［M］．武汉：华中师范大学出版社，1992：203

生活的一种需要，那么，文学写作教学的必要性就可以重新得到显示。

实际上，文学理论的发展已经使文学创作褪去了神秘的光圈，变得普通、平常起来。在西方，进入现代物质文明社会以来，“创作”这一观念日益遭到质疑。“创作”基于对“创作主体”的迷信，随着人们的质疑，作家和读者渐渐从中摆脱出来。七十年代以来，体现了一个由“创作”到“写作”的转变历程。正如英国文学理论家特里·伊格尔顿所说：“的确，不仅我的意义，连我也不能与自我一致；既然语言不仅是我使用的方便工具，而且是一种创造了我的东西，那么，认为我是一个稳定的、统一的实体的思想必然也是一个虚构”（参见《二十世纪西方文学理论》）。从“创作”到“写作”，从“作品”到“文本”，是文学观念上的一个深刻转变。“创作”这个曾经被广泛使用的概念，与“灵感”“天才”“独特性”“创造性”等相关联。从柏拉图的“灵感”论到雪莱的“立法”者，文学“创作”被神秘化、神圣化了。“写作”这一概念的出现，既伴随对自我神话的消解，还出于作家们对文学的“互文性”及工作性质的自觉。这种“互文性”揭示了一切文学文本其实都是由其他文本“编织”而成的，都是朝向其他文本开放的，其意义也只有在其他文本的相互关联中才能引出。

文学理论的发展从根本上动摇了这种作品构造模式，迫使作者对以前的文本观和自己的写作进行修正，使文学写作具有了从封闭走向开放的可能。而教师的有效引导可以使这种可能变成现实。我国第一代特级教师霍懋征给小学生上第一堂正式的作文课时，总是要给学生讲一个“青年人学写作”的故事。故事是借青年人所求教的大作家之口告诉学生：每个人从第一声哭泣就开始表达自己的意愿和观点，每说一句话就是一句散文——写作是人人都会的事。于漪老师也主张要多对学生进行“刻苦为文”的教育，要把许多古代现代在文学写作等方面有成就的人物通过自己的努力把文章写好的事迹讲给学生听，让学生认识到写作并非什么神异之事，并非只有天生的什么杰出人物才能妙手偶得，而是通过努力的学习、积累、刻苦的训练得来的一门本领，一项功夫。

3. 文学写作的集群效应

“作家论”之所以否定文学写作教学的必要性，是因为把文学写作的功能单一化，认为文学写作教学只有“培养高水平的创作技能”，培养作家之单一功能。其实，文学写作具有集群效应，它是学习语言的主要方式，是培养想象力不可或缺的途径，是提高思考力，唤起人文关怀的重要价值，当然，更为重要的是提高了学生的审美能力。对于这些功能，我们将在下面作展开论述。对文学写作教学功能作相对全面的分析，有助于破除“作家论”对文学写作教学的排斥。

三、文学写作教学的价值与目标定位

（一）文学写作教学的价值

全面、正确地认识文学写作的教学价值，是确立文学教学目标、研制课程内容、进行教材教学设计的前提。文学写作具有集群效应，其教学价值至少体现在以下方面：

1. 训练语言，学会语言艺术性的使用

梁实秋先生曾经依据人类文化学提供的关于语言发展的自然序列“语言（口头语言）-文字（书面语言1）-文学（书面语言2）”划出了语言教育的三个层次：其一是“通俗的语言（文字）教育”，从学龄前学语言开始，学生时代于进入社会时期都会受影响，常常是非自觉接受。其二是“标准的语言（文字）教育”，即学校学习期间自觉接受的标准语文教育。“所谓语文的教育目的，大部分在于标准语文的使用之训练”，目的在于达到“一般公认的标准”。其三是文学语言（文字）教育。“文学的语文是供人欣赏的，其本身是经过推敲的，其措辞用字千锤百炼以能充分而适当的表情达意为主。如何使声调保有适当的节奏之美，如何巧妙的使用明喻与暗喻，如何用最经济的手法描写与陈述。”他认为，学语文而获得文学语言修养，是语文教育的最高境界，进而提倡通过文学教育来达到这种境界①。

我们对“文学语言教育”的重视，除了体现在文学阅读之中，还应当体现在文学写作之中。文学写作是学生尝试、体验、分析、研究语言，探索语言的运用的重要方面，通过文学写作，让学生充分领略文学语言的魅力，走向“语言艺术性使用”通途，是文学教育不可或缺的一环。这里我们强调让学生学会“语言的艺术性使用”，是基于文学语言的特殊性而言的。文学语言和“标准语言”有很大不同：

过去人们在讨论文学语言时比较注重文学语言的形象性、鲜明性、生动性，这无可指责。但是这只是触及到了文学语言的表面特征。试问，这“三性”到底从何而来？非文学语言难道就没有这“三性”吗？其实，除了文学语言具有这“三性”外，其他语言也同样要求这“三性”。这“三性”

---

① 见赵心宪语文学科的文学教育观念与目标定位［J］. 重庆教育学院学报，2004（1）：84-90；赵心宪. 梁实秋“三阶层”说的语文教育观念［J］. 西南民族大学学报（人文社科版）2004（1）：206-211

只是一般语言的部分表达要求，并非文学语言的所有特质。我们认为，文学语言的最主要特质是“变异性”。文学语言的所有表面特质都是通过变异得来的。①

文学语言的变异有广狭之分。狭义的变异是指那种一目了然“不合语法”的现象。一般来说，当艺术家着意凸显语境意义时，常常选择这种语言策略。这时，语词的本来意义被忽视甚至面目全非了。如改变词性及其感情色彩，任意调配语言单位，超常搭配，超常组句，变化语言结构等。广义的变异，则是语言方式的任何新颖的表达。文学写作的语言教育价值，就是通过使用语言，让学生体会到语言变异之后所带来的令人惊奇的陌生化效果，进而掌握这种超越规范、习俗和惯例的语言表达方式。

2. 尝试想象，在想象中构筑新的世界

文学是人类想象的语言表达。可以毫不夸张地说，没有想象就没有文学。曹操、林冲、林黛玉、阿Q、哈姆雷特、唐·吉诃德……这些人物形象令人牵肠挂肚、惦念不已，他们之间的悲欢离合似乎比我们的生活还重要。秋风、落木、孤帆、猿啼，长河落日，江枫渔火，古寺钟鸣……这是另一批令人或壮怀激烈、或愁思不眠的形象，它们远比现实所见要生动感人。一系列的语言组合中，文学通过想象把整个世界收缩于方寸之间，构成了歌德称之为“第二自然”的想象世界。进入这个世界后，人与世界仿佛消除了隔阂与对立而和解了。无可逆转的时间以及无可超越的空间也不再是我们有限感官所无力克服的障碍。“观古今于须臾，抚四海于一瞬”，已经成为观照世界的正常方式。人的内心也不再是一个永远无法窥视的秘密。人们可以洞若观火地细细梳理雨果所谓的“心灵的皱褶”。这个世界一方面帮助我们诚实地面对因其情绪化、个别化而无法被制度与理性框架所容纳的生活经验、情感体验、个人境遇，平衡了感性与理性的冲突，另一方面，它又在我们难以面对、不愿面对或无法直面生存的世界时，帮助我们以一种浪漫的、虚拟的言说方式超越现实，平衡了理想和现实之间的冲突。它不仅可能改造我们的感性结构，而且还在某种程度上修正未来生活的蓝图。在一个更高的意义上，伊格尔顿描述了文学与其他文化符号共同制造的意识形态：“一切话语、符号系统和意指世界，从电影与电视到小说与自然科学语言，都产生效果，形成各种形式的意识和潜意识，我们现存权力系统的维持或者改变都与此密切相关。”② 这，就是想象世界在我们生活中的位置。在美国的母语教育中，文学写作被看成是“美学意义和富有想象力的

① 冯广艺、冯学锋．文学语言学［M］．武汉：中国三峡出版社，1994：3

② 伊格尔顿著，伍晓明译．二十世纪西方文学理论［M］．西安：陕西师范大学出版社，1987：230

写作”而受重视。① 在法国的写作教学目标中，注重引导学生“形成一种思想、叙述事件经过、描写场景、创作和改编故事”，学习描写、叙述经历、想象中世纪故事，学写短诗等被列为分流阶段的文学写作目标。②

3. 审美教育

苏霍姆林斯基说：美是人的道德财富的源泉。他认为，一个无耻之徒不可能同时又去喜欢狄更斯——这是互不相容的事。美能使人道德纯洁、精神丰富、体魄健全。美是善良和诚恳之母。美的世界里的精神生活会激起那种不能根绝的人的需要——成为美的人的需要，追求奉献的需要。美的世界里的精神，就是在体验、创造、保持周围世界里的美，即在大自然里、人际关系里、特别是精神范畴里的美。所以他指出，审美教育最重要的任务，就是教会儿童从周围世界的美和人的关系的美中看出精神的高尚、善良和诚恳，并在此基础上在自己身上确立这种美，并力求做到，使儿童精神生活的各个方面（脑力和体力劳动、创作、社会活动、道德——审美关系、友谊、爱情）都贯穿这样一种思想：要珍视和保护美，美能使自己变得高尚。

文学写作是由感溢情、由情生文的过程，因而它必然是一种审美教育活动。苏霍姆林斯基十分看重诗歌写作。在他看来，诗歌写作不仅可以提高学生的语言修养，使学生用词造句更形象生动，更加富有感情色彩。更为重要的是，通过写作，可以促使每个学生的心灵高尚起来。其实，不止于诗歌写作，所有语言的艺术使用的过程都是一个审美的心灵历程。文学的目的是好的，文学写作在本质上都是人的精神“向善”之旅。

4. 学会反思，发现自我

文学写作，既有那种宏大叙事性质的文学创作，也有那种个人情感宣泄的文学写作。对大多数人来说，我们采用文学的形式来表达平常生活中的经验、情感、情绪甚至冲动等，这实际上是一个自我反思的过程。尤其是那些叙事类文体，如日记、散文或自传等，在表达自己的体验和主观感受时，必然要反观自己的生活状态、自身的精神境界。这样，文学写作就成了一种反思自我、发现自我的一种有效方式。各国母语教育中都比较注重学生日记写作和随笔写作，除了看重其形式自由外，还与其带有这种反思意义有关。比如日记，常常就是学生生活的剪影，是心路历程的真实记录。在日记中，学生想写什么就写什么，想怎么写就怎么写：或记事，或议论，或抒情，或信笔涂鸦一幅画，或随笔吟诵几句诗，或采撷几

---

① 倪文锦、欧阳汝颖．语文教育展望［M］．上海：华东师范大学出版社，2002：316

② 中外母语教材比较研究课题组．中外母语课程标准译编［C］．南京：江苏教育出版社，2000：472-500

片秋的落叶拼一个有趣的图案；或觅来一张泛黄的照片配几句话，或张开想象的翅膀任意翱翔……在这种不断自我反思中，逐渐培养出独立的人格。

5. 促进思维，唤起人文关怀

文学写作的重要价值还表现在它与思维的密切相关上，正如卡内基教学促进会主席欧内斯特·波伊尔所说：

清楚的写作导致清晰的思维，清晰的思维又是清楚地写作的基础。也许，与其他的交际形式相比，写作使我们为自己的语言负责任，最终使我们成为积极思考的人类。①

美国语文课程标准对文学写作价值的解释，对这种思考作用有进一步的阐释：

对于许多受过学校教育的人来说，唯有文学学习使他们有机会在自己的写作中和其他人的作品中去探讨重要的观点，并思考那些在社会、政治生活中的矛盾冲突。对于那些终有一天将参与民主生活的学生来说，对这些观念及问题的理解是必要的。文学标准的第一部分要求学生运用一定的评判技能对别人的作品进行探究和评判。标准的第二部分要求学生去创作，同时要有这样一个坚定的信念，即从事创作将有助于他们更好地了解周围的世界；这个世界帮助他们形成自己的文学作品，并成为专业的文学家。②

除了上述五个方面外，文学写作的教学价值还体现为：帮助学生在个人生活经验和文学阅读之间建立联系，促进学生更好地理解文学文本的形式和作用，引导学生形成像文学批评家那样思考问题的能力。此外，文学写作还能帮助学生之间进行有效的交流。像《美国文学》，在每个单元的主题最后部分的“写作研讨”栏目中，循环地指导和强化写作过程的知识与技巧，特别关注写作的各个不同阶段：构思、打草稿、修改、编辑/校对和出版/递交。③ 这样，通过写作练习，丰富和发展了他们的文学写作技巧。

（二）文学写作教学的目标定位

文学写作教学在教学层面还远未引起重视。一般而言，中小学的写作

---

① 转引自王爱娣．美国语文教育［M］．桂林：广西师范大学出版社，2007：108

② 美国国家教育和经济中心、匹兹堡大学著．上海市教育科学研究院组译．英语、数学、科学、应用学习能力表现标准［S］．北京：人民教育出版社，2004：21-22

③ 王爱娣．美国语文教育［M］．桂林：广西师范大学出版社，2007：109

教学有三种类型：① 广泛的写作训练、按要求写作和非正式写作。广泛的写作训练，要求作者写作时充分考虑不同的听众（读者），考虑不同的写作目的。而按要求的写作主要指考试作文的写作，在有限的时间、空间和拥有有限材料的情况下，要求学生按照规定的主题或内容写作。第三类非正式的写作，指的是日常写作练习，比如日志、做笔记、写阅读反应等。与前两类比，较为自由随意，只是在作者与话语间建立联系，即把自己的思想活动变成语言的一种率性写作。就实际状况看，在“广泛写作”的训练中，学生们训练的多为记叙文、议论文、说明文等。“按要求写作”的训练中，学生多为应对高考、中考等权威考试的作文，如果其中包含有比较多的文学成分，那么这种包含比较多的文学成分的文章也已经被异化为前面所分析的“小文人语篇”；只有在“非正式写作”的训练中，我们有时还能看到一些文学写作的影子，比如有教师指导学生写日记、写随笔，有教师提倡让学生写诗歌、小说等。然而，这种“非正式写作”，过于依赖教师本身的“文学写作意识”，所以实际最后都变成了某个学校某个语文教师的某个班级学生的个别行为。

这种情况显然与课程层面的文学写作教学目标定位不清是有关系的。当前，文学写作已经被语文新课标纳入到课程内容中来，如 2001 年版新课标及其 2011 年修订版在写作教学建议中都提到“激发学生展开想象和幻想，鼓励学生写想象中的事物”；2003 年版高中语文课程标准在“课程理念”中提到“文学艺术的鉴赏和创作是重要的审美活动”，写作要“力求有个性、有创意的表达，根据个人特长和兴趣自主写作”。但是，这些论述基本停留在理念层次，有的甚至连理念都不是，对于文学写作教学的真正落实有多少指导意义，是值得怀疑的。

要使文学写作教学真正展开，笔者以为在目标定位上我们必须明确：中学文学写作教学进行的是“文学习作”层面的活动。它不同于社会生活领域中作家的“文学创作”、普通大众的“文学写作”，它是学校教育活动中的一种教学活动。在内容上，重点是分清诗歌、小说、散文、戏剧等几种文学的基本样式，掌握这些文学样式的文体规则、言说方式和思维方式，养成文学审美的态度和习惯，目的是让学生掌握这几种基本文学样式的文体规则，培养学生的想象力、创造性思维以及个性化表达的能力，进而全面提高学生的语文素养。

前面两章，我们主要是在课程层面对文学课程内容作了分析。这个分析依循了这样一条轨迹：文学与文章的分立——文学阅读与文章阅读的分

① 王爱娣．美国语文教育［M］．桂林：广西师范大学出版社，2007：111

立——文学写作与文章写作的分立。这条轨迹蕴涵了文学课程内容研究的一个逻辑起点，那就是文学与文章的分立。只有立足于文学、文章分立，才有相对明确的文学阅读课程内容，才有比较清晰的文学写作课程内容。同样，只有立足于文学、文章分立，才能进一步明确文学阅读与文学写作课程内容所蕴涵的文学课程内容要素。下面三章，我们从教材层面进一步探讨文学课程内容，还是把文学与文章的分立作为基本的逻辑起点。

第四章

语文教材中的文学知识

第一节　语文教材中文学知识的形态演变

这里，我们以传统语文教育时期（1904 年语文独立设科前）、现代语文教育时期（1904 年语文独立设科至 1949 年建国前）、当代语文教育时期（1949 年至今）三个历史阶段为纲，对语文教材中的文学知识形态作一纵向的梳理。

一、传统语文教材中的文学知识

传统的阅读教材，基本可分两类，一类是偏于选文的教材，通过一篇篇作品的阅读和揣摩，了解作文的奥妙；一类是偏于知识的教材，教以读诗、读词、读文的方法。前者以梁《昭明文选》、清《古文辞类纂》等为代表；后者体现为大量的诗话、词话、文话（文章例话之类）等等。

《昭明文选》是我国现存最早的语文阅读课本，以唐代李善的注本最为流行，共收录了自周代到梁朝七八百年间 129 位知名作者和少数佚名作者的作品 700 多篇，所选文体共 39 种。① 唐以后的文人学子都要读这部书。读它的目的，一是为了写文章，把它当做模仿的样板和取材的来源，二是为了应付科举②。因此，它对后世的语文教育影响很大。

这部书只有选文，没有作者介绍和作品评论，对学习者而言，它提供的文学知识主要有两个来源，一是置于书首的昭明太子萧统的序言，二是李善的注释。

萧统的这篇序言其实就是一篇文论，在中古文论史上占据非常重要的地位，主要表明《文选》的收录标准，辨析文学体裁，反映了序者选文的美学标准及其文学演变观。它以“事出于沈（沉）思，义归乎翰藻”界定

---

① 郭绍虞．中国文学批评史［M］．上海古籍出版社，1979：64

② 张隆华、曾仲珊．中国古代语文教育史［M］．四川教育出版社，2000：170

了文学的属性，明确了自曹丕《典论·论文》以来关于文学创作、文学风格、文学体裁的理论认识，并以实践的形式加以认定，认为文学作品应该以表达作者感情为主。尽管这篇序言和《文选》在价值取向上存在若干差异,① 但读者通过它可以大致了解南北朝时期文学的基本观念。

李善的注释偏重于解释词语及相关典故，这在当时曾招致批评。唐玄宗开元年间，工部侍郎吕延祚这样评价李善的注释："忽发章句，是征载籍，述作之由，何尝措翰。使复精核注引，则陷于末学；质访旨趣，则岿然旧文。祇谓揽心，胡为析理。"（《进五臣集注文选表》）认为李善注只引词语典故出处，不注意疏通文义，又很繁缛，为此，他召集另外五人重新作注，这就是《五臣注文选》。《新唐书·李邕传》提到李邕"称其父善始注《文选》，释事而忘义，书成以问邕，邕意欲有所更，善因令补益之，乃附事见义，故两书并行"，后人对此虽有质疑，但对李善注释"释事而忘义"的特点还是认可的。②

《古文辞类纂》，清桐城派著名学者姚鼐历时40年编定，自两汉至明末，几乎各类文章都有选录。全书共75卷，分为论辩、序跋、奏议、书说、赠序、诏令、传状、碑志、杂记、箴铭、辞赋等13类。对于学习者而言，除了选编者极为精简的圈点评注外，教材呈现的文学知识主要在卷首的《序目》一篇。

在这篇序目中，姚鼐论述文体分类，各类文体的特点、功用以及各文体的选录标准，最后总结学习为文的方法，提出神、理、气、味、格、律、声、色八字之说，认定前四者为"文之精"，后四者为"文之粗"，并指出两者之辩证关系，强调为文由粗到精，由表及里，遗貌取神，不能停留于形式的模拟。这篇序目可以看作姚鼐重要的文体论和文论，其中"八字说"与义理、考证、文章三者相兼及阳刚、阴柔之美的论说一样，构成了桐城派散文理论的重要部分。从教学角度看，这篇序目叙述文体源流甚明，对于作品的阅读与分析很有帮助，故流传久远。

除了上述代表性的两本教材，在我国语文教育史上，还有众多的偏于选文的教材，以明清时期为甚。有《唐宋八大家文钞》（明茅坤编）、《古文观止》（清吴楚材、吴调侯编）、《经史百家杂钞》（清曾国藩编）等；除了这些"文钞""古文""杂钞"之外，还有浅易的各种诗歌读本，如《千家诗》《唐诗三百首》之类，以及宋代《文苑英华》《文章正宗》类似的

---

① 力之．关于《文选序》与《文选》之价值取向的差异问题［J］．文学评论，2002（2）：138-144

② 见《〈四库全书总目·文选注〉提要》，转引穆克宏．昭明文选研究［M］．北京：人民文学出版社，1998：67-68

《文章辨体》（明代吴讷编）、《文章明辨》（明代徐师曾著）等。这些读本，对于明清时期的学生来说，其影响力之大自不必说。它们多通过前言或序言标明文体选录标准，表达选编者的文学认识，通过圈点或注释提供与作品有关的典故常识，因此，就呈现的文学知识而言，多为文体知识、文论知识和典故知识。

偏于选文的教材从呈现知识的量来说是很不够的，因此，只能在教学方法强调“熟读精思”“记诵积累”“多闻阙疑”。要形成带有文学鉴赏、文学批评更高级的所谓“品读”“评读”还得需要更多的知识指导，诗话、词话、文话等偏于知识的教材就起到了这个作用。如宋叶梦得《石林诗话》里有段品诗的话：

诗语固忌用巧太过，然缘情体物，自有天然，工妙虽巧而不见刻削之痕，老杜“细雨鱼儿出，微风燕子斜”（《水槛遣兴》），此十字殆无一字虚设：雨细著水面为沤（水泡），鱼常上浮而淰，若大雨则伏而不出矣；燕体轻弱，风猛则不能胜，唯微风乃受以为势，故有“轻燕受风斜”之语。

这种感悟十分亲切，深入，道出了诗句的精妙之处，给学习者以启发。宋晁补之、胡仔《词评》有一句：“秦少游如‘斜阳外，寒鸦万点，流水绕孤村。’虽不识字，亦知是天生好言语。”这几句评点看似平淡，但也道破了所评之句的奥妙。这些“感悟型”的鉴赏知识在品评文章的“文话”中也占据主导地位。宋代真德秀的《文章正宗》：“古今之所辑，以明义理切世用为主。其体本乎古，其指近乎经者，然后取焉。”这表明他对“正宗”文章的基本要求，其一在明义理，其二在切实用。除《文章正宗》外，还有《文章精义》（宋李涂撰），它以先秦两汉唐宋的名家名作为例，评点文章的精到之处。《古文关键》（宋吕祖谦编），辑录了韩愈、柳宗元、欧阳修、曾巩、“三苏”等人的文章60多篇，逐篇说明作者写文章的关键之处。《文章轨范》（宋谢枋得编）收辑了汉、晋、唐、宋文章69篇，分“放胆文”和“小心文”两类细加点评，提出初学者当先写“放胆文”再写“小心文”的主张。

清李扶九选编的《古文笔法百篇》从用字、选句、修辞、布局、谋篇等方面将古文笔法归为20类，尽管分类不尽科学，但作为一本学习古文的入门书，还是提供了很多有用的文学鉴赏知识。如谈到“题字生情法”，它就列举柳宗元的《愚溪诗序》、苏轼的《喜雨亭记》、苏辙《黄州快哉亭记》，认为它们都是就题目中的“愚”“喜”“快”字，生发开去，以抒发情怀的，又如一字生骨法，列举刘禹锡《陋室铭》，苏轼的《超然台记》，是就陋室之“陋”，“超然台”之“超然”立下全篇之旨。《古文释义》（余诚编）中通过旁批、总评、音义、眉批、序解等方式来指导阅读和写作，很是细致。如王安石《读孟尝君传》，全文仅88字，但该书对它的分析评价，旁批有72字，总评82字，音义有153字，眉批170字，序解284字，加在一起，将近原文9倍，可见其到位。

这些诗话、词话和文话尽管还是以阅读大量诗文为目的，但在阅读过程中辅之以一些有用的知识，就文本作些分析，对于指导学生阅读，提高学生阅读水平，无论如何都是有重要作用的。诗话、词话和文话中的文学知识包括作家作品知识、典故知识等，但占据主导的是“感悟型”文学鉴赏知识，这对偏于文选教材中知识的过于短缺应该有个很好的弥补作用。

二、现代语文教材中的文学知识

在传统文学教学中，教材或偏于选文，或偏于文学知识，“文”与“知”基本上是分离的。但到了新式学堂兴办之时，“辞章”或“中国文学”一科，基本以读写各类各体文章为内容，所谓文学基础知识，一概融合在文学阅读中相机进行教授，“文”和“知”是结合一体的。这种情况没有延续多久，到民国之后，在中学里除了“讲读”以外，又设置了“文学源流”“中国文学史”这类语文的分支课程，“文”和“知”又相互分离了。这种分离的状况到“五四”以后，特别是1923年到1928年中学试行分科制和选修制时期达于极致。从1929年起，学制回改，“国文”科的教学内容相应地作了简化和归并，“文”和“知”从极端的分离又渐趋于混合。这一时期，除了有人专门编撰文学基础知识的讲义或教科书以外，更多的人采取合中有分、分中有合的方式，把有关的文学知识写成系列性短文，或穿插编排在课文单元的前后，或作为附录集中编排在每册课本之后，供教师相机行事，灵活使用。这种情况，大致延续到新中国建立前夕。“文”和“知”的这种分合聚散，交递更替，当然都不是毫无意义的循环和随心所欲的往复，它反映了人们对语文学科的教学内容在组合方式上、系列安排上的积极探索。

1932年神州国光社出版发行的《国文教科书》（孙俍工编）和1935年商务印书馆出版发行的《中国文学源流》（胡毓寰编）就是这方面探索的突出例子。

孙俍工的《国文教科书》初中六册、高中六册，共十二册，是根据当时教育部新订的课程标准编写的，在“文”和“知”关系处理上颇有特点：

其一、该教材在文体知识方面强调以“知”统“文”，非常重视文体知识的系统性，在每册书前有一个细化以至有些琐碎的文体内容分配表，以统合整套教材所有选文的教学。以初中为例：

表 4-1：孙俍工《初中国文教科书》（1932 年）文体内容分配表

（注：表中人物 A 属于人物外形描写，人物 B 属于人物内心描写；游记 A 属于语体文的，游记 B 属于文言文的；意象 A 属于抽象概念的说明，意象 B 属于原理的探讨，意象 C 属于作者思想经验的说明，意象 D 属于书、物内容鉴赏的说明；应用 A 属于书札，应用 B 属于公文程式及其他应用文体。）

年级	一		二		三	
学期 / 文体 / 单元	（一）	（二）	（一）	（二）	（一）	（二）
1	记事	叙事	说明	说明	议论	议论
2	风景	传记的	事端的 具体的	意象的 C	主张的	评论
3	天象 季节	小说的	意象的 A （抽象的）	意象的 D	攻击的	讽刺
4	人物 A	历史 逸事 漫谈	意象的 B	杂说	疏辩的	诗 （古代的）
5	人物 B	抒情的 想象的	诱导文	诗 A （抒情）	戏剧	词
6	社会 风俗	剧的	抒情小品	诗 B （叙事诗） （散文诗）	诗剧	经史
7	抒情的 想象的	议论的	小说 （自叙式）	小说 （他叙的）	应用 A	应用 B
8	议论的	游记 A				
9	日记 杂记	游记 B				

这个表详细列出了每个单元的文体特点，以便教学时有所依据。其中诗歌分出抒情诗和叙事诗，小说分出自叙和他叙两种，戏剧分出问题剧、诗剧等形式，对于散文有更细致的类型划分，以至于这种划分超越了一般人对于文体的基本经验，难以通过看文体名称而确知其所指。

其二、该教材在作家作品知识介绍方面强调“文”与“知”适度结合。虽不附注释，但在课文末尾以“附记”方式呈现作品出处及作家作品知识。如第五册第四单元，在田汉《午饭之前》一课后有“附记”如下：

（一）选自《咖啡店之一夜》（中华书局）

（二）作者其他著作与翻译：

1.《田汉戏剧集》（现代书局）

2.《沙乐美》（王尔德，中华书局）

3.《日本现代剧选》（中华书局）

4.《哈姆雷特》（莎士比亚，中华书局）

5.《罗密欧与朱丽叶》（莎士比亚，中华书局）

6.《寿檀棋儿之死》（现代书局）

7.《文学概论》（中华书局）

8.《文艺论集》（良友图书）

像这样详细罗列作家作品，意在引起读者课外阅读的兴趣，在此后的语文教材并不多见。

其三、该教材在写作教学方面强调“文”在“知”先，提供范文供学习者阅读与揣摩。如第五册第四、五两单元分别要求写独幕剧和多幕剧。为此，编者特意提供了一些具体的参考书目。如第四单元，要求写“一个工人之死”（独幕剧）或“逃婚”（多幕剧）列出的参考书目有：田汉的戏剧《咖啡店之夜》《独幕剧创作集》，熊佛西的戏剧《青春的悲哀》和欧阳予倩的戏剧《屏风后（一）》。

胡毓寰所编《中国文学源流》虽也强调“文”与“知”的结合，但它力图“整合”而非“统合”。编者在序言中称：

文学史与总集或专集，为专门研究文学者所读之书，而一般人似无读文学史之必要，总集或专集，数量太多，无选择之能力者不能读，文学选本虽较可读，惟读之无以知文学变迁之迹，兹书合文学史与文学选本兼而有之，略而不详，非专门文学家之所需要，而为一般人略知中国文学源流者所需要也。

“合文学史与文学选本兼而有之”，正是这本语文教材的显著特点。它于叙述中国文学源流之中，注重标示中国各种文学之优缺点，每论及某一时期某一文体之代表作品，辄举出具体实例来让人品赏，使人如入美术展览馆中，好与不好，看了就能有所领会，“初学阅此，可以同时得文学上两种常识”，编者的苦心孤诣，于此可见。

在1923年公布《新学制课程标准纲要》的高中部分时，胡适就有过这样的设想：对于“古文”的教材，要求“不分种类，但依时代的先后，选两三百篇文理通顺内容可取的文章。从《老子》《论语》《檀弓》《左传》，一直到姚鼐、曾国藩，每个时代文体上的重要变迁，都应该有代表”。①

① 见胡适．中学国文的讲授［J］．新青年8卷第1期，1920年9月

《中国文学源流》一书可以说一定程度上实现了胡适当年的设想。

然而，实际情况是，这份“苦心孤诣”并不完备。要想使学习者真正领略所选作品的优劣长短，没有文本鉴赏知识的支撑是不行的。“文”与“知”的所谓“整合”，最后的结果是“文”作了“知”的例证，“选文”成了文学史的一个例子，学习者真正获得的是文学史的知识，对于选文未必有感悟的可能。概览其目次或约略可知（见下表）：

表4-2：胡毓寰《中国文学源流》（1935年）目录

一文字之创始	十诗之极盛时代	十九白话之渐
二诗歌谣	十一古文	二十诗文之分派
三记事之发展	十二忠孝的色彩	二十一诗体举要
四论理文之渐兴	十三非攻的色彩	二十二文体举要
五字体之变迁	十四达观的色彩	二十三八股文
六辞赋	十五香奁的色彩	二十四古典之弊
七乐府及古诗	十六词	二十五新文与新诗
八骈骊文	十七小说之盛	
九近体诗	十八戏曲之兴	

《中国文学源流》整合“知”与“文”的并不成功，一方面提示了这种整合的艰难，另一方面也揭示当时偏重文学史知识教学的实际状况。

与上述这两套教材相比，夏丏尊、叶圣陶合编的《国文百八课》在“文”“知”结合方面的成绩更为显著。这套教材的内容安排，用书前面的编辑大意里的话说，就是“每课为一单元，有一定目标，内含文话、文选、文法或修辞、习问四项，各项打成一片”。其中文话是编排的纲领，文选配合文话，文法修辞又取材于文选，这样就不但让每一课成为一个单元，并且让全书成为一个有机整体。

“文话是全书的纲领，是全书成败所系”。① 何为“文话”？文话就是“以一般文章理法为题材”的知识短文。“一般文章”主要就是指记叙文、说明文、议论文和应用文。在这四册（从1935年至1938年先后印出四册，第五、六两册因抗日战争爆发，没能继续编印）里边全部72篇文话中，讲得最多的就是文体知识，见下表：

① 吕叔湘．国文百八课［A］．夏丏尊、叶绍钧．国文百八课（第一册）［C］．北京：人民教育出版社，1985：1

表 4-3：《国文百八课》知识短文总览

第一册	第二册	第三册	第四册
1 文章面面观	1 日记	1 记叙文与小说	1 知的文和情的文
2 文言体和语体（一）	2 游记	2 小说的真实性	2 学术文
3 文言体和语体（二）	3 随笔	3 韵文与散文	3 对话
4 作者意见的有无	4 直接经验和间接经验	4 诗的本质	4 戏剧
5 文章的分类	5 间接经验的证明	5 暗示	5 文章中的会话
6 应用文	6 第一人称的立脚点	6 报告书	6 抒情诗
7 书信的格式	7 第二人称的立脚点	7 说明书	7 叙事诗
8 书信和礼仪	8 第三人称的立脚点	8 说明和记述	8 律诗
9 书信和诸文体	9 叙述的场面	9 说明和叙述	9 仪式文（一）
10 记述和叙述	10 事物与心情	10 说明和议论	10 仪式文（二）
11 记述的顺序	11 情感的流露	11 说明的方法	11 宣言
12 叙述的顺序	12 抒情的方式	12 类型的事物	12 意的文
13 记叙的题材	13 情绪与情操	13 抽象的事理	13 议论文的主旨
14 材料的判别和取舍	14 记叙与描写	14 事物的异同	14 立论和驳论
15 叙述的快慢	15 印象	15 事物间的关系	15 议论文的变装
16 叙述的倒错	16 景物描写	16 事物的处理法	16 推理方式：演绎
17 过去的现代化	17 人物描写	17 语义的诠释	17 推理方式：归纳
18 观点的一致与移动	18 背景	18 独语式和问答式	18 推理方式：辩证

其中涉及文学知识的部分很少，而且所涉及的部分也基本上是诗歌、散文、小说、戏剧等的文体类型的文体知识，对于其构成要素或结构特点并未展开。由此可见，它总体上是按照记叙文、说明文、议论文、应用文和少量的文学作品来讲解文体知识，并配以相应的选文来“例说”知识，最终的目的是让学生运用这些知识练习“文章体制、文句格式、写作技术”等。《国文百八课》的出现，在语文教材史上具有里程碑式意义，它奠定了以文体知识为基础，以选文为范例，读写结合，以写为主的现代语文读写教材的编写模式，体现了现代语文教材科学化和现代语文知识科学化的追求。

总之，现代语文教材在寻求“文”与“知”结合的过程中确立了以文体知识为主干的文学知识。在一些独立开设的课程中，这种文体知识有历史脉络可循，因而又表现为一种文学史的知识。

三、当代语文教材中的文学知识

建国初期的中学语文教材有三种：1949 年的国文课本，1951 年的语文课本和1953年的语文课本。其中1949年的国文课本是根据陕甘宁边区的《中等国文》应急修订出来的。1951年的语文课本，由中央人民政府出版总署编审局编辑，人民教育出版社出版，初高中各一套；1953年，人教社对原来初高中语文课本进行抽换、改编，出版了修订本，从此，这两套课本作为全国通用教材，一直到汉语、文学分科教材全面推行以后才逐步停止使用。

由于时间仓促，在巩固革命政权的特定历史时期又很难避免要特别强调政治因素，因此，在这套教材中尽管编入了一些小说、诗歌等文学篇目，但也只是作为思想政治教育的基本内容，并无多少独立的审美价值。编排上，这套教材主要由选文及文后提示或练习两部分构成，没有编入系统的语文知识，除了一篇篇选文提供一定的“文学知识”外，并无独立编排的文学知识。但这种状况不久就发生了变化。1951年开始酝酿，1956年秋季全面实施的汉语、文学分科实验，由于文学被当做一门课程独立开设，文学知识教学也就被摆到一个空前重要的地位。

汉语、文学分科时期的文学课程的教学内容，包括文学作品以及结合文学作品讲授的文学理论常识和文学史常识。因为“文学理论常识是研究文学的创作方法、风格、体裁等的科学，文学史是研究文学发展规律的科学”，因此，讲授这两种知识，“可以帮助学生深入地领会文学作品的思想内容和艺术形式”。①

对要讲授的文学理论常识而言，《初级中学文学教学大纲》规定了下述八大内容：

（一）文学是通过形象认识现实的手段，是斗争的武器；

（二）文学作品的主题和思想，主人公，叙述、描写和对话，结构；

（三）文学作品的体裁——寓言、童话、诗歌、小说、戏剧、散文（传记、随笔、杂文、报告、游记、书信、富有文学风趣的论文）等；

（四）文学作品的语言；

（五）评价文学作品的标准；

（六）我国民间口头文学和它在文学发展史上的作用；

（七）我国古典文学的人民性和艺术价值；

（八）我国现代文学在人民革命和社会主义建设里的巨大作用。

这些文学理论常识在教材中主要通过两条途径得以呈现：一是独立的文学常识课文形式；二是结合某一篇课文的练习之中。初中六册课文共编入“文学常识”二十课，见下表：

---

① 课程教材研究所.20世纪中国中小学课程标准·教学大纲汇编（语文卷）[S].北京：人民教育出版社，2001：335

表 4-4：汉语、文学分科时期《文学课本》中的文学常识课文分布情况

第一册	第二册	第三册	第四册	第五册	第六册
1 民歌和民间故事 2 寓言 3 叙述与描写 4 对话 5 文学作品是怎样写人的	1 民间口头文学 2 童话 3 人物 4 作品的思想内容 5 怎样看作品的好坏	1 文学作品结构分析 2 文学的语言	1 我国的古典文学 2 我国的现代文学	1 诗歌的一般特点 2 散文的一般特点 3 小说的一般特点 4 戏剧的一般特点	1 从文学获得的知识 2 从文学受到的陶冶

至于结合哪些课文练习之中，这些课文要讲哪些重点文学理论知识，大纲中也有明文的规定。以诗歌为例，结合《民歌四首》讲比喻、夸张和押韵；结合《天上的街市》讲“诗的节拍”；结合《诗经三篇》讲“句式重复的民歌特点”。

关于文学史知识，初中阶段不要求系统学习，只是结合作品讲授一些文学史常识。其呈现方式主要也是两种方式：一是独立的“作家传记”课文，初中第三、四两册课本中共编入介绍作家的课文有四篇，分别介绍了杜甫、鲁迅、屈原和瞿秋白。二是结合课文教学予以介绍。

高中文学课的课程内容有中国文学作品和结合作品讲授的系统的中国文学史常识；有外国文学作品；有文学理论常识。

按教学大纲规定，教材中文学作品的编排要充分显示文学史的脉络，第一册是秦代以前的文学和两汉魏晋南北朝文学；第二册是唐代和宋代的文学；第三册是元代到“五四”的文学；第四册是“五四”以来的文学。本来第五六两册编排外国文学，第五册为批判现实主义文学，第六册为以苏联为主的社会主义现实主义文学，后因分科失败，这两册未及编出。

按历史时期来编排课文只是帮助学生确立文学史的“意识”，要真正让学生了解文学史，还得提供相应的“知识”。在教材中，文学史知识的呈现有两条线：一条是“渗透型”，渗透在按文学史系统编排的系列专题中；一条是“明示型”，以“文学史概述”的方式把某一时期的文学状况分析清楚，而且这两条线常常是结合一起来操作的。“专题”教学主要是分析列入其中的文学作品，其次是结合文学作品讲授文学史基本知识（评述作家的生活和创作，论述这一作品在文学史上的地位）；“文学史概述”则是系统地讲述这一时代文学发展的概况，把“专题”所讲的文学史知识系统化，并扩大和加深这些知识。如第一册“秦代以前的文学”部分，有“诗经”“战国策”等六个专题，还有列在这些专题之后一篇完整的“秦代以前的文

学”的概述。

与初中相比，高中文学理论常识的教学要求有了很大的提高，不仅要选读经典性的文学论文，如毛泽东同志的《在延安文艺座谈会上的讲话》、列宁的《论党的组织和党的文学》等，还要结合各专题里的课文学习下面八大内容：

（一）文学的起源，民间口头创作同文学的关系；

（二）形象和典型的概念；

（三）文学中的人民性、阶级性、党性；

（四）各种体裁的艺术特点；

（五）文学语言的概念；

（六）批判的现实主义和社会主义现实主义的概念；

（七）评价古典文学作品的历史主义原则；

（八）我国文学的独特性和创造性。

按大纲的规定，这些文学理论知识在高中教材中的呈现方式也有独立课文和结合课文讲授这两种呈现方式，但从已经出版的前四册来看，上述这些文学理论知识未有任何体现，文学史常识成为其最主要的教学内容。

孤立起来看，初高中两套文学教材中的文学知识分量偏大。其中，文学理论知识占有很大的比重，涉及面很广，既有文学本质，文学起源，人民性、阶级性和党性这样的基本问题，也有关于文学的一些基本要素（如主题、典型、形象）、文体的一般知识（如诗歌、小说、戏剧、散文）、文学的形态类型（批判现实主义和社会主义现实主义）等，初高中十六类知识统合一起，足可以构成一本系统的文学理论教程。而高中所列的文学史知识，也足可以构成一本简明的中国文学通史（含古代、近现代和当代）。这也难怪后来有人提出诸如“要求偏高，脱离中学实际”,① “把文学课程过于视为一种知识，而忽略了它同时也是一种经验和活动”② 的种种批评。

但还原当时的历史语境，教材的编者之所以这样做是有一定道理的。当时的教育专家认识到：“文学教材并不等于文章选读，它应结合作品系统地安排哲学文学方面和语言方面的知识。这样才能使学生掌握独立思考、独立分析和独立阅读的方法，才能培养学生的思维、想象和表达的能力。”③ 基于这种认识，教材的编者在芜杂的文学系统中廓清了迷惑，落实了知识点，在编排体系的科学性方面作出了有益的探索。体现在知识类型上，文学作品提供了对文学本质、文学史、文体、文学基本要素的种种感性认识，

① 李杏保、顾黄初．中国现代语文教育史［M］．成都：四川教育出版社，2000：288

② 叶苍岑．论语文教学改革问题［M］．北京：北京大众出版社，1955：34

③ 方雨人、王家第．中学文学和汉语教学［M］．上海：新知识出版社，1957：4

文学理论的课文则提供了对它们的种种理性认识；体现在教材结构上：初高中各自形成一个系统，在系统内每学年的教材又采用圆周循环的排列方式，组成两个圆周。这样，一方面可以使每个学期里所读到的都不至于是同一时代、同一内容和形式的作品，避免了教学内容的单调呆板；另一方面又可以使学生对所接触到的问题因多次接触而加深理解，所学到的知识也因反复学习而更为巩固。这样安排一方面符合中学生由浅入深，由感性到理性的认识特征，另一方面符合中学生认识事物螺旋反复的特征，对于帮助学生形成文学图式是有效的。欧阳代娜曾对此作出评价说：1956 年的文学教材体现了“重在整体把握”我国母语教学传统经验的精华，非常符合当代“整体大于部分之和”的系统论核心理论。①

之所以把文学理论知识和文学史知识，尤其是文学理论知识，置于如此重要的地位，除了上文分析到的编者对教材系统性考量外，更直接的影响来自当时“学习苏联教育经验”的热潮。自清末到民国，文学理论在大学中文系课程表中若隐若现，并不受重视。但从上世纪 50 年代开始，这种情形突然有了改观，且获得了前所未有的显赫地位。原因就是毕达可夫、柯尔尊等人从苏联带来了完整的文艺学体系和教材，并为新中国培养了第一批从事文艺学教育和研究的专门人才，甚至沿用至今的“文艺学”这一学科称谓都是当时从苏联引进的。“在相当长的一段时期，由于贯彻国家文艺政策的需要，文艺学被认为是指导各类文学研究的最重要的学科。”② 正因为文艺学这种“显学”的地位，恰为这次分科实验文学理论知识大举进入中学文学课程创造了条件。

汉语、文学分科实验仅仅持续了三个学期，到 1957 年 9 月，按照中央领导人的指示，《文学》教材作了大幅度修改，砍去了许多文学作品，改选了一些政治论文、社论和应用文。到 1958 年将汉语、文学重新合并为语文，分科教学实验告终，《文学》教材被停用、废弃，从此中学文学教育丧失了它原有的地位，沉寂了下来。这一沉寂就是三十余年。

直到 1982 年，人教社出版的《阅读》《写作》分编教材在前言中，才开始重提文学教育的任务。1984 年开始编写，1985 年投入使用的人教版高中《文学读本》的说明中也指出：“指导学生认真精读一部分典范的文学作品，并结合各种练习，教会学生文学鉴赏的基本知识和基本方法，初步培养他们文学鉴赏的兴趣和能力，进一步提高理解和运用语言的能力。”此后，人们对文学教育有了一定程度的重视。

---

① 转引自郑国民等．当代语文教育论争［M］．广州：广东教育出版社，2006：132

② 孟登迎．中国文学教育制度的现代转变及其难题［J］．中国青年政治学院学报，2005（3）：102-107

“文学鉴赏”具体化在教材中，显示了不同的思路、风格，体现了不同的创造性。在1987年版基础上修订而成，并一直沿用十多年，直到2001年语文新课改才被替换掉的全日制高中课本《语文》在各套教材中具有较高的代表性，对中学语文教学产生较大影响。这套教材在三个年级六册书中共安排了37个单元，其中10个文学作品单元，占单元总数的27%左右。这10个单元分别为散文单元2、诗歌单元3、小说单元4和戏剧单元1。与汉语、文学分科时期文学知识大举进入教材相比，这一时期的文学知识高度萎缩，就这套教材而言，其文学知识主要局限于上述四种文体的文体知识方面，看下表：

表4-5：全日制高中课本《语文》（1987-2000年）文学文体知识分布情况

单元名	散文		诗歌			小说				戏剧
册数	一	二	四	五	六	三	三	四	五	四
单元教学要求	散文的景与情	散文的形与神	现代诗歌鉴赏	古代诗歌的优秀传统	古代诗歌的鉴赏	小说的人物形象、环境	小说的情节和主题	中国古代小说的特点	小说的鉴赏	戏剧冲突和戏剧语言

10个文学作品单元共提供了10篇文体知识的短文，高中三年下来就学这么一点文学知识，很难想象学生能对文学产生基本的认同，更何况这些知识还存在“用术语、讲概念、讲理论多，联系学生的实际问题、指导实际不足”① 的弊端，难以帮助学生形成应有的“文学图式”。有学者这样批评：“在中小学语文教学中，小说，除了被拧干了的‘人物、情节、环境’这三个概念，事实上没有多少知识可教了；诗歌在感知、背诵之外，只有体裁（如绝句四句、律诗八句、几种词牌名称）、押韵等屈指可数而且极为表面的知识；散文，也只有‘形散而神不散’‘借景抒情’‘托物言志’‘情景交融’等似知识又似套话的几句话，以不变应万变；戏剧，除了‘开端、发展、高潮、结局’的套路简介，再不见有像模像样的知识。从小学到初中，到高中，我们的语文教学就在这么几小点的知识里来回倒腾。”②从实际来看，这个评价基本能反映这套教材所具有的文学知识的基本状况。

回顾我国语文教材中文学知识形态变化的几千年历史轨迹，大致可以看到这样几个特点：

① 潘仲铭．对语文课程改革的思考［A］．江明．语文教材的建设与思考——首届全国义务教育初中语文教材建设理论研讨会论文集［C］．北京：语文出版社，1998：6-13

② 倪文锦、欧阳汝颖主编．语文教育展望［M］．上海：华东师范大学出版社，2002：99

（一）从知识量上来说，传统语文教材文学知识量偏小，现代语文教材量逐渐加大，当代语文教材前期量更大，但新时期则强调“必要的”“一点”文学知识，对“量”的追求转向对“质”的探讨。

（二）从知识类型上说，传统语文教材偏重文体知识和“感悟型”文学鉴赏知识；现代语文教材偏重文体知识和文学史知识；当代语文教材前期偏重文学理论知识和文学史知识，新时期偏重“分析型”文学鉴赏知识。

（三）从知识在教材中地位来说，传统语文教材以“选文”教学为中心，对文学知识教学并不重视，强调“涵泳”“体悟”和反复诵读；现代语文教材越来越重视知识的引领作用，逐渐占据主导地位；当代语文教材这种知识中心化趋势愈益明显，所谓教材体系基本就是一个知识的体系，近年来这种“知识中心化”现象受到质疑，但未能根本改变其基本格局。

（四）从知识的自觉程度来说，传统语文教材处于蒙昧状态，偏重对文本自我感悟，文学知识可有可无；现代教材自觉追求知识，强调知识引领，文本例证；当代语文教材前期更加重视文学知识教学，强调知识的系统性，强调文学分析教学，后期对知识保持应有的警醒，强调知识对促进文本鉴赏，形成文学鉴赏能力方面的作用。

第二节　语文教材中呈现的文学知识

一、文学知识的基本分类框架

要研究语文教材中文学知识问题，必先考虑文学知识的层次。而文学知识的层次首先表现在“学术文学知识”和“学校文学知识”这一对基本概念的区别上。阿普尔曾提出“学校知识”的概念（阿普尔提出：学校所处置的信息、知识仅限于社会文化与信息的极少部分，这种在学校里所接受的信息知识谓之“学校知识”①），我国学者曾作出“学术学科”和“学校学科”的区分②，这些研究为我们辨析“学术文学知识”与“学校文学知识”提供了基本的理论前提。

（一）学术文学知识

1. 何谓学术文学知识？

“学术文学知识”建立在“学术学科”概念基础上。何谓学术学科？就是“人类知识体系中的门类，亦即专门化、系统化的知识”。文学就是这样一门学术学科。何谓“学术文学知识”？就是文学学科专门化、系统化的知识。它与人类文学活动、文学学习相关。

随着人类对世界和自身认识的拓展和深化，知识不仅量增加，结构也发生变化，有的就开始分门别类，当一定类别的知识达到足够的数量和确定性，并形成一种相对严密的逻辑结构亦即系统化时，就发展成为一门学科。

现代意义上的学科分化是随着社会分工日渐细致而逐渐深化的，这一过程最早出现在近代的西方。据著名历史学家华勒斯坦等人的研究，当前

① 转引自钟启泉．学校知识和课程标准［J］．教育研究，2000（11）：50-54 转 68

② 陶本一主编．学科教育学［M］．北京：人民教育出版社，2002：3-4

在社会科学领域占主导地位的现代学科体系（如历史、政治、经济、社会、人类学等互相分割的学科），实际上起始于19世纪。若再做进一步考察，会发现社会科学的这种分类实际起因于17、18世纪的自然科学分化：18世纪末自然哲学断裂为各门独立的自然科学；而社会科学稍后又从道德哲学中分裂出来。正是从这个时候起，现代意义上的诸种学科才正式诞生。人们把那些排斥于自然科学和社会科学之外的学科，为方便起见称为“人文学科”（如哲学、文学等）。现代哲学在科学形成之时就被清除了出来，其他现代人文学科则首先以古典文学的形式出现，其后衍生出历史、现代语言甚至艺术①。另外，根据美国新历史主义文学批评学派创始人斯蒂芬·格林布拉特的研究，在纯文学概念（与想象性写作相关并具有审美意义）出现以前，即文学作为相对独立的现代学科之前，“文学”概念更多意味着对识文断字者与文盲进行区分，这种区分甚至可以赋予前者以背诵圣诗而免于世俗法庭裁决的特权。这说明纯文学概念的出现与文学的世俗化进程密切相关，而这种世俗化进程与科学主义泛滥和现代学科体制的日益细化是同步的。

2. 学术文学知识体系

作为学科范畴，文学学科在科学主义大行其道的当代，出现不断分化的局面。韦勒克曾在其名著《文学理论》中对文学研究的某些分支加以区别：“首先，在两种文学观点之间存在着区别：一种观点将文学视为一种共时序列；另一种观点将文学主要视为一系列按编年顺序排列的作品，并将其视为历史进程的不可或缺的组成部分。其次，在文学原理和文学标准的研究与具体的文学作品的研究之间，也存在着进一步的区别，不论我们对这些作品的研究是孤立的，还是按编年顺序进行的。②”这样，文学学科就分化成三个相互区别但又有一定联系的三个领域：文学理论、文学史和文学批评。“文学理论”是对文学原理、文学范畴、文学标准的研究；而对具体的文学作品的研究，则要么是“文学批评”（主要是静态的探讨），要么是“文学史”。文学理论常常从美学、认识论、社会学、心理学等各种角度研究文学的内在构成和外在关系的基本规律，是文学学科中较为理论化的层面；文学史研究以往文学的发生、发展的历史及其自身继承、革新的内在关系；文学批评则对文学作品、文学创作和接受以及文学活动中各种现象和问题进行历史的和美学的评判，它与文学现状更紧密些。它们之间紧密联系、互相包容，组成一个有机整体。“很难想象没有文学批评和文学史怎能有文学理论；没有文学理论和文学史又怎能有文学批评；而没有文学

---

① 沙姆韦．梅瑟-达维多．学科规训制度导论［A］．学科·知识·权力［C］．北京：三联书店，1999：16

② 韦勒克、沃伦著，刘象愚等译．文学理论［M］．北京：三联书店，1984：32

理论和文学批评又怎能有文学史”①。文学理论从文学史和文学批评中吸收养分以促使自己的理论体系形成，为文学史和文学批评提供一定的理论观点、方法、准则和范畴；文学批评不但接受文学理论的指导，而且对文学史规律的认识作为自己的根基。文学史家若没有过硬的文学理论观点，就无法恰当地评判文学作品，也不可能进行科学的文学史研究。

由这三个领域出发，形成了文学理论（狭义的文艺学）、文学批评学和文学史学三门相互关联的学科。每一门学科作进一步分化，就形成一个更为细密而庞大的学术文学知识体系。

根据文学活动理论，文学活动可以理解为两个过程：文学创作-文学作品-文学接受，文学生产-作品价值-文学消费，并形成以下七种不同的研究形态：文学哲学、文学社会学、文学心理学、文学符号学、文学价值学、文学信息学和文学文化学②。（如下图所示）

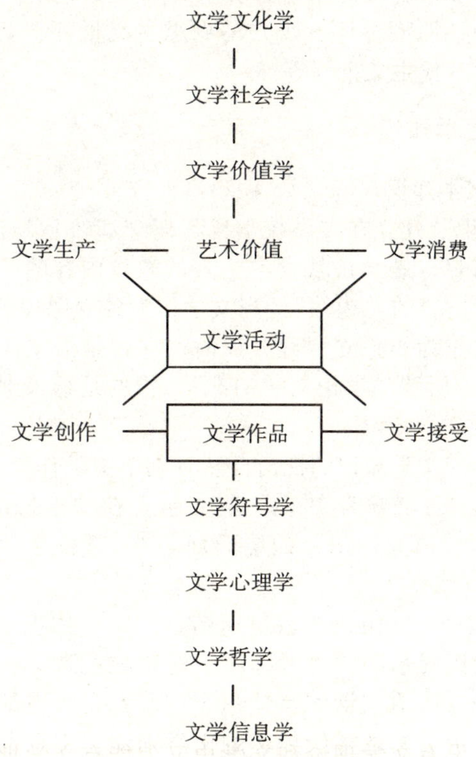

图4-1：文学理论知识体系架构

---

① 韦勒克著，丁泓、余徵译．批评的诸种概念［M］．成都：四川文艺出版社，1988：8-28

② 童庆炳主编．文学理论教程（修订二版）［M］．北京：高等教育出版社，2005：3

这样，文学理论就形成了包含这七种形态，同时也是七门学科的一个知识体系。

文学史学在不同分类之下，有不同的形态。按时间分有古代文学史、近代文学史、现代文学史和当代文学史；从中外来分可以分为中国文学史和外国文学史，外国文学史还可以分为东方文学史和西方文学史等；从文体来分，还可分诗歌史、散文史、小说史、戏剧史；从专题来分，还可分先秦文学史、中古文学史、唐代文学史、宋代文学史、清代文学史等，还可以是以上几种类型的交叉，如中国诗史，英国戏剧史等。

同样，文学批评学也有着纷繁的头绪。从大类上说，文学批评学分化为马克思主义文学批评、中国古代文学批评、西方古典文学批评和西方现代文学批评。单以西方现代文学批评而言，它的分支就多达十几种，如语言学和文体批评、形式主义批评、现象学批评、接受美学和读者反应批评、精神分析批评、神话原型批评、西方马克思主义批评、女性主义批评、新历史主义批评、后现代主义批评等等。①

（二）学校文学知识

1. 何谓学校文学知识？

“学校文学知识”建立在“学校学科”概念基础上。学校学科，也称学校教育中的教学科目，是学校教育中主要的教育内容的门类。每一个门类构成一个大的教育内容的“模块”。当文学作为独立课程开设时，它就是一门学校学科；当它作为非独立课程开设时，它就是语文这一学科之下的一个“模块”。因此，所谓“学校文学知识”，指的是纳入到语文科（或文学科）课程与教学的文学知识。

以语文科来看待文学知识的视角自然有别于文学作为独立课程的视角，对前者而言，显然“学校文学知识”应当包含在“学校语文知识”之内。借用王荣生对“学校语文知识”的层面划分②，学校文学知识应当包括三种成分：

（1）在教材层面上，由语文教材所传达的文学知识，主要侧重在语文教材编制者在“阅读提示”“思考练习”等部位所选择、所生产的文学知识。由于长期以来我国语文课程具体形态的研制是个空缺，教材往往就代表了课程，因此，由语文教材所传达的文学知识，实际也构成了文学课程内容。它们与语文教学大纲、课程标准应该是一致的，但也很可能相歧、

---

① 王先霈、王又平主编．文学批评术语词典［Z］．上海：上海文艺出版社，1999

② 王荣生．语文科课程论基础［M］．上海：上海教育出版社，2005：192

相异甚至相悖。本章所讨论的文学知识，指的就是这一层面。

（2）在教师层面上，由语文教师通过课堂教学或课外文学活动向学生传授的文学知识。这些知识具有个体性，属于个人知识。它们与教学大纲或课程标准应该相符，并与语文教材相一致，但也很可能相歧、相异甚至相悖。

（3）在学生层面上，由学生通过课堂学习所接受的文学知识。这些知识与学生校内外各种影响所感受的、学生在文学阅读活动中自发地生产的文学知识有密切的关系，为了研究的便利，可以划出具体的边界，特指学生在具体的文学阅读或写作的某一方面某一环节所拥有的文学个人知识。

2. 学校文学知识分类框架

文学知识广泛而复杂，但语文科文学课程的框架下应该教哪些文学知识呢？我国语文教育界的基本认识是："文学方面的知识，除了在文体知识中涉及的各种文学体裁知识外，还包括中外古今一些重要作家及其代表作品的知识，和文学鉴赏方面的知识"，"在中学阶段，一般不要求系统地讲授中外文学史知识""一般不普遍提倡文学创作"①。概括起来，就是：文体知识+重要的作家作品知识+文学鉴赏知识。对此，也有其他不尽相同的认识。有学者认为"必要"而"有效"的文学知识的大体范围应该是②：首先，"应该让学生对文学和文学鉴赏的基本性质有个正确认识"；其次，"为了提高学生对特定文体的鉴赏水平，教授一定的文体知识无疑也是有益的和必要的"；此外，"有必要给学生传授一定的关于文学表达和文学修辞的知识"；此外，"一个程度适中、容量适中的阅读书目也是必不可少的"。归纳一下就是："基本"文学理论知识和文学鉴赏知识+"必要"的文体知识+"一定"的文学表达知识和文学修辞知识+"适中"的文学阅读书目。把"适中"的文学阅读书目作为语文教材"必要"而"有效"的文学知识看起来似乎不太好理解，其实是为学生课外阅读提供方便。面对古今中外浩如烟海的文学作品，"该读什么、怎么读，文学教育应该有所指点，以便学生按图索骥"。比较起来，这里多了文学理论知识、文学表达知识和文学修辞知识，还有一个文学阅读书目，少了作家作品知识。之所以造成这种认识上的差异，很大程度上是我们究竟把哪些文学知识纳入到语文科文学课程与教学中来缺乏学理的根据。

香港地区文学课程对学生要求掌握的文学基础知识有明确规定③：

---

① 顾黄初、顾振彪．语文课程与语文教材［M］．北京：社会科学文献出版社，2001：83-84

② 王尚文．走进语文教学之门［M］．上海：上海教育出版社，2007：323-328

③ 课程发展议会与香港考试及评核局联合编订．中国文学课程及评估指引（中四至中六）［S］．香港：香港特别行政区政府教育统筹局，2007：65

1. 认识各种文类的起源、流变及作品的题材；
2. 认识各种文类的基本特征及主要表现手法；
3. 认识代表作家作品的风格特色及主要影响；
4. 认识文学评论及文学创作的常用术语。

所谓各种文类，按其所提到的“范围”，阅读方面，包括诗、词、曲、赋、文、小说、戏剧；写作方面，包括诗歌、散文、小说、戏剧等不同文类的作品。

上述四方面内容用我们通行的术语来表述，大体指：文学史知识；文体知识；作家作品知识；文学批评和文学写作知识。

国外语文课程教材，尽管具体的文学知识千差万别，面目各异，但其基本的分类框架是相同的，韩雪屏曾作过一个比较集中的概括（见表4-6）：

表4-6：十一国语文教材中的文学知识

内容 国别	文学原理	文学创作	文学读解
英国	文学与社会、历史和文化的关系；英国文学传统；文学评论术语表；文本之间的关系；对文学作品的不同见解等	文学作品体裁；纪实性与虚构性文学作品；叙事结构，人物特征；抒情性文学作品的意境；学生的想象性与创造性作文等	1914年前后的文学作品；引述性阅读、分析、评论和批判性阅读，创造性阅读；文本之间的比较性阅读；参照和比较性阅读；个性化的反应等
美国	文学是语言艺术的核心，文学语言的形象性，气氛和基调，文学的主题等	小说的要素和结构，诗歌的要素和结构，神话与故事，书简的美学功能与论述作用，诗歌构思中继承与发展的关系等	理解文学表现的人类生活与经验，分析和批判文学作品，朗读和表演文学作品等
法国	文学的历史视角和文化空间；文学史的重大事件和主要思潮；文学特有的认知世界的方式；文本间性，文学与哲学的关系等	叙述的基本概念，文学体裁及其演变的历史，文本的产出是一个特定的过程；文本的产出与特色；作品与创作的关系，纪实与虚构的关系等	11-20世纪文学，分析作品必需的术语；构建文本意义，文学批评术语和步骤，分析性阅读和粗略阅读，改写、续写、扩写等

内容 国别	文学原理	文学创作	文学读解
德国	重要作家和作品；文学作品的基本要素；叙事文学和抒情文学作品；文学语言的特点，文学体裁等	文学创作的时代、历史和文化背景；文学创作的基本术语；叙述人称和角度，对话和独白，语言和图像等	分析和阐释，比较和评论，创造性阅读方法，改变叙述角度，改写、续写，以行为和创作为主导的学习文学的方法
俄罗斯	文学是语言的艺术；文学的独特性和丰富性；文学种类和题材的演变历史；俄罗斯和世界文学思潮等	文学情节的概念，主人公概念，文学种类和体裁；文学创作的流派等	文学作品的分析、比较和评价；使用文学理论和文学批评文献，探究历史题材的文学作品等
芬兰	文学是一种社会力量；从古典到现代的文学；文学——永恒的话题；芬兰的文学是什么样的	纯文学的类型；口耳相传的民间文学；散文诗、剧本，诗歌的灵感，散文——文学的珍珠；散文是怎样写成的；丰富多彩的戏剧等	作品和读者的背景；读者重塑作品意义；诗歌赏析的台阶；各层次的小说赏析等
西班牙 阿根廷 墨西哥	文学与社会的对应关系；文学流派；文学批评；作者、作品和读者；文学作品自成体系；文学语言等	文学的虚构特征；创作背景与接受背景；散文的定义、历史渊源和现状，散文的主题、结构和风格；纪实性报告文学的特征和操作程序；西班牙诗歌格律及诗节；文学再创作能力等	作品与读者的关系；从创作角度研究文学文本；文本整体结构分析法，作者生平分析法等
日本	文学反映人类社会与自然；文学的变迁和流派等	优秀文学作品中的人物、情景、心情的表达方法等	理解文学作品所反映的人类生存方式、社会和自然现象
韩国	文学的本质：特点、功能、分歧和价值；文学文化的特点；韩国文学的特征与流变；世界文学的面貌与流变；文学的临近的领域；对文学的态度，对文学价值的认识等	文学的创作原理：通过内容、形式和表现的紧密关系才有文学作品；作品的主题是由主体、结构、脉络的相互作用而构成的；由于作者、文化背景等不同，文学有多种多样的美的表现；文学作品的多样性及其原因等	文学的吸收：从认识、美学、伦理方面理解和感受文学；批判性和有创意地理解和重组文学作品；把作品的价值和自己的生活联系起来，使文学活动的结果内在化，使自己的生活具体化等

从这个表中我们看到，这十一国语文教材中文学知识大致可以分为三个部分：文学原理、文学创作和文学读解。其中的文学创作包含了文体知识。

（三）小结

我们上面提到两类文学知识，其中学术文学知识可以看做是广义的文学知识，它与文学活动、文学学习相关，其主体是文学的事实、概念、原理、技能、策略和态度。其中纳入语文课程与教学的，沿用阿普尔的说法，成为学校文学知识或者“狭义文学知识”。现在语文教育界通常所说的“文学知识”，即所谓文学常识，则是特定具体形态文学课程中被特指的文学知识，三者之间的关系如图：

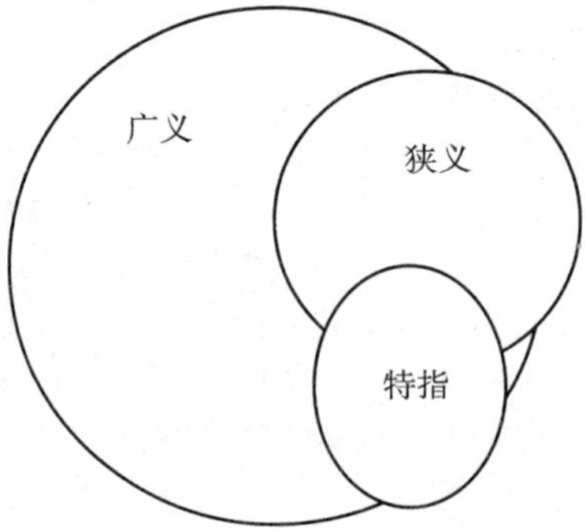

图 4-2：广义、狭义、特指的文学知识

二、文学知识类型的新探索

上述分类框架，更多是着眼于文学知识的来源探讨。最近几年，随着语文知识问题重新进入人们的研究视野，人们的探讨突破了过去单一的知识类型认识，获得了一个更为广阔的知识视野，开始更多关注语文知识的功能类型，探索不同的语文知识所具有的不同作用。这对于文学知识类型的认识提供了一个新的视角。

（一）陈述性文学知识、程序性文学知识、策略性文学知识

这是着眼于心理操作上的一种知识分类。根据心理操作上的不同，信息加工心理学家把知识分为两大类：陈述性知识和程序性知识。认知心理学家进一步把程序性知识分为两个亚类：一类可以相对自动化的程序性知

识，一类受意识控制的程序性知识，即认知策略。

陈述性知识是关于事物“是什么”的知识，它是人们对事物的状态、内容、性质等的反映。例如，关于什么是诗歌的知识，关于什么是象征的知识，关于什么是意识流的知识等。陈述性知识对文学教学的意义是有限的。第一，它是把事物当做客观对象来认识，而文学并不是一个纯粹的客观事物；第二，文学教学的目标是培养学生的审美能力，这种能力主要是一种实践能力，“做事”的能力，不是一种“认知”的能力。文学教学的目标不是认识文学，而是体验，不是培养“谈论文学”的人，而是“体验文学”的人。陈述性文学知识告诉学生“诗歌”是什么，但掌握了“诗歌是什么”这一知识并不能直接转化为读诗或写诗这一实践能力，掌握了“象征”的知识并不一定就会运用“象征”；同样，知道了什么是“意识流”并不意味着能运用“意识流”来分析现代小说。

程序性知识是关于“做什么”“怎么做”的知识，它是人们关于活动的过程和步骤的认识。例如，我们怎么来读或写一首诗，我们运用象征的时候要注意什么要领，我们怎么来分析意识流小说。这些知识，就是程序性知识。程序性知识对文学教学的意义是巨大的，它直接作用于文学教学目标的实现。但是，目前这种类型的文学知识在我国语文教材中是最缺乏的，甚至几乎没有。

策略性知识是关于如何学习、如何感知、如何记忆、如何思维的知识；是调节自己的注意、记忆、思维的能力的知识；是关于认识知识的知识，即元认知知识。策略性知识隶属于程序性知识。让学生“学会学习、学会创造”的核心就是策略性知识。策略性知识是如何运用陈述性知识和程序性知识的技能，是控制自己的学习与认知过程的知识。人们把策略性知识单独提出来作为知识形式的一种，有助于进一步认识智力的本质，有助于引导学生如何学会学习。策略性知识包括三个方面，一是关于认知层面的策略性知识，即如何学习知识的知识，二是关于技艺层面的策略性知识，即如何掌控技术的技术，三是关于心理层面的策略性知识，即如何调控心理的心理。策略性的特点是“反思性”和“元认知”。对策略性知识的掌握，其标志是：明确认识自己面临的学习任务；知道自己目前学习所达到的程度；能调用恰当的学习方法；对自己的学习过程能进行监控、反省和调节。

在中学语文教材中，当然不是绝对不需要一点陈述性知识，但可以肯定地说，不应该以陈述性知识为主体。过去，我们理解的文学知识就是陈述性知识，除陈述性知识之外我们不知道还有什么其他知识，所以要么从文学课程的实践性目标出发，彻底否定陈述性文学知识的教学，要么从学校教育和文学课程内容的特点出发，将陈述性文学知识教学提到一个不恰当的位置。实际上，一方面，否定陈述性文学知识的主体地位，并不否定文学知识的重要性，另一方面，我们所需要的文学知识，也主要不是陈述性文学知识。程序性文学知识应该成为文学知识教学的主体。而策略性文学知识，则是文学知识教学的最高境界，一方面需要，另一方面，也只在较高学习层次和学习境界才需要。策略性文学知识教学的时机和场合是决定策略性知识教学能否实现其目标的关键。

李海林在论及这三者关系时有一段非常精彩的话①：

从它们之间的关系来看，陈述性知识在学生的“前面”，程序性知识在学生的“外面”，策略性文学知识在学生的“后面”。摆在“前面”的东西最容易看见，但可能并不是最重要的；处在“外面”的东西很难轻易进入人们的视野，但可能是起关键作用的；而在“后面”的东西，在最深刻的意义上发挥着不可替代的作用，但也不是在任何时候都必须把它摆上“台面”。

（二）现象文学知识、概念文学知识、原理文学知识

这是着眼于知识体系的一种知识分类。加涅认为，知识体系的结构像一个“金字塔”，塔底就是由这些大量的事实、现象构成，中层则是由对这些事实、现象的解释和定义构成，而最上层，则是根据那些“解释”确定的一些“行事规则”。根据加涅关于知识体系的理论，可以把文学知识分为“现象文学知识”“概念文学知识”和“原理文学知识”。

在文学教学中，所谓“现象知识”就是指诸种文学体裁的特点，诸种文学思潮的内涵，诸多文学作品的背景、内容、特色、风格等。文学课是以“现象知识”为教学内容主体的课程，我们在文学课中学这么多文学作品，目的就在掌握“文学现象知识”。

所谓概念知识就是对“现象知识”加以解说和命题的知识，它一般用概念来表达。如苏教版高中语文教材（必修二）用概念的方式提供了不少关于叙述学的一些知识②：

叙述学中，一般把“谁说故事”“站在什么立足点上说故事”称为叙述角度。叙述角度可分为“全知视角”和“有限视角”两种。

“全知视角”，就是叙述者站在局外，不出现在故事中，但他是无所不在的“神”，对事件的前因后果都十分了解，对人物的心理、过去和未来也都清清楚楚，有时甚至走到台前发表议论，对人物进行评价。……

“有限视角”，就是叙述者是当事人，参与故事的发展，我们依赖于他

---

① 李海林．“语文知识”，不能再回避的理论问题［J］．人民教育 2006（5）：24-29

② 丁帆、杨九俊．普通高中课程标准实验教科书·语文（必修二）［C］．南京：江苏教育出版社，2006：64

的眼睛看世界，靠他的引导进入故事。……

在语文教材中，这些知识本身没有目的意义，它要么是帮助学生理解“现象知识”，要么是为形成原理知识作准备。在第一种情况下，它只起到辅助作用，在第二种情况下，它甚至根本就不需要进入语文教学的实际过程，而只是为那些研究人员掌握即可。

原理知识属于“如何做才正确”的知识，所以也可叫“规则知识”。它是对人的行为方式的描述与规范，在人们的活动中起着“定向”的作用，所以这些知识是可迁移的，利用这些知识可以有效指导和促进学生的文学阅读和写作能力。这一段写作指导语极为常见：

叙述一件事情或表达一个意思，不能平均用力气。重要环节、重要部位，要详细地写；次要的地方，可以简略地写，三言两语，点到为止，甚至完全省略。文章处处详写，冗长拖沓，该强调的意思无法强调出来；而处处略写，浮光掠影，也无法给人留下具体的印象。详略的安排应该服从表达的需要，当详则详，当略则略。详写处，用墨如泼，略写处，惜墨如金。这样，详略分明，张弛有致，文章的表达才会恰如其分，恰到好处。①

这段文字所表达的原理是写作要详略得当，这对于改变学生记“流水账”的叙述方式具有导向作用。

从数量上来说，语文教材中应当大量提供的是“现象知识”，有选择地提供的是“原理知识”，而对“概念知识”，则可以“少知、粗知”，尽量少提供。

（三）外显文学知识、内隐文学知识

这是从知识存在方式角度所作的分类。英国著名的物理化学家和思想家波兰尼（M. Polanyi）认为：

人类有两类知识。通常所说的知识是用书面文字或地图、数学公式来表达的。这只是知识的一种形式。还有一种知识是不能系统表述的。例如我们有关自己行为的某种知识。如果我们将前一种知识称为显性知识的话，那么我们就可以将后一种知识称为内隐知识。②

外显知识就是那些我们能够正式表达出来的知识。它的特点是“知道，而且可以说出来”，这是一种明晰性知识，是可以言传的知识。例如“本文大量运用排比和反复的修辞手法，语言气势充沛、节奏鲜明，感情强烈”“悬念是使故事结尾变得不确定、引人好奇、紧张的一种写作手法”。“明晰

---

① 丁帆、杨九俊．普通高中课程标准实验教科书·语文（必修二）［C］．南京：江苏教育出版社，2006：29

② M. Polanyi. The Study of Man. London：Routledge and Kegan Paul，1957：12

地传达”是它最大的优势。从文学教学角度来看，外显知识的获取途径很多，既可以通过教师直接传授，也可以通过学生活动来间接得到。

而内隐知识，也称之为缄默知识，指人们拥有的但是不能明确表达出来的知识。这种知识的特点是“知道，但说不出”，即直觉状态的知识。最典型的内隐语文知识，即语感。语感的特点就是“知道，但说不出”，我们写一首诗，激情一来，吟诵之间，挥笔而就，但怎么写出来的却说不清楚。这一特点决定了内隐知识特别适用于“从事一种行为”，即活动。换而言之，活动是形成内隐知识的重要方式。

目前，内隐知识获得理论主要有顿悟理论、学徒制理论、内隐学习理论、非正式学习理论和建构主义学习理论①，这些理论都强调学习者参与学习的重要性。学习者参与得越多、越积极，主体性的感性体验就越强烈，越能在交流与共享中拓展理解。这启示我们，文学教学不能光靠理性课程和书本学习，而要让学生亲身参加各种文学活动，在一个真实的情境中，通过与教师、同学的互动，获得对文学的直接体验。通过组织一定的文学活动来促使学生形成内隐的文学知识，现在已经引起人们的重视。新课改以来，几乎所有中学语文教材都设置了“综合性学习”这一版块，不少语文教材课后练习中充分考虑了文学的实践性，设计了不少文学活动，这为学生内隐文学知识形成创造了条件。

外显知识是以内隐知识为前提的，外显知识是对内隐知识的概括和表达。从理论上来讲，所有的内隐知识都可以用言辞表达出来，也就是说，所有的内隐知识都可以向外显知识转化。但是，这种转化对研究文学是有意义的，对从事一种文学行为，却不一定都是有意义的。因为在某些时候，熟练地从事一种行为必须依赖内隐的无意识知识，外显的有意识知识的参与反而会起干扰作用。那么，在什么时候，我们需要外显知识呢？波兰尼告诉我们，就是在“批判性思考”的时候，即对文学作品作“批判性”“反思性”阅读的时候。什么时候我们需要内隐知识呢？也是波兰尼告诉我们，就是在“控制住至今尚未探明的领域”时，也就是要“创造”新的知识的时候。

作为课程内容的文学知识，外显知识对内隐知识具有引导作用。“几乎所有的外显知识都根植于缄默（内隐）知识，外显知识的增长、应用和理解都依赖于缄默（内隐）知识”②。换句话说，外显知识是知识这座冰山露出水面的部分，而内隐知识则是它藏在水面下的部分。因此，外显知识就成为内隐知识的一个线索，一个标志，一个通道。在文学教学中，任何内

① 方明．缄默知识论［M］．合肥：安徽教育出版社，2004：129-143

② 曾宁波．缄默知识理论对语文教学的几点启示［J］，语文建设，2004（5）：4-6

隐知识的获得，都是以外显知识为导引的，外显性知识牵引着学生，学生顺着外显性知识暗示的方向，“意会”到内隐知识，并最终实现内隐知识向外显知识的转化。这就是马建忠所谓“即其可授受者以深求夫不可授受者”。直接把外显文学知识作为文学课程的内容主体也许的确是值得商榷的，其意义也许的确有限，但把外显文学知识作为内隐文学知识的线索，牵引出学生对内隐文学知识的“意会”，则其教学意义就发生了根本的改变。外显文学知识作为课程内容的意义有限性并不否定它作为教学途径、教学线索的意义的重要性。有一句哲学名言说得好：感觉到的东西我们才能理解它，而理解了的东西，我们才可以更好地感觉到它。

三、文学知识形态转换模型简说

这里对文学知识再作分类，并进而提出一种文学知识形态转换的模型，为文学知识教学提供一种新的思考路径。

当代最著名的认知心理学家皮亚杰认为：“知识是主体与环境和思维与客体相互交换而导致的知觉建构。①”根据知觉建构的层次和表征方式，笔者把知识分为四种形态，分别为表象形态、意义形态、过程形态和情感形态。与这四种形态相对应，可以形成四种性质不同的形态性知识②。

知识的表象形态，即知识的感性形态，也即感性知识，是依赖于人的感官感觉而生成的表象知识，如视觉通过观察事物的形状、颜色、形态等而形成视觉表象知识，听觉通过声音，形成有关某种事物的听觉表象知识；知识的意义形态，即理性知识，是有关事物本质与规律的知识。人们在感性知识的基础上，通过总结、分析、概括，把感性认识上升到理性认识，就形成了知识的意义形态。知识的过程形态，即有关知识产生过程的知识，过程性知识、体验性知识。知识的情感形态，即有关知识的情感性因素、心理性因素。在知识领域，有褒义词、贬义词、中性词之分，有美丽与丑陋之分，有可爱与可恨之别，就在于知识对于人来说都有程度不同的情感因素。这种情感因素就构成了知识的情感形态。

知识的这四种形态之间存在着一定的层次关系。表象形态知识是通过感官而感知的，由于人们的感官往往是对事物的局部的、表面的现象的感知，而且有时还带有假象，因此，表象形态知识往往不能准确反映事物的

---

① 转引邵瑞珍主编．教育心理学（修订本）［M］．上海：上海教育出版社，1997：58

② 韩清林．自主学习自主发展的知识论与知识链接学习论［J］．教育实践与研究，2007（06A）：4-9

本质和规律。人们对事物本质与规律的认识，是在感觉表象的基础上，通过分析、概括、推理等一系列过程而实现的。因此，表象形态是知识的基础形态，是认识、把握其他几种知识形态的基础和起点，也是检验其他知识形态的重要标准。理性知识比感性知识更全面、更本质、很深刻，更带有客观真理性。在人类社会中，人们学习、掌握知识的意义形态，主要通过语言和文字两种载体来了解知识的意义，即通过语音载体，把握语言中蕴含的知识的意义，通过文字载体把握语句篇章中的意义。知识的过程形态是知识的一个重要方面，而且是学习、理解、把握任何知识的基础与关键环节。过程性知识、体验性知识相对于表象知识、意义知识来说更加丰富，是有关事物具体性与抽象性的统一，是事物的表象与意义的统一。因而它是知识的表象形态和意义形态基础之上的总体提炼和升华，在人的知识体系中占有基础性优势地位。知识的情感形态在知识情感评价基础上形成，是对表象形态、意义形态和过程形态知识的情感赋予，在学习者看来是有意义和有价值的，就比较容易纳入到他的知识结构中，否则，很难被学习者所掌握。同时，这四种知识形态有着不同的把握方式。表象形态强调感知，意义形态依靠思考与理解，过程形态重视体验与实践，情感形态关注应用和评价。

知识的这种形态分类对于文学教学来说，也同样适用。其一，这四种知识形态和文学文本的多层次结构有着一定的对应关系。在西方文论中，有很多关于文学文本层次结构的论述。如波兰哲学家、现象美学家罗曼·英伽登在《文学的艺术作品》一书中①，曾从阅读心理的角度构建了文学文本层次结构理论。他认为文学文本有四个层次：一是声音现象层；二是词语的意义层，也称“意群”；三是作品所虚构的世界层，或称“系统方向”，意即作品所虚构的世界只在某些方面向读者提供了进一步想象和再创造的因素，规定了读者的联想方向；四是被表现的客体层，意指作品只表现了现实客体的“图式化方面”或“基本框架”，却留下了许多空白和不确定的领域，有待于读者在观赏中加以填补和充实。而且这四个层次是互为条件、层层深入的关系：由语词和声音组成意群，意群构成了意向性的客体（虚构的世界），而意向性客体表现着现实客体的“图式化方面”或叫“基本框架”。第一、二层的声音现象和意群属于语言学结构层，而意向性客体和“图式”“框架”则属于作品内容的深层结构。而韦勒克和沃伦对于英伽登层次理论有借鉴吸收，也有修正和改进，他们认为文本有这样四个层面：第一，声音层面，谐音、节奏和格律。第二层面，意义单元，意义

① 朱立元．接受美学导论［M］．合肥：安徽教育出版社，2004：11

单元决定文学作品形式上的语言结构、风格与文体的规则。第三层面，意象和隐喻，这是所有文体风格中可以表现诗的最核心的部分。由这部分转换成第四层面，也就是存在于象征和象征系统中的诗的特殊“世界”，他们把这样虚构的、象征和象征系统称为诗的“神话”。与茵伽登一样，他们依然遵循从具体到抽象的逻辑。这从他们《文学理论》一书的章节编排中可以见得①。

与英伽登、韦勒克、沃伦近距离地从微观视角观照文本层次性存在不同，加拿大原型理论家弗莱则远距离地从宏观视角来考察文学作品。弗莱是从意义和叙述这两个互相联系的方面对文学作品进行层次分析的。他认为文学作品具有多义性，在不同的关联域中便会有不同的意义。文学作品有五个关联域，由此具有五个层次的叙述和意义。他称层次为“相位”。五个相位分别是：文字相位，也就是文学作品内部各词语和各象征间的关系，意义是内向的和含混的。描述相位，也就是文学作品对外部世界的描述、论断和教诲作用，意义是外向的、明晰的。形式相位，也就是文学作品作为一种假设性的语词结构对它所模仿的自然和真实命题的关系。在最接近真实的事实的一极和最虚构的一极之间，存在多种具有差别的类似于过渡色一样的形式。神话相位，这是文学自身的继承关系的体现，于此相位弗莱提出了文学原型的概念。总解相位，也就是文学作品同全部文学经验的关系，这是一个原型比较集中的阶段，多种原型密集地形成一个“原型中心”，反映了人类普遍的经验和梦想。②

这里，知识的表象形态和英伽登所说的“声音现象层”，韦勒克、沃伦所说的“声音层”，弗莱所说的“文字相位”性质相近；知识的意义形态和英伽登所讲的“词语的意义层”（也称“意群”），韦勒克、沃伦所讲的“意义单元”，弗莱所讲的“描述相位”大体相同；而知识的过程形态与英伽登提到的“作品所虚构的世界层”（或称“系统方向”），韦勒克、沃伦提到的“意象和隐喻”，弗莱提到的“形式相位”具有同质性，都是事物过程的内部展开；而知识的情感形态与英伽登的“图式化方面”或“基本框架”，韦勒克、沃伦的存在于象征和象征系统中的诗的特殊“世界”，以及弗莱“神话相位”“总解相位”都是主体对事物的总的情感把握和评价。（如下表）

① （美）韦勒克、沃伦著，刘象愚等译．文学理论［M］．北京：三联书店，1984.

② 具体内容详见诺罗思普·弗莱．批评的剖析［M］．杭州：百花文艺出版社，1998. 第二篇：伦理批评：象征理论。

表4-7：三种文本层次理论与文学知识形态的对应关系

层次论 知识形态	英伽登的层次理论	韦勒克和 沃伦“层面说”	弗莱的“相位说”
表象形态	声音现象层	声音层	文字相位
意义形态	意群	意义单元	描述相位
过程形态	系统方向	意象和隐喻	形式相位
情感形态	基本框架	象征和象征系统	神话相位、总解相位

其二，这四种知识形态的获得方式和文学认知过程有着一定的对应关系。

我国传统的文学认知过程一般可以用三个词来概括：一“观”二“味”三“悟”①。先说“观”。在中国古典美学中，“观”通常被看做是一个表示艺术欣赏和艺术接受的概念。如古代很流行的“观诗”“观画”“观乐”的说法。“观”首先是外观，即对文学文本外在形式美和形象美的审美感知和把握。如刘勰提出过著名的“观文入情”说，此说强调的“观”的对象——“六观”（位体、置辞、通变、奇正、事义、宫商），主要指文本的外在形式美。其次是“见貌”。“观”并不限于接受者以视、听等审美感官对文学文本进行直接的审美感知，还依靠想象和联想的心理功能，把语言符号转化为内心的视觉形象，对文本进行间接的感知。刘勰所说的“瞻言见貌”，就是对这种心理活动的形象说明。再说“味”。我国古代文论家在反复强调“观”的基础上，进而提出“味”的概念。“味”是个体验过程，“体味”“玩味”“寻味”“咀味”“研味”等词都有这个意思。作为文学认知过程一个特定的心理活动，作为“观”的发展与深化，“味”的基本涵义就是通过对文本的咀嚼玩味和反复吟咏中，求得对文本深层意蕴的把握。“味”的过程要“细”、要“久”、要“复”。“细”就是细致，要求接受者具备高度集中的注意力和静心细致的欣赏态度；“久”就是长久，要求接受者把审美注意力长久而稳定地集中在欣赏对象上，从而在积极主动的心理探求活动中对其精深微妙处有新的发现和领悟。“复”就是反复，要求接受者一读再读，反复咀嚼，一层一层地接近文本的情趣和韵味。最后说“悟”。古代文论家借用禅宗中的“悟”来表示这么一个文学认知阶段：接受者的心灵与欣赏对象所传达的内在生命结构产生深层的契合，从而使主体进入一种豁然开朗、心领神会、赏心怡情的境界。在这一瞬间，接受者不仅体味、把握了文本微妙至深的情趣和韵味，而且也实现了对作品“最

① 龙协涛．文学阅读学［M］．北京：北京大学出版社，2006：270-275

高灵境”即“道”的把握。①

上述由“观”到“味”到“悟”的三个阶段，显示了文学认知由初级层次到高级层次、由文本外部到文本内部、由浅层欣赏向深层欣赏逐步深入的递进过程。这契合人类认识活动的一般规律，也体现了中国古代美学对文学认知过程的理解，并对应着我们对知识形态把握的一般过程：从感知到理解、体验到评价的过程。

以此看来，知识的形态分类说对于文学教学有较强的适用性。我们不妨把它引入到文学教学中来，建构起文学知识的形态分类说。在此基础上，形成文学知识形态转换的基本模型。(如下图)

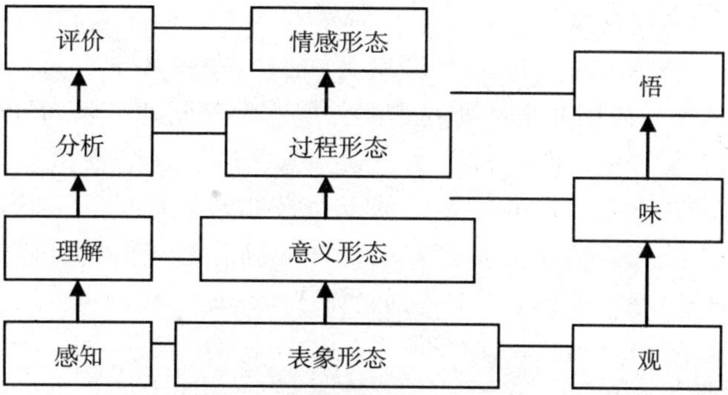

图4-3：文学知识形态转化模型简图

在我们看来，学生文学知识的学习是这样一个过程：运用感官感知，形成文学知识的表象形态；在此基础上，通过思考、理解，获得意义文学知识。而体验和实践，则使原来的表象文学知识和意义文学知识进一步丰富，形成文学知识的过程形态。表象文学知识、意义文学知识和过程文学知识最后要被学习者应用，并给予一定的情感性评价，最终形成文学知识的情感形态。这是个涉及认知、动作技能、情感等各领域的非常复杂的过程。在实际的学习中，这种文学知识转换未必很顺利，也未必一贯到底，但从文学知识的获得来说，应该经历这样一个过程。也就是说，文学知识的学习过程就是四种文学知识形态的转换过程。

文学知识形态转换模型具有较强的解释力。这里我们用这一模型来解释马致远著名的小令《天净沙·秋思》的文本解读过程。

枯藤老树昏鸦，小桥流水人家，古道西风瘦马。夕阳西下，断肠人在天涯。

---

① 宗白华．美学散步［M］．上海：上海人民出版社，1981：63

面对这样一首经典作品，我们怎样才能进入到文本，去触摸诗人的灵魂呢？首先是感知，对音韵效果的感知，是我们踏入“秋思”之门的第一步。小令中，前三句是典型的整句排列：结构相同、字数相等、句式工整，这种结构安排给人一气呵成、淋漓痛快的酣畅美和明快的节奏感。而最后一句则是散句，这样整曲便构成了整散相间、长短结合的形式美感，显得节奏明快、曲折跌宕，显示了从清爽酣畅到落拓无助的生存境遇。而从音韵上来分析，“鸦、马、涯”押尾韵“a”，“家、下”则押尾韵“ia”，这就使得一、三、五句押韵，二、四句押韵，正显示了隔行押韵的古曲规律，且平仄相间，韵律辉映。

通过感知，我们获得了对这首小令的表象知识。至于作者为什么这样排列，为什么呈现这样的音韵效果，显然有待于对作品内容的理解。因此，第二步着重于理解，通过理解获得意义知识。理解从字、词、句入手。在《秋思》中，前三句用九个并列的实词，把九种不同的景物巧妙地组织在一起。然而，“藤、树、鸦、桥、水、家、道、风、马”都是非常宽泛的概念，孤立地讲并不是明确的、界定的，而是非常模糊的、多状态的。如藤的形态是多样的，树的风姿是多彩的，马的高壮是未知的，而道是什么道呢？这些都是动态可变的。但将它们置入上下文中就可见：枯藤，藤的形态就出来了；老树显示树的姿态是无生机的，瘦马、夕阳、断肠人等，原来这些事物都是颓废的、没落的、萎靡不振没有活力的，呈现出的是一派凄凉萧瑟晚秋气氛，而这些景物于是变得具体可感了，其展示的是季节的凄凉。再往下，“断肠人在天涯”，原来，藤、树、马、水等都是人眼中的藤、树、马、水，它们的萧疏、凄凉、无助其实是人的落拓和哀愁的写照。正是在作品的意义单位中，景与人、境与情、自然意象与社会境遇实现了传统意义的结合。

文学的欣赏不仅仅在于意义理解，还在于透过意义理解而进入对作品形象的体验。这种体验必须调用自己的文学阅读经验和生活经验参与。从作品形象上看，“枯藤老树昏鸦”是一幅静态画面，“小桥流水人家”，这其实是电影中的一组镜头，溪流潺潺，小桥悠悠，呈现的是自然野趣的动感美。而“古道西风瘦马”相较于“夕阳西下”所带来的垂阳斜射、落日长河般的活泼幻象，则更似一张单调苦涩、没有色彩光泽的素描。这四句其实是一组景物描写，随着视线的移动，它们呈现出“静——动——静——动”相迭相生的事态，这是被再现对象的第一层事态。紧接着一句“断肠人在天涯”，原来景是人眼中的景，而人是天涯断肠人，所以第一层形成的动静相迭的事态描绘的其实是天涯沦落人那种颠沛流离、潦倒无依的曲折境遇和哀婉凄苦的多重心态下的情感轨迹。于是整首小令又呈现出第二层事态：由景而人、由外物到内心。正是天涯人那种哀婉落魄的心态弥漫于全曲之中，使得“枯藤老树、昏鸦夕阳、古道瘦马”等自然景物显示出了其作为这种心态的原型象征意义：颓化枯寂，毫无生机活力。藤是枯朽的，也许一阵风吹过便折断了；瘦马早已不堪重负，也许就在一声嘶鸣中终结生命；老树再也难现枝繁叶茂的从前；断肠人的精神家园或许因长久得不到梳理也早已化作了一片荒芜……看似寂寥的平静中实则潜藏着不可阻拒的颓变——这正是整首小令的被再现对象所涵盖的一种整体事态。这种事态是深层次的，它不是单纯的动、静或动静结合，而是一种“将到未到”之时，它使得整部作品更加丰富、充实。

每一个对象都是由诸多方面组成，然而文学作品的表现力是有限的，被再现的对象只是对象的一部分。但正是对象的部分反而呈现它的多样化整体。在《秋思》中，任何单个的意象都是多面的、丰富的，但体现在作品中却只单面的、图示化的。如“藤”只知是“枯”的，处于凋落朽垮之中，究竟怎样具体的“枯”就不得而知了。同样，游子的内涵本来是多样的，甚至是迥异的。而在作品中，我们只能触摸到他那孤苦无依、凄凉哀婉、漂泊落魄的悲苦心态，而至于他的身高、容貌、服装等都是我们无法从作品中阅读到的。单个客体是充满空白的，一句、整片也是如此。再如小桥与人家的具体位置和它们之间的具体距离、人与马的具体形态等都是不确切的。在结构上，这几组意象随着视线的移动，何为先何为后呢？是作者触景生情，还是借景寄情？或者两者都是呢？这好像电影中的同时性蒙太奇，给人留下了丰富的阅读想象空间。由此，我们获得对这首小令的一种基本评价：这首小令结构上层层相依、层层递进，具有复调一般的效果，深刻表达了一种游子落魄、孤苦无依、颠沛流离的悲苦情思。这个评价是建立在前面诸种表象知识、意义知识和过程知识的基础上的，并最终体现为一种知识的情感形态。当阅读者以后再次接触这首小令时，已经形成的关于它的情感知识促使阅读者很快形成一种积极的学习倾向，以求获得情感共鸣。

从感知到理解到体验，最后作出评价，这是我们阅读文学作品的一般流程。这个流程，也是文学知识的转换过程，从表象知识到意义知识到过程知识，最后到情感知识，知识的每次转换都提升了读者对作品的理解深度。

文学知识形态转换模型不仅能解释文学读解知识获得的一般过程，而且对于文学写作知识的教学过程，也能作出有效解释。这里以美国《普能提斯厅文学教程》（这是一本综合性语言艺术教程，共分金本、银本、铜本三册，是美国中学生——相当于我国16岁以上高中学生选用的文学欣赏教材）高中第三册《一个男孩与一个男人的故事》为例。①

① 江苏母语教材比较研究课题组．当代外国语文课程教材评介［C］．南京：江苏教育出版社，2004：405

[文学分析]

理解悬念

作者通过描写既不确定而又危险的场景制造悬念。这种危险既可以是身体上的，又可以是情感上的。许多人喜欢有悬念的故事，他们想知道最终发生了什么，故事主人公是否规避了他们面临的危险。《一个男孩和一个男人的故事》是个充满悬念的短篇小说。

1. 登山队长文特的处境在故事开始时是如何的不确定和危险？

2. 鲁迪几次三番地尝试挽救文特队长的描写是如何加强悬念的？

3. 鲁迪和队长的对话暗示了哪些未来的危险？

[思考和阅读]

找出创造悬念的细节描写。

作者是通过增加环境的不确定性和危险性的细节描写创造悬念。注意下面一段鲁迪试图为文特队长创造“生命线”的描写：

“他把裤子的一条腿绑在衬衫的另一只袖子上，然后他把每个打结的地方，一个一个拉紧：他拉紧了外套和衬衫的扣结，以及衬衫和裤子的扣结。”

当你阅读的时候，你会想这些扣结是否被拉紧了。

1. 找到“他自己准备好……”这一段。指出这一段中以及接下来的几段中帮助创造悬念的细节描写。

2. 哪些词和词组使你感受到这些悬念？

[思考与写作]

写悬念

设想一家青少年杂志计划出一期悬念故事特刊。想一想你读过的故事，哪些可以让读者惊魂不定。选择其中最好的一篇，然后写一封信给杂志编辑，推荐他们选用你的故事（你也可以推荐这篇《一个男孩和一个男人的故事》）。当你修改你的信件时，记住要向他们解释你的故事包含了悬念故事的两个关键成分：不确定性和危险性。

上面这个设计充分展示了学生学习“悬念”这一文学写作知识的基本过程：首先是感知和理解什么是“悬念”。感知的方式有两种：一是直接感知，结合阅读《一个男孩和一个男人的故事》这个充满悬念的短篇小说来直接获得“悬念”的初步印象。二是间接感知，通过阅读这段关于“悬念”的描述性文字来间接获得关于“悬念”的表象知识。感知基础上，是理解。怎么理解？也有两种方式，一是揣摩上面提到的关于“悬念”的粗略定义，二是在提问中理解课文，通过理解课文来理解“悬念”。材料中三个问题看似在理解课文内容，实际上都和“悬念”有关。其次是体验和实践“悬念”的形成过程。知道什么是“悬念”也许是重要的，但体会“悬念”的形成过程更为重要，因为形成过程是知识具体化的一个必不可少的关键环节。材料中的［思考和阅读］版块，结合课文，展示了“悬念”形成的种种细节，这些细节有的散落在描写的段落或句子中，有的落实在某一词组上。正是这些细节，增加了故事进程中的不确定性和危险性：斜坡陡峭，断层深不见底，周围找不到任何可以求救的人，没有救生设备，用衣服扣结成一条“生命线”垂下断层去救人，结果衣服的某个扣结突然松了……环境的险恶、人物的紧张心理以及故事氛围令人窒息的感觉，这一切形成了悬念。当学生体验到这些，对于“悬念”的认识自然就进了一层。在我国语文教材中，这个环节常常缺失，导致学生的文学知识常常停留在抽象的理解水平上，难以“活化”，用到平时的文学写作中去。最后是应用和评价。材料中安排了一个“写悬念”的环节，这里的“写”与其说写作，不如说评价，写一段文字来评价自己要推荐故事中的“悬念”运用，而且要求解释“悬念”的两个关键要素：不确定性和危险性。如果说前面种种关于“悬念”的知识，表象的、意义的、过程的知识都在帮助学生确立“悬念”这种艺术手法的“图式”，那么评价的环节实际上在对“图式”作出情感反应，它好还是不好，有用没用……这影响到学生以后写作中对它的应用，自觉或不自觉，主动或不够主动。

第三节　语文教材中文学知识的呈现

一、文学知识呈现方式变迁

从知识的显隐和系统、非系统角度看，我国语文教材中的文学知识大致经历了一个从隐性到显性，从零碎的显性知识到系统的显性知识的过程。

（一）沉潜涵泳：从范文到范文

重视各种典范文章的研读、诵读，是我国传统语文教育的显著特点。梁朝昭明太子所辑的《昭明文选》、宋代真德秀编的《文章正宗》、清代吴楚材、吴调侯编的《古文观止》、姚鼐编的《古文辞类纂》、曾国藩选编的《经史百家杂钞》、李扶九选编的《古文笔法百篇》以及著名的《唐诗三百首》等都是选文型的语文教材。在这些教材中，少有直接呈现的文学知识，多数只出现一篇篇范文。教师通过让学生广泛阅读优秀诗文基础上，选择少数佳作，一篇篇学习，熟读精思、默会涵泳，以之为范，从而学会阅读与写作。在整个教学过程中，除了偶尔看点前人的注解或文章作法，基本上属于从"语感"到"语感"的暗中摸索，类似于"习得"而非"学得"。从教的角度说，教师只让学生"读"和"作"，并不讲解相关的显性文学知识；从学的角度说，学生处在一种无意识的状态中自行探索，"有所得"还是"无所得"，太过依赖个人天分。

从这个意义上说，传统语文教材是有其弊端的。作为教和学的媒介，它使得教无所计划，学没有明确目标，教和学的过程没有自我监控与反思，使得教学内容的开发完全依赖于教师的个人喜好和知识能力，教学效果完全取决于学生的个人兴趣与天分，不仅太过随意而且效率极低，对多数学生而言，未必真能掌握阅读和写作的技能，自能看书，自能作文，激发起对文学的兴趣。

（二）范文引路，评点帮扶

作为一种语文教材的编写体例，从范文到范文，从“语感”到“语感”，显然并不利于知识的传授。为了适应教师的教和学生的学，在传统语文教材中，很快又出现了另一种编写体例，那就是选文加评点的编写模式。这是一种“包括圈点、眉批、夹注、总评等，方式灵活，实际上是熔选本、笺注、诗话等方式于一炉的一种综合性文学批评方式”，其目的是“‘帮助读者领会欣赏’‘揭示作文之用心’，对作家的创作意图，小说艺术的价值论、真实性，典型形象的塑造，艺术形式之美等方面都进行深入细致的评点”。①

南宋吕祖谦《古文关键》是最早采用这种体例的文学选本。受其影响，吕祖谦弟子楼昉的《崇文要诀》、真德秀的《文章正宗》和谢枋得的《文章轨范》也承传了选评批点的编选体例。明清之际，选编之风昌盛，伴随文坛论争的加剧和诗学不同宗系间的相互驳辩，诗文选本不断出现，乃至形成了“无书不有评”的旷世奇观。张竹坡评点《金瓶梅》、毛宗岗评点《三国演义》、金圣叹评点《水浒传》和脂砚斋评点《红楼梦》等为代表。

选文加评点的选编模式可以认为是现代语文教材编写体例的基本雏形。1908年5月，商务印书馆出版了《中学国文读本》8册（林纾编），1910年又出版了《国文教科书》5集（吴曾祺编）。这两种教科书是专为中学堂设置的“中国文学”或“国文”科编制的新式教科书。相对于那种从范文到范文的古老诗文选本，它们作出了明显的改良，前者“凡选文中有佳妙之处，就添加连圈，并在顶部加批，启发学生在吟咏时自己去体会”，后者“在助读材料方面，除连圈和顶批以外，各篇之后又增加了总评”。② 1915年中华书局出版的新制《国文教本评注》（谢无量编）对评点内容有大幅的增加，每篇选文编有如下内容：1. 题解，2. 作者简介，3. 夹评夹注，4. 顶批，5. 黑圈白圈，6. 总评及注释。助读材料大为充实，其用意，按编者所说，在于使学生“读一篇可知结构之妙用，读全书可悟作法之不同”，重在提示文章作法，重在不同体裁和同一体裁的不同作品的分析与比较。其体制已很接近现在的语文教材。③

客观地说，选文加评点的教材编写体例，对方便学生自学方面无疑有了很大的进步，通过评点的方式呈现一些文学知识，或激发学生兴趣，窥见文本奥妙，或引导阅读鉴赏，领悟作者用心，其帮扶效用自不待言。但其

---

① 夏伟刚．明清文人评点与小说批评理论［J］．语文学刊，2002（1）：4-6

② 顾黄初、顾振彪．语文课程与语文教材［M］．北京：社会科学文献出版社，2001：54

③ 顾黄初、顾振彪．语文课程与语文教材［M］．北京：社会科学文献出版社，2001：55

弊端也是明显的，如评点往往失于琐细、零碎，过于随意、玄妙、混沌等。

从继承和借鉴角度来看，如果能改革其弊端，把这种传统的评点方式和英美新批评的“细读”法（close reading）结合起来，未必不是语文教材文学知识呈现的一种有效方式。有研究者指出，我们可以借用文本细读的方式，采取评点的旁注（联系社会、人生来理解文本）、眉批（对重点字词的延伸理解）和总评（对全文一些应该全面联系进行注意的问题进行提示和解释）等形式来对文本进行全面细致的解读，“这样的好处是可以迫使读者一方面刻意去注意文本本身的细节问题，另一方面又不得不对作品做深度介入，将更多的个人阅历和见闻从大脑深处挖掘出来，进行更深刻的思考”。① 一言以蔽之，就是通过评点的形式引导学生进入文本，亲近经典，感受魅力。

（三）知识篇章化、系统化

语文学科现代化的过程，同时也是语文知识走向科学化、系统化的过程。表现为教材编写中，现代语文教材在借鉴选文加评点的选编模式基础上，努力探索一种新的编写体例，以实现选文和知识的有效整合。

到30年代，这种探索的主要标志就是教材编写的单元化。把教材中的选文，组成一个个相对独立的单元，这在“五四”之前就有人尝试过。1915年谢无量编的《国文教版评注》，也尝试过以体裁编列大单元（称“编”）。到30年代，人们开始设想把有关的语文知识，特别是读写知识或整或散地编进一般文选型教材中，在单元组合形式上向精致化、体系化方向发展。当时影响最大、流传最广、使用时间长达十余年的傅东华主编的复兴初、高中《国文》教科书（1933年商务印书馆出版），开创了在选文中间穿插编入系统的“习作”知识短文的读写混编教材的新体例。其中的“习作”知识短文涉及语法、文法、文章作法和工具书使用等四个方面，它从阅读课文中选例，并附有练习。自此而后，知识以短文形式进入文选型教材并形成一个独立的知识系统，成为语文教材编写的惯例。

1934年，在编写《国文百八课》之前，夏丏尊、叶圣陶和宋云彬、陈望道等曾合编过一套供函授自学用的《开明国文讲义》，共三册，第一二册注重文章的类别和写作技术，第三册注重文学史的了解，学生读了这三册书，就“可以得到关于国文科的全部知识”。这些知识，分别以“文话”“文学史话”“文法”“修辞”等项目写成一篇篇短文，穿插在相关选文后面，形成了以语文知识为线索，选文为印证材料的基本格局。这套教材的

---

① 辛克清．论文学教学中的文本细读方式［J］．青岛大学师范学院学报，2006（3）：104-109

编写为《国文百八课》编制奠定了基础。

《国文百八课》是夏丏尊和叶圣陶依据他们“往日的教学经验和个人的信念”编成的一套富有特色的初中语文教材，在编辑旨趣上追求“给予国文科以科学性，一扫从来玄妙笼统的观念”（该书“编辑大意”）。其“综合组元”的编写体例，是30年代国语国文教材编写在变化中求新求发展的一个重要成果，体现了对以“选文”为中心的前述两种模式的超越。

1. 改“以选文为中心”为“以知识为中心”。前面我们分析到的从“范文”到“范文”的模式，“选文加评点”模式，其实都是“以选文中心”的模式；而《国文百八课》则以“文话”即知识短文为中心，“选文”“文法或修辞”和“习问”三项都是围绕着它来编写的。

2. 改知识学习的“暗中摸索”为“明里探讨”。从“范文”到“范文”的编写模式，知识的学习主要靠学生的自行摸索，而《国文百八课》则把知识以短文形式呈现出来，这一“课”要教什么，要达成什么目标一目了然。

3. 改知识的随机学习为系统学习。选文加评点的编写模式不是没有提供知识，如我们前面分析，这些知识过于零碎、琐细、随意和玄妙，目标指向不一，无法形成“合力”，而《国文百八课》共有108篇“文话”（只出版了前四册），一篇“文话”就是一篇知识短文，知识短文与知识短文之间形成内部联系，共同形成语文教材完整的知识系统。

这种以知识引路，追求篇章化、系统化的做法，在很长一段时间来成为我国教材中语文知识，包括文学知识呈现的主要方式。如1939年由世界书局出版，朱公振编著的《基本国文》《模范国文》，1945年由陕甘宁边区教育厅出版，胡乔木主持编制的《中等国文》等都采用了这种方式。

（四）知识以独立课文形式呈现

把文学知识系统化推向极致，并使其功能发生分化的是1956至1958年为汉语、文学分科教学所编写的《文学》教材。它分为《初中文学课本》六册和《高中文学课本》四册，主编为张毕来、王微、蔡超尘，校订叶圣陶、吴伯箫、朱文叔。

从编排体例上看，这套教材和我国以往的教材有很大不同，它直接参照了苏联的文学教材，是学习苏联教育的成果。苏联学校的文学教学一般经过循序渐进的三个阶段：讲读（1-4年级）、文学阅读（5-7年级）和俄国文学史（8-10年级）。5-7年级，也就是初一到初三的文学课是按历史顺序排列的，一年比一年复杂，目的是为高年级文学史课打下基础。长期以来，在苏联高年级按照文学史的顺序来学习文学材料已经形成了一个传统。之所以这样做，“是因为有一些关于俄国历史和俄国文化的知识是学生所缺乏的，但又是理解某篇作品所必需的，如果按照年代顺序编排教材，就能够把这些材料给学生讲得非常清楚。历史的连贯性能够促使学生更透彻地研究文学作品，同时也会使文学阅读课更加完整而有系统。"① 在这套《文学》教材中，初二（相当于苏联的6年级）和高中的课文也是遵循这一原则按时间先后编排的。其中高中第一册介绍从先秦到魏晋南北朝时期的文学，第二册为唐宋文学，第三册为元明清文学，第四册为现代文学。每一时代的文学都按文学史的系统排列成一系列专题。有的专题以作家为中心组成，以作家名字来命名，如《屈原》《鲁迅》，有的则以作品名字为标题，如《左传》《南北朝乐府》。在初一和初三的编排上则与苏联稍有不同：苏联5年级文学教材是按主题和思想内容以及体裁特点来分类的，7年级仍按时间顺序来安排文学作品，而我国初一和初三分别按思想和体裁（诗歌、小说、戏剧和散文）来分类组元。这样一来，初中六册课本，"作为一个整体看，好像一部用作品组成的文学概论"，高中六册课本（实际出了四册），"作为一个整体看，好像一部用作品组成的文学史"。②

与这种"文学概论"和"文学史"的选文编排体例对应，进入教材的文学知识必须具有系统性特征。我们前面分析过，在这套教材中，就呈现的文学知识的量来说，几乎是空前绝后的。进一步，就这些文学知识的呈现方式来说，也是独一无二的。它不仅把文学知识篇章化，而且课文化，把知识课文纳入到整个课文体系中，成为学习的重要部分。这套教材中的课文有三类，文学作品、文艺性论文和文学基本知识。文艺性论文选得不多，一般在高中才有，分别编入以内容或形式标准组织的单元，如毛泽东《在延安文艺座谈会上的讲话》；文学基本知识的课文，则分布各册中，有"文学常识""文学史分期概述"和"作家传记"三种类型。其中"文学常识"主要集中在初中，"文学史分期概述"集中在高中，初中、高中都要介绍"作家传记"。从编辑意图来看，这些文学知识课文的功能有分化的趋势，"一方面帮助学生更好地领会文学作品和艺术性论文，一方面使学生对这三种课文所论述的问题有系统的知识"。③ 从文学作品和艺术性论文的教学来看，文学知识课文只起辅助作用。而从知识教学来看，文学知识课文则又具有相对独立性，把分析作品时候所讲过的一些零星知识系统化，让

---

① ［苏］果鲁伯柯夫，方拯、赵洁珍译．文学教学法（上册）［M］．北京：人民教育出版社，1957：94

② 人民教育出版社中学文学编辑室．中学文学课本和教学参考书［A］．顾黄初．李杏保．二十世纪后期语文教育论集［C］．四川教育出版社，2000：151-158

③ 人民教育出版社中学文学编辑室．中学文学课本和教学参考书［A］．顾黄初．李杏保．二十世纪后期语文教育论集［C］．四川教育出版社，2000：152

学生掌握，以形成阅读、理解、欣赏文学作品的能力。值得注意的是，除了这种以独立课文面目出现的系统化的文学知识外，在教材中还隐含很多要求结合作品分析来讲的文学知识，如诗的韵，大纲规定结合某些诗歌的分析来讲；人物描写结合某些小说人物分析来讲。这些内容不编入课本。课本后边所附的练习题，多数跟这种讲授配合，引导学生掌握这些零碎的文学知识。

这种既通过作品排列来显示知识脉络，又通过知识帮扶来促进作品理解的编排体例与前面分析的《国文百八课》有很大的不同：

1. 它既重选文，又重知识，具有双轨并行的特点。“选文”在课文体系中是“范文”而不是“例子”，知识既对“选文”起帮扶作用，又自成系统。体现在文学教学任务上，学生既要通过学习文学作品，“领会这些作品的思想内容和艺术形式”，又要结合文学作品的教学，“掌握必要的文学理论知识和文学史知识”，以“更好地领会文学作品”。①

2. 改知识的一般“明里探讨”为系统化的“明里探讨”。这次分科实验，从文学教学角度看，最突出的特点是引入大量文学理论知识和文学史知识，形成具体而微的“文学概论”和“文学史”，“让学生从片断的知识到综合的知识，结合作品由浅入深地学习”。②

3. 改知识的系统学习为多样化学习。在这套《文学》教材中，文学知识既可以呈现为课文，按内容或思想组成单元，也可以隐含在练习中，通过教师的指引来显示和教学；既可以作为文学理论的知识体系或文学史的知识体系系统呈现，也可以零敲碎打的形式随机出现。系统学习是一种方式，通过练习或随课文学习也是一种方式。

尽管汉语、文学分科实验的失败很快使这套教材弃置不用，但这种编排方式对以后的教材编写产生很大的影响。如人教社新课标高中教材（2001 年版）全按文学史线索编排，课文按单元组合，每个单元具有相对独立性，有文体知识或文学史知识。人教社中语二室周正逵等人编写的《高中语文实验课本》（2004 年版），把阅读教材分为《文言读本》《文学读本》《文化读本》三套，其中高二集中学习的《文学读本》以培养学生鉴赏能力为主线，按体裁分类，兼顾时代顺序编排，以课文为主，辅之以简明的文学常识和多种形式的练习，要求明确，知识系统，借鉴痕迹明显。王尚文、吴福辉、王晓明和曹文轩等学者编辑的《新语文读本》（2005 年版）在教材中显示的文学教学体系也依然可以看到这套教材的影子。

---

① 课程教材研究所. 20 世纪中国中小学课程标准·教学大纲汇编（语文卷）[S]. 北京：人民教育出版社，2001：335

② 课程教材研究所. 20 世纪中国中小学课程标准·教学大纲汇编（语文卷）[S]. 北京：人民教育出版社，2001：335

二、国外文学知识呈现的趋势

现代教材的功能已经或正在发生根本性变化，优秀教材正努力从“教材”走向“学材”。教材功能观的变化直接导致知识在教材中呈现方式的变化，这已经成为课程专家、教材编辑和广大教师共同关注的问题了。就国外母语教材中文学知识的呈现看，正体现了下列一些趋势：①

（一）让知识更具有召唤力

让知识对学生充满召唤和期待感，是“活化”知识的重要方式。国外母语教材的编者对此非常重视。我们看两个例子：

例1：高中“方法与文学”32——叙述视角②

叙述者的作用。

作者与叙述者不是同一个人，必须作出严格的区别。作者是个真实的人，或活着或死了，他有名字或笔名，印在书的封面上，像是签名。而叙述者是个虚构的人，他的作用是叙述事件。

练习1：《玛利亚娜的生活》一书的作者是谁？叙述者是谁？与《葡萄牙信札》有什么不同？

练习2：《追忆似水年华》的作者和叙述者之间有什么样的区别？

练习3：请分别指出卢梭《忏悔录》中的作者、叙述者和自传中人物的功能；哪些要素能让读者感觉出故事的时间与写作时间之间的距离？

例2. 文学聚焦③

通过一个无所不知的叙述者，作者可以揭示许多人物的思想和感情，由此从不止一个视角表现事件。在这个故事里，鄂文使用了一个讲故事的人的声音，好像是他把从不同时期收集来的记录编在了一起成为这个故事。

1. 举出故事里汤姆·沃克在某些情况下的思想和视角。

2. 从故事中找到一个叙述者揭露了汤姆·沃克的妻子的思想或隐瞒起来的计划的地方。

例1是法国高中语文教材《文学》中的单元片段，例2是“美国著名

---

① 部分参见韩雪屏．当代国外母语课程教材知识状况的比较研究［A］．洪宗礼等．母语教材研究（卷九）．南京：凤凰出版传媒集团、江苏教育出版社，2007：317-367

② 江苏母语课程教材研究所．当代外国语文课程教材评介［C］．南京：江苏教育出版社，2004：343

③ 马浩岚编译．美国语文［C］．北京：同心出版社，2004：272

中学课文精选”的《魔鬼和汤姆·沃克》一课的“课后练习”节录。两者都为学生提供了叙述者的知识，并促使学生掌握辨析作品中叙述者作用的能力。在知识呈现上，例 1 的表述语调十分亲切，且不失幽默，如让学生明白叙述者和作者的区别，指出作者“有名字或笔名，印在书的封面上，像是签名”；例 2 表述轻松自然，类比的方式化抽象知识为具体知识：鄂文使用了一个讲故事的人的声音，好像是他把从不同时期收集来的记录编在了一起成为这个故事。“不同时期”正表明叙述者并非一个具体的人，他不生活在某个特定时期，因而可以知道不同时期的故事。

（二）让知识更具有亲和力

如果说，召唤力是知识向学生招手，召唤学生向它走去的话；那么，知识的亲和力就是让知识从神圣的殿堂走下来，去牵学生的手。例如，英国莱兹教育出版公司出版的《英语》教材（2001 年版）“阅读短篇小说”单元中，为了鼓励学生开展更多的文学阅读活动，在“活动”之初有这样一段亲切的引导语：

> 你已经读了许多故事和短篇小说。你可以在图书馆和书店里去选择书籍。如果你还不够熟练，就去请教——老师、图书管理员，或者是你喜欢的有思想的人。要坚持读书，无论什么时候，你都会有余暇，你都能进入另外一个世界！阅读朋友介绍给你的书，也把自己读过的书推荐给别人。

葡萄牙语文课程教材设置中有“学习不费力，费力的是学会学习”的栏目。这个栏目的目的是教给学生一些内容比较多、程度比较难的知识和技能。比如在教给学生学习和掌握七、八种读书笔记之前，用这样的导言来消除学生学习的畏难心理：

学生经常抱怨不知道怎样学习，尤其是对于那些需要相应的语言基础的内容。这是实情。学习并不是简单地把大量知识填充进记忆的仓库；学生不是一本百科全书。学习首先应当是一件愉悦的活动，应该能够给学生提供满足感。如同一种你自己喜欢的游戏。因而学会学习不是一件简单的事情。

其次，学习还是一种参与性的活动，需要全身心的投入、激活所有的能力。最后，学习才是一个智力问题。在这里套用一句谚语“生活不费力，费力的是学会生活”。对于学习也可以说：“学习不费力，费力的是学会学习。”

下面，我们就针对学会学习，提供一些具体的读书技巧。

这些带有口语性质的引导语很好拉近了教材编者与学生之间的距离，

学生对知识的学习一下子觉得自然、亲切起来。

（三）让知识更贴近学生思维

同样是英国莱兹教育出版公司出版的《英语》教材（2001 年版）“阅读短篇小说”单元，围绕叙述人视点和叙述内容的基本要素，编者编选了10个篇和段（体裁有故事、书信、日记、短篇小说、散文随笔、科幻小说、童话等）；其中有编者自己撰写的，有一般时文，也有名家作品。但是，它们都不是以独立篇章的姿态出现的，而是服从于编者对故事和短篇小说知识的诠释。

根据中学生的年龄特点，本单元呈现知识是有层次的。编者首先告诉学生的是“故事叙述人的视点”，而后再讲述“故事叙述人的其他决策”。因此，所选文章也相应地分为两组：一组为“故事叙述人的视点”做例证；一组为“故事叙述人的其他决策”做例证。讲解“故事叙述人的视点”的一般性知识，是在引导学生读过关于简·哈利斯的四篇故事之后，从具体的文章中抽取、归纳出来的。在学生有了这一项知识的铺垫后，“故事叙述人的其他决策”就直接提出，而后在具体的文章中加以演绎、求证。

我们从这个单元知识和例文的具体编排序列中，首先可以清晰地看出编者完整的知识观念，即一个完整的知识结构是由两个部分组成的：一是知识本身是什么（从选文中引出知识项目），一是知识如何应用（再从新的选文中去发现和验证知识）。其次，还可以透视出编者的“一般与具体”“演绎与归纳”等辩证思维的逻辑路线。编者的思维路线与学生的思维路线相呼应，可以有力地激发与保持学生的学习动力和热情；还可以使知识多次重复，以抵制遗忘，促进知识的迁移；极有利于学生在学习实践中重组自己的知识结构。

（四）呈现知识的情境

任何一项知识都产生在一定的环境之中，都带着知识产生时候的那个具体的生活场景、问题情境、思想语境；都离不开个人的思索、集体争论；以及个人的焦虑、烦恼、激动和喜悦。这就是知识的情境化特征（韩雪屏语）。换言之，每一种知识可能都有一个属于它自己的精彩故事。但是，知识一旦被抽象出来，就失去了它的理性的和感情的原汁原味，变成了由高高在上的“圣徒”宣讲的冰冷的、毫无生命气息的条文。

呈现知识的情境既可以是真实的，也可以是虚拟的。但想方设法恢复知识的情境性特征，却是使知识生命化的前提和途径。例如，美国普兰蒂斯·霍尔出版公司为10年级学生编制的教科书《写作与语法：交流实践》，其中第6单元的题目是“描写”。为了使学生理解和掌握关于描写的知识与技能，编者选择了一组真实的来自越南前线的《越南家书》，其中充满了美军战士对越南的酷暑天气、战场环境、炮火轰鸣等真实情境的描写。教材还选择了亚利桑那州凤凰城太阳坡高中的一位名叫蕾丝丽·哈里斯的女生的习作《幻影》。这篇作文描写了她自己参加学校田径运动会800米竞赛过程中见闻与感受。这些真实的作品，带着它生动的故事性，突出了有关描写知识与技能的境域性特征。在8年级的《文学》教科书中，编者还特地搜集了作家安妮·麦卡弗里写作《我的龙孩》的过程，用来引导学生理解短篇小说的写作规律。

（五）让知识更好地激活学生的经验

许多国家的母语课程标准或教学大纲，都明确地指出语言的学习应建立在学生已有的生活和语言经验的基础上。例如，美国的“英语语言艺术”课程大纲，从学习和教学的哲学理念提出了10项指导原则。其中第2项原则指出：“大多数儿童在入学时就已经能够为不同目的有效运用语言。关注学生语言能力发展的教师会加强学生的观察力和记忆力，使他们掌握阅读和写作必需的概念和技能。”第9项原则又指出：“学生的写作和口语是对自我的表达。学生的表达告诉我们他们是怎样的人、他们如何思考以及他们带入学习中的独特见解。”这些意见十分明确地说明了母语课程知识的学习，离不开学生已有的知识和经验，离不开学生个体已有的缄默知识。编制教材应设法激活学生自己已有的经验世界，唤醒他们已有的缄默知识。

牛津大学出版社出版的初中英语教材中有一篇散文《美国人的吃相》，写的是一位中国移民适应美国生活的幽默故事，课后的练习是这样设计的：

评价人的方法：

故事叙述者很懂得以最初印象来评价人的方法：

1. 当你初次见到某个人的时候，他能给你最初的印象是什么？
2. 最初印象对你来说有多么重要？
3. 你认为格里森夫妇邀请林家共同进餐时对林家的评价是什么？
4. 当格里森夫妇在林家吃饭时，故事叙述者对他们的评价又如何？

在进入对课文内容的讨论前，编者先引导学生调动自己的生活经验，“当你初次见到某人时……”，“最初印象对你来说有多么重要”等等，这样进入对课文中人物的评价时，学生就有了自己经验的支撑，知识学习有了很好的台阶。

英国莱兹出版公司1991年出版的第3学段《英语》教科书，其中第2单元是“阅读”。编者为了向11岁左右的学生讲清楚阅读的基本规律，就从骑自行车的经验入手，让学生设想当你骑车在途中看到大街上设置的“停止”“转弯”等交通符号时，你就会停下车来，转变方向。可见，符号表示的是一个意义。编者接着说：符号也是阅读的形式。字母组成词语，一个词语就是一个简单的符号，它代表一定的事物和意义。而后，让学生环顾自己的居室，把自己看到的东西填在两列表格里，一边填词语，一边填词语所代表的实物。接着编者又提出“如何做一个好读者的”这个命题。为了说明这个比较复杂的问题，编者仍然以骑车为例，说明一个好骑手起码应当做到：完全控制自行车，骑车不摇晃；能根据实际情况，变换行驶速度；见到路标能做出相应的反应；他还必须是一个喜欢骑车的人。由此推知：一个好读者也应该具备四个条件：流畅地读，而不磕磕绊绊；在遇到困难时，知道变换阅读速度；对于读物的具体情况能够做出反应；他很喜欢阅读。

从上述两个例子中，我们可以看出教材的编者通过引进学生已有的生活经验，为学生学习新知识与技能铺路搭桥所作的努力。

（六）激发学生学习知识的合作精神和批判意识

知识的学习必定要经过学习者头脑的主观建构。这种建构既要以学生原有的经验为基地，又要依仗学生与教师、伙伴、成人之间的交往和对话。离开了交流、对话、合作或竞争，就不会有任何知识的进步。为此，教材呈现知识的方式应有利于提升学生学习知识的合作精神。

例如德国高中语文教材《德语·思索》第一大单元的“自动写作方法”一课中有个练习文学写作的模块，名为“现场写作——将日常观察内容虚构化”，① 就充分调动了学生的合作热情。

活动主题和要求：此次活动的主题是环境，要求参加者用笔墨对周围的环境作出反应。为此可以采用多种方法收集素材，可以尝试多种写作形式，还可以配上图片。

在班里商定一处大家愿意写作的地方，如一幢大楼、一条街道或者一个广场。写作任务要有明确分工，如有必要可以将分工情况印发给每个人。要求保证每个人都能有三种不同方式从事材料收集、整理和动笔。也可以从本单元教学中摄取有关信息。……

把搜集到的材料按所分工的任务进行整理。为了修改草稿，可以举办一次作品讨论会。会上分若干小组。将各自的初稿贴到一张A3规格大小的纸上。每个人可以向讨论纸上贴两条建议和意见，比如：“这一点我特别喜欢”或者“我建议这个地方作如下改动……”，各组在讨论基础上对初稿作进一步修改。

---

① 江苏母语课程教材研究所．当代外国语文课程教材评介［C］．南京：江苏教育出版社，2004：286-289

文章定稿以后再配上一些图片，装订成册，就成了一本关于这个地方的小书。另外，还可以将这些文章拿到朗读会上宣读，若再放一些幻灯片，那就更加形象生动了。

合作，并不是要求只用一种思维方式去思考，相反，它要求有一种批判的视野，在批判中求得理解，在批判中获得激发。因此，教材中文学知识的呈现，要能引导学生在学习知识的过程中，学会质疑、提问、查找缺漏、转换视角、检验证据、组织辩护等。这些思考方式不仅是知识创新所需要的重要素质和能力，也是帮助青少年鉴别和抵制网络时代各种知识霸权的有力武器。因此，教材呈现知识的方式还应有利于激发学生学习知识的合作与批判的意识。

三、文化生态设计：文学知识呈现的新理念

生态学自20世纪初成为一门初具理论体系的学科以来，尽管最早侧重的是自然生态问题，但其原理与方法很快扩展到人类生存和社会发展等各种问题上来。人类生态学和社会生态学，尤其是文化生态学研究的兴起和发展，直接促成了生态学原理与方法在教育与心理研究中的运用。在课程方面，许多国家的课程设置和具体课程的设计明确以生态学原理和方法为基础，20世纪60年代以来美国的艺术课程以及我国的近年的“综合艺术”课程就是突出的例子。① 文学知识就其本然的存在状态而言也具有生态特征，因此，文化生态式的语文教材设计，可以认为是“激活”文学知识的一项重要策略。

（一）文化生态设计理念的基本内涵

从文化生态学角度看，人类的“知识世界”是一个不可分离的世界，是相依、相承、互补共生的世界。以文学这一文化门类为例。我们看到，不仅文学史、文学批评和文学创作之间是互补共生的，音乐、美术、戏剧、舞蹈和文学之间也是互补共生的。从更大范围看，文学与自然科学、文学与社会科学、文学与历史、文学与哲学都是互补共生的。真正的文学教学，只有在这种生态关系中才能真正实现。

知识的生产过程也具有生态性。知识不是凭空而来的，也不是人对外

① 参见罗海鸥．多元、开放、综合的艺术教育——美国艺术教育考察报告［J］．教育研究，2003（1）；滕守尧．艺术与创生——生态式艺术教育概论［M］，陕西师范大学出版社，2002；郭晓明．走向综合的艺术教育：课程与教材的视点［J］．教师杂志（澳门），2004（7）．

部事物的简单归纳或“镜式反映”，而是社会建构的结果。它与主体的信念、情感、价值观及其生活经历关系密切，也与社会共同体的交往及知识交流过程紧密相关。波兰尼有关知识默会性、个人性的研究充分而深入地揭示了知识生产过程与知识生产者内在的精神关联。从科学知识社会学角度看，无论自然科学事实本身，还是其所反映的科学知识的真理性及其表述，都有社会建构的成分，它们与特定的社会情境相联系，存在于特定关系之中。关于人文和社会科学知识的社会性，早在1929年就已由德国著名的社会学家曼海姆（Mannheim，K.）在《意识形态与乌托邦》一书①作了细致而透彻的揭示。这些研究表明，文化领域中的知识和自然生态系统中的生物一样，都是相互联系，互补共生的。理解到这一点，把生态学的观念运用于语文教材的设计，也就有了充分的依据。

过去，我们的语文教材过于强调知识的分化与课程知识的独立性与特殊性，把语文知识分为字、词、句、篇、语、修、逻、文八大块，相互独立，分块学习，这样造成的后果是“如同把知识放在不透水的互相隔开的船舱里一样”，② 而我们的语文教材往往制造了一个又一个这样的“船舱”，隔开了学生对语文知识之间、语文学科与其他学科之间，知识学习与生活、与世界之间的联系，极大地限制了学生的精神自由，也造成了教学的“少慢差费”。现在，多数语文教材已经注意到了学科内知识点与知识点之间的联系，语文学科与其他学科之间也表现出某种关联（语文综合性学习的设计中有明显体现），然而，很明显，这种知识关联与“知识生态系统”的建立，还有很大的距离。

从文学教学角度出发，生态学原理给语文教材设计的最大启示是，文学知识的学习不是一个线性累积的过程，而是一个生态式的“孕育”过程。语文教材可以把各种文学知识像搭积木一样组成一个个“知识块”，这些“知识块”也可以让学生直接“吞”进肚子去，但这并不意味学习的完成。因为真正的学习不是知识所处位置的变化，“吞”只是在学生主体之外发生，并没有与他的精神发生联系，真正的学习必须要经过主体的精神滋润和心灵孕育，必须使要学习的文学知识处在其生态性系统中才能实现。

（二）文化生态设计中文学知识的三重关联

从情境知识和学习观、教育中的建构主义和文学领域中的接受美学认

---

① ［德］曼海姆著，周纪荣、周琪译．意识形态与乌托邦［M］．北京：商务印书馆，2000.

② 杜威．经验与教育［A］．杜威著，姜文闵译．我们怎样思维·经验与教育［C］．北京：人民教育出版社，1991：270

识出发，笔者认为，文学教学要真正有价值，要真正人性化地展开，特别是要真正使学习者自由地、创造性地获得文学成果的滋养，就必须使文学知识在语文教材的生态设计中形成三重关联：一是将文学知识“置于其发生和应用的真实世界的情境之中，回复知识与其所指、发生和应用情境之间的本然联系”；① 二是将文学知识“与学习者已有知识和经验构成的主体情境结合起来，使知识成为学习者动态复杂的智能结构中强有力的部分”；②三是将文学知识与其他语文知识，与其他相邻学科或相邻学习领域知识关联起来。脱离应用情境的文学知识是“固化”的、抽象的知识，脱离主体情境的文学知识是没有“人气”的、外在的知识，脱离沟通与综合的文学知识是孤立的、缺乏活力的知识。对学生而言，这些知识等于一堆“死”的符号和原始资料，难以融化进生活和情感之中，成为个体知识结构中的重要部分，引导其文学阅读与写作活动。只有加强文学知识的三重关联，文学教学才能调动各种相互补充、相互支持的学习环境，使文学学习变得丰富多彩、鲜活充实，并使学生获得持久的兴趣和动力。

1. 建立文学知识与应用情境的关联

建立文学知识与应用情境本然联系的要求源于文学知识生产和建构的对象性和情境性。在建构主义理论看来，任何知识都具有对象性和应用的情境性。自然科学知识如此，人文社会科学知识也是如此。相比之下，人文社会科学知识的对象性和情境性更强。其本性“一如语言的本性，只有在具体情境的交流中才能显现和生成自身”，人们必须在“背景、环境、情境、意境”之中去体验。③

如我们读陶渊明《饮酒》（之五）中的两句诗：“采菊东篱下，悠然见南山。”字面的意思并不难理解，关键是对其中“见”字的品味。“见”和“望”到底取哪个字好？自宋代以来就有争论。苏轼说：“‘采菊东篱下，悠然见南山’，因采菊而见山，境与意会，此句最有妙处。近岁俗本皆作‘望南山’，则此一篇神气索然矣”。“见”字之妙，“境与意会”才是根本，突出了诗人无意中的看见，微妙地传达出诗人全在不经意中深得自然之趣的悠闲自得。如果用它替换毛泽东的《沁园春·雪》“望长城内外”一句之中的“望”字，则“境与意乖”，完全破坏了意境。以此看来，脱离对象和情境来谈文学语言的运用并没有实际意义。

又如唐代诗人贺知章的《咏柳》一诗后两句“不知细叶谁裁出，二月春风似剪刀”，历来得到很高的评价。一般的赏析文章都说，比喻很巧妙，但巧在哪里呢？具体的分析还得从诗歌所描写的对象和情境出发。其一，

---

①② 郑太年．知识与其双重情境化［J］．全球教育展望，2004（12）：6-10

③ 张祥云．人文知识的特性及其教育意蕴［J］．2004（6）：8-12

用词之妙。本来“春风”是柔和的、温暖的，用“剪刀”来形容并不见妥，但因为前面有一句“不知细叶谁裁出”中有个“裁”，后面的“剪刀”的联想就显得自然而然了，“剪”“裁”相连，顺应了汉语的惯用法；其二对应巧妙。剪裁在古代属于女红，和妇女联系一起。有了这个联系，前面的“碧玉妆成一树高”的“妆”就有了着落，女红和“妆”形成自然对应，使全诗形成和谐统一的意境。①

文体知识的生产与建构同样有具体情境和对象的限制。如许多研究者都注意到了鲁迅小说《孔乙己》中叙述者选择的问题，② 钱理群认为，选用小说中人物“我”即咸亨酒店的小伙计作为叙述者“正是显示了鲁迅非凡的思想和艺术功力”。他从文本出发，发现“小伙计”的叙述使小说形成三重“被看/看”的结构：先是孔乙己与酒客、掌柜之间的即小说人物的“被看/看”；再是叙述者（小伙计）与小说人物（孔乙己、酒客、掌柜）之间的“被看/看”，最后是隐含作者与叙述者、小说人物之间的“被看/看”。这种分析无疑是相当深刻的，但这种内在限制性叙述视角的小说知识对应的如果不是《孔乙己》，不是以批判国民劣根性为己任的鲁迅的《孔乙己》，那么，其深刻性、甚至适切性都会大打折扣。

一般而言，在文学知识建构之初，人们还能意识到其应用情境的存在。但随着探索范围的扩大和认知程度的加深，后来的文学知识生产未必以真实的情境和问题为直接的对象，而是直接在原先知识的基础上加以发展。这些知识表面看起来似乎已经脱离了对象和情境处于独立的状态，甚而成为一个独立于具体情境的自足的系统，但究其实，其建构的对象仍旧具有特定的应用情境。如我们通常说的散文中的“形散而神不散”、诗歌中的“内在节奏”、小说中的“情节”或戏剧中的“冲突”等。在语文教材设计中，应该努力还原其应用情境，千篇一律的“知识短文”呈现形式，未必能让这些知识真正走进学生的文学图式之中。

语文教材长期忽略文学知识建构对象性和情境性还有一个客观原因，就是文学知识就整体而言是有应用情境的，但是对于局部知识而言，可能这种联系不直接、不明显。这给加强知识与知识建构的对象和情境之间的联系带来了许多的困难。明确因分别学习的需要而暂时“割裂”的“片断”知识与其所属的知识体、知识体与应用情境之间的联系，是教材设计面临的巨大挑战。

---

① 孙绍振．春天：九种不同的古典诗情［A］．名作细读［C］．上海：上海教育出版社，2006：20-21

② 见叶圣陶《揣摩——读〈孔乙己〉》叶圣陶集第十卷，钱理群．《孔乙己》叙述者的选择［A］．名作重读［C］．上海：上海教育出版社，1996：23-28

以“叙述人称”这一知识为例。我国的语文教材往往把它视为孤立的知识予以呈现。如人教版（2001 年）初中 7 年级教材，在《最后一课》的课后练习中这样要求：试以韩麦尔先生为第一人称，改写课文中从上课到下课部分的内容。初中 9 年级教材，在《我的叔叔于勒》的课后练习中这样设计：用第一人称讲述菲利普夫妇在意外遇到于勒时各自的言行神态，探讨他们对于于勒态度发生变化的主要原因是什么，你对菲利普夫妇的做法有什么评价。同册教材中，在《智取生辰纲》一文的课后“研讨与练习”中设置了这样一题：这篇课文是从杨志等人的角度来叙述故事的，课文标题却是“智取生辰纲”，试从晁盖等人的视角来改写这个故事。从这些练习设计来看，编者没有意识到先有“叙述者”再有叙述视角，然后才有“叙述人称”的知识脉络。可以想见，没有“叙述者”和“叙述视角”意识的“叙述人称”不过是人称变化的代名词，不能体现小说这种文体在叙事艺术上的特殊性。

而在法国语文教材中，“叙述人称”是作为“方法与文学 32——叙述观点”这一模块的组成部分来呈现的。在这一模块中，先介绍了什么是叙述观点，叙述者有什么作用，叙述者的角色有哪些，作为人物的叙述者的表现是什么，还介绍了全知叙述者和零视角。“叙述人称”不过是作为“人物-叙述者”的一个知识点予以说明的。① 这样呈现知识是符合其应用情境的。任何叙事作品，尤其是小说的分析，绝对没有简单的“叙述人称”的分析，如果要有这方面的分析，也一定是在叙述观点、叙述者或叙述视角这个角度提出来的。

杜威说，学科不应被看做“一条条的知识”来吸收，只有当学科不光是作为“局外学科”提出来，而是从“学科同社会生活的关系”这一观点提出来时，它才能获得最大的感染力和儿童生活的全部意义。② 这里，笔者以为，“学科同社会生活的关系”很大程度上可以体现为语文学科中的文学知识和它的应用情境的联系，这种联系对于“活化”知识是非常重要的。其实，这个道理早在古希腊亚里士多德就已有清楚的表述。后人只知亚里斯多德强调“普遍之知”，其实他曾清楚地指出“倘有理论而无经验”，“认识普遍事理而不知其中所含个别事物”，这是不行的。③ 这说明，普遍之知必须要以其适用的情境为根基，方显其生命力。

---

① 江苏母语课程教材研究所．当代外国语文教材课程教材评介［M］．南京：江苏教育出版社，2004：342-343

② 转引自褚宏启．杜威教育思想引论［M］．长沙：湖南教育出版社，1998：194

③ 亚里士多德著，吴寿彭译．形而上学［M］．北京：商务印书馆，1959：2

2. 建立文学知识与主体情境的关联

学习作为一种知识的建构活动，受到学生当时的情境的限制，而构成他学习的基础的情境是能够被他利用的知识和经验。这个情境可称为“主体情境”，以区别于前文从知识与世界关系的角度提到的“应用情境”，同时也是为了突出学生作为知识建构的主体的地位。

构成学生主体情境的因素，从广义来说，是他本身所处的社会文化和自然环境；从狭义来说，指他所有相关的知识和经验，或系统的或零碎的，或内在统一的或相互矛盾的，或与公共知识一致的或与之冲突的。学生以其为基础的知识和经验，有许多是他在社会文化生活中形成的日常概念和知识，其中有些有促进学习的作用，有些有干扰的作用。所以，关照学习者全部知识经验对于学习活动的影响，是语文教材设计永远不能无视的出发点之一。

文学知识在本然的状态上应该是面向主体情境的。这首先反映在文学知识生产和建构的过程中。在接受美学理论看来，作家为了更好地实现作品的价值，在创作伊始和创作过程中，始终要考虑到读者的鉴赏。前苏联列宁格勒大学教授梅拉赫（Meilakh）在研究了创作史上大量作家的创作经验后提出了“接受模型”的概念，认为，作家的头脑中都有这个模型，从开始构思到作品写成的整个过程中都要始终同想象中的读者打交道。他们往往想到自己作品的思想倾向和审美内容是适应和影响哪些读者的、如何获得读者的积极反应，从分析读者的审美心理结构来寻找、安排自己作品的最佳的内在结构。接受美学的代表人物沃尔夫冈·伊瑟尔则提出了“隐含读者”的概念，认为作家在写作过程中，头脑中始终有这样一个“隐含读者”，写作过程就是向这个“隐含读者”叙述故事并与其对话的过程。“隐含读者”不是指某一个具体、现实的读者，因此“本文的每一个具体化都表现了对‘隐含读者’的一种有选择的实现”①。无论是“接受模型”说还是“隐含读者”概念，都证明作家在文学知识生产和建构过程都已考虑了读者因素，考虑了读者的知识和经验。这也就是为什么有些作家常能拥有比较稳定的读者群的原因。

从接受和消费的角度来看，文学知识也充分体现了这种主体情境性。在接受美学理论中有一个著名的概念，称之为“文本的召唤结构”。“文学作品中包含着许多意义空白与意义未定性，它是联结创作意识和接受意识的桥梁，是前者向后者转换的必不可少的条件。它促使读者去寻找作品的意义，从而赋予它参与作品意义构成的权利。正是意义未定性与意义空白

---

① 伊瑟尔著，霍桂恒、李宝彦译．审美过程研究［M］．北京：中国人民大学出版社，1988：50

才构成了作品的基础结构，此即所谓‘召唤结构’。”① 这种“召唤结构”呼唤读者用自己的知识和经验去确定“未定点”，填补意义的“空白”。文学阅读就是这样一个过程。在文学阅读中，经常需要我们适当调用生活经验、情感经验加以参证的。《红楼梦》第四十八回“滥情人情误思游艺，慕雅女雅集苦吟诗”里写香菱学诗一节（已编入新课标人教版初中语文第九册第五单元）就是典型例子。

香菱笑道：“……还有‘渡头余落日，墟里上孤烟’：这‘余’字和‘上’字，难为他怎么想来！我们那年上京来，那日下晚便湾住船，岸上又没有人，只有几棵树，远远的几家人家做晚饭，那个烟竟是碧青，连云直上。谁知我昨日晚上读了这两句，倒像我又到了那个地方去了。”

香菱上京时节晚宿渡头所见到的景自然不会是王维诗中所写之景，但王维诗中所写之景，又确实与香菱记忆中夜宿渡头所见之景有相似之处。由于香菱有自己所见之景的记忆，在诗歌阅读中又被适时地调动出来，她才能真正领会诗句中“余”字和“上”字的妙处。

以往我们对文学知识主体情境的忽视很大程度上源于这样一种文学阅读教学观：作家思想感情的对象化构成文本的意义，读者的阅读过程就是对这种意义的理解过程。因此，所谓阅读教学就是教师引导学生举一反三、快速有效地实现对文本意义的理解。在这里，读者只是认识的主体，其目的是通过理解文本而理解作家的思想感情；学生只是被动的接受者，其任务是在教师引导下提高理解文本的能力。这种文学阅读教学观的基本立论基础是主客二元分离的哲学观，现在看来已经过时。马克思曾说，“一个存在物如果在自身之外没有对象，就不是对象性的存在物”，“非对象性的存在物，是一种非现实的、非感性的、只是思想上的即只是虚构出来的存在物，是抽象的东西”。② 从读者和作品的关系看，失去了读者，作品“就不是对象性的存在物”，也就失去了其存在的意义。胡塞尔后来把这种认识加以强化，认为“认识与对象有关，对象的意义随体验而变化、随自我情绪和行动的变化而变化”，“对象在认识中构造自身”，③ 也就说，意义是在主客体融合的动态过程生成的。现象学的这种理论给接受美学提供了哲学基础。接受理论认为，文学离不开读者的阅读过程，没有读者，就没有文学。这样，从语文教材设计角度说，文学知识的呈现必须要从学生主体情境出发，为激发学生原有的生活知识和经验、原有的文学阅读知识和经验而

① 金元浦．文学解释学［M］．吉林：东北师范大学出版社，1997：385

② 马克思．马克思恩格斯全集（第42卷）［M］．北京：人民出版社，1979：168

③ 埃德蒙德·胡塞尔著，倪梁康译．现象学的观念［M］．上海：上海译文出版社，1986：67. 63

努力。

建立文学知识与主体情境关联的要求还可以从学习心理过程角度进一步阐述。金特希（W. Kintsch）将从文本中的学习分为三个层次，一是了解文本的字面意思，二是形成对于文本意义的整体性的表征，三是将文本的内容融入学习者的知识系统，成为这一系统的一部分。当新学习的知识不能融入学习者已有的知识经验系统之中时，它依旧是心理形式的孤立文本。① 文学学习就是基于文本的学习，当学生面临日常生活所获得的文学阅读和写作经验以及这种没有融合进已有文学知识经验系统的孤立知识时，他就形成两个主观文学知识的世界："一个是原有的观念提供的解释图式，是直觉的，经验的，另一个是正式的，在学习中获得的。当原有观念在日常生活情境中能够成功地解释学习者所遇到的现象和种种问题时，常常难以进行有效的概念转变。"② 考虑学生的知识经验，就必须考虑学生已有知识经验的多样性。内尔森（K. Nelson）提出了知识组织的三层结构，③ 一层是通过没有语言参与的直接经验建构的知识，第二层是依据文化组织起来的知识（culturally organized knowledge），第三层是正式组织的理论知识。其中，学生的第一层和第二层结构都是既定的存在，而且往往具有个体性或小团体化。这两层知识结构上的不同往往影响到通过学校教育获取的正式组织的理论知识的建构。从我国目前社会发展状况来看，个体置身其中的社会文化情境多样性和变动性是这个以改革为标志的时代的突出特征。基于此，语文教材在文学知识呈现上就需要考虑充分的丰富性和针对性，只有这样，才能引发不同主体情境的学生文学知识和经验的碰撞。

3. 建立文学知识与相邻学科或领域知识的关联

传统教材的重要问题之一是学科与学科之间、领域和领域之间的条块分割。这个问题在杜威那个时代已经受到批评，作为对这种综合批评的回应，课程综合化的观念逐渐得到认同。从生态角度看，综合化是恢复课程内容之间的生态关系，在教材内构建完整的知识生态系统的重要途径。语文学科的综合化在新课改中体现为"识字与写字""阅读""写作""口语交际"之外的"语文综合性学习"。语文综合性学习"以语文学科为依托，以实践活动为主要形式，综合其他学科、学生生活及现代社会的学习内容，运用合作、探究等学习方式，使学生在感兴趣的自主活动中得到语文素养

---

① Resnick, L. B. *Knowledge, learning and instruction: Essays in honor of Bobert Glaser* [M]. Lawrence Erlbaum Associates. 1989: 27.

② Fraser, B. J., & Tobin, K. G. *International handbook of science education* [M]. Kluwer Academic Publishers. 1998: 5. 15.

③ Daniels, H. *Vygotsky and Pedagogy* [M]. Routledger Falmer. 2001: 96.

的全面提高。"① 这种综合化，其用意在于"强调知识系统的整体性，打破森严壁垒的科学研究上的学科分类系统，从学生出发，重构知识系统。"②回到文学教学问题上，语文教材的设计就要强调文学知识与相邻学科或领域知识的关联性。

文学是"人"学，是人写的，写人的，为人写的。而人是完整的人，与人的这种整体性相对应，文学的创作和接受过程中，文学知识和其他知识应具有整合性特征。我们先看创作过程。古人云，"读书破万卷，下笔如有神""腹有诗书气自华"。作家夏衍在《生活·知识·技巧》中建议青年作者们："读一点中外历史，读一点自然科学，读一点清末民初小说、笔记，读一点'五四'前后代表作品，读一点中外关系史。要文艺工作者对这些方面都精通，那是有困难的，但是，对这些方面有一定的常识，却是必要的。我还要强调多读书，多积累知识的重要性。"③ 这里我们看到，作家所应掌握的知识并不限于文学知识。一般来说，作为作家创作内容的知识基础包含三个层面④：其一是一般知识，如历史典故、风土人情、习俗常识、天文地理、科技外语、自然科学等；其二是专业知识，如创作内容涉及的专业学科、理论概念、行话术语、历史演变等；其三才是文学知识，如作家作品的知识、文学体裁的知识、文学史的知识、文学写作技巧知识等。这些知识互相交融、互相配合，共同支撑作家创造性地"把原象转换为意象，又把意象转化为物象"的创作过程。鲁迅谈及创作体会，曾说："必须如蜜蜂一样，采过许多花，这才能酿出蜜来，倘若叮在一处，所得的就非常有限，是酿不成蜜的。"⑤ 这个酿蜜的比喻颇为形象地道出了在文学创作过程中，各种知识经验的化合融通的过程。

从文学接受角度看，文学知识和其他知识也是整合一体的。在阅读过程中，我们所面对的是作家运用语言为我们构筑的情感的世界、体验的世界、一个充满诗情、诗意、诗味和情趣的世界。这是一个相对完整、自足的世界，融合了知识、思维、情感、审美等诸多因素，是作家人生观和审美观的外现。对于这个世界，人们只能以直觉思维去把握，任何"断章取义"的分解方法都会破坏其完整性，且无法获得其隐微精深、和谐圆满的文学底蕴。

在文学教学中，人们对文学知识的这种整合性并没有充分的认识。在

---

① 尹晓军．语文综合性学习：变更教师的教学方式［J］．中国教育学刊，2003（11）：31-33

② 陶本一主编．学科教育学［M］．北京：人民教育出版社，2002：100

③ 夏衍．夏衍创作论［M］．上海：上海文艺出版社 1982：89

④ 刘海涛．文学写作教程［M］．北京：高等教育出版社，2005：48

⑤ 鲁迅．鲁迅书信集（下卷）［M］．北京：人民文学出版社，1976：982

文学鉴赏指导中常以“内容”和“形式”二分的方法来指导鉴赏教学。在《走进语文教学之门》中举到过的例子有一定的典型性：在一本语文教育类专著里，把文学鉴赏教学分成这样三个步骤：

第一步——认识作品的基本内容；

第二步——认识作者是如何展现这些内容的；

第三步——综合前面两步，认识作品的主题和思想意义。

而其中所谓的“作品的基本内容”其实就是文本的情节梗概，“如何展现这些内容”其实就是创作技巧，包括词语及其安排，叙述角度，意象、隐喻和象征，还有结构。该专著还进一步分析了“主题和思想意义”。王尚文批评说，这种鉴赏指导“其提问方式首先就把内容和形式割裂开来了”。①

在各门学科中，与文学最为密切的显然是艺术。在人类早期和个人的幼年时代，说、唱、舞、画等艺术活动都融为一体，西方的歌剧、舞剧以及我国的传统戏曲也都是吹、拉、弹、唱、舞、乐、书、画融为一体的综合艺术形式。因此，学习戏曲文学时不妨设置一个语文综合性学习活动，让学生“了解一点戏曲知识”“欣赏一点戏曲片段”“学唱一点地方戏曲”“试做一点戏曲动作”，通过评选出“最佳表演”“最佳课件”“最佳解说”“最佳创意”等奖项来鼓励学生参与到文学、音乐、美术、舞蹈多种艺术融合的文化盛宴中来。当然，文学还可以在更大范围内实现与美学、历史、哲学、科学的相互沟通。如人教版（2001 年版，2011 年修订）七年级上册以“月亮”为话题，设计了一系列的语文综合性学习活动：（1）由联想到嫦娥奔月等神话传说从而进一步去拓展阅读；（2）广泛搜集积累“秦时明月汉时关”等古代相关诗词并领悟其中所表达的思想情感；（3）了解人类一直以来对月亮、对宇宙的不懈探索以及今天所取得的巨大成就（联系中国首次载人航天飞行的成功）；（4）充分发挥学生的想象，大胆设计未来的太空城市等等。这样一来，文学知识就可以在问题情境中与其他知识形成共生的关系，便于学生领会和掌握。

---

① 王尚文等．走进语文教学之门［M］．上海：上海教育出版社，2007：342-343

第五章

语文教材中的文学“定篇”

第一节　语文教材中文学“定篇”的选择

施蛰存先生曾提出：语文课程“要有一个基本教材，由教育部组织全国最有权威的学者来编，选的篇目必须是适宜中学生读的、众所公认的名篇，然后固定下来，十年八年不变，这样不管你在什么地方念书，一提起这些文章，大家都读过，使全国的青年有一个比较统一的语文水平”。① 从选文功能类别的角度看，这些“众所公认的名篇”就是“定篇”。这些“定篇”由谁来编，通过什么方式来编，“国定”还是“审定”，可以讨论。但不管谁编，不管以什么方式编，都存在一个选择标准的问题。根据这个标准，语文教材编者来确定选择哪些作家的作品，某一作家的哪些作品。从文学教学的角度来说，文学“定篇”的选择比一般“定篇”还要多一重考虑，那就是文学的课程目标。所选择的作为课程内容的文学“定篇”，不仅指向文学课程目标，而且是要为这一目标服务的。

一、文学“定篇”的特点

在文艺界，文学经典化在很长时期是个学术热点。人们认为文学经典化实际有两层含义：其一，过去年代那些文学作品，在刚创作出来时并不一定是经典，但在问世后引起了强烈反响的作品，并经受了时间考验。其二，在特定的文学的整体场景中，文学作品的面貌被后代重塑，具有了典范和标准的意义。② 这两层含义对 文学“定篇”来说，可以作这样的理解：其一，某一文学作品刚选入语文教材，并不具有“定篇”的性质，但选入以后受到广泛好评，经过一代又一代师生的教学，后来逐渐成了“定篇”；

---

① 施蛰存、王丽．语文教育一定要改［A］．王丽．中国语文教育忧思录［C］．北京：教育科学出版社 1998：88

② 张荣翼．文学史，文学经典化的历史［J］．河北学刊，1997（4）：75-80

其二，在特定的语文教材中，入选的文学作品本不具有代表性，但经编选者的有意组合与阐释，具有了代表某一类文学作品的示范意义。前者表明"定篇"的形成过程及其动因，后者表明"定篇"在特定语文教材的建构方式。

作为文学经典的"定篇"来说，从其形成过程和建构方式来说，大致具有这样几个特点：

（一）稳定性与流变性的统一

从形成过程看，文学"定篇"具有稳定性和流变性，是"定"与"不定"的统一。从具体篇目看，有些课文是作为"久经历史考验"的传统"定篇"保存下来的，它们得到各时期语文教材编者的普遍认同。如《皇帝的新装》《背影》《荷塘月色》《济南的冬天》《祝福》《药》《从百草园到三味书屋》《促织》《美猴王》《鲁提辖拳打镇关西》《雷雨》等等。它们体现了"定篇"稳定性的特征。但另一方面，文学"定篇"又具有"不定"性。这种"不定"性体现在两个方面：一是"定篇"的形成经历了一个"过程"，具有一种构造性；二是"定篇"不是一成不变的，而是随着时代的变化、人们观念的更新，具有更改变动和再选择的特点。清代赵翼在《诗论》中曾说："李杜诗篇万口传，至今已觉不新鲜。江山代有才人出，各领风骚数百年。"从语文教材发展历史看，几乎所有的定篇都要面临"确立—打碎—重组"的过程。

作为我国第一部诗歌总集的《诗经》，其经典地位至今无人可以撼动。但在不同时代，受文学观和教材观的影响，其选入中学语文教材的篇目变化是很大的，以建国后人教版中学语文教材为例。1956 年汉语、文学分科时期，《文学》教材选了不少《诗经》的篇目，计初中第三册有《木瓜》《采葛》《君子于役》3 篇，高中第一册有《关雎》《氓》《黍离》《伐檀》《蒹葭》《无衣》6 篇。这些篇目反映了当时人们劳动、爱情、反对阶级压迫和剥削以及对生活的感受等多个方面。1957 年"反右"斗争后，分科教材受到了批评，有人指责它"厚古薄今，脱离实际，脱离政治"，并质问"今天全国人民以无比的干劲建设社会主义，现行教材却编选了一些消极避世、闲情逸致、儿女情长的作品教育学生，这与今天轰轰烈烈的时代合拍吗?"① 很快，这套教材被停止使用。取而代之的类似政治性读本的 1958 年教材。1958 年教材选文趋于政治化，所选多为当代作品，把《诗经》入选的篇目完全删去。其后，1963 年人教版高中语文第五册、1978 年第一册、

---

① 顾振彪．人教版 1956 年初中、高中文学、汉语分科课本介绍［A］．新中国中学语文教育大典［C］．北京：语文出版社，2001：516

1982年第一册、1990年第五册虽都选了《诗经》中的篇目，但在选篇上完全一致，都是《伐檀》和《硕鼠》。这两篇主题雷同，都反映阶级压迫和剥削内容，长期以来成了语文教材以不变应万变的保留篇目。直至1996年以后，人教版语文教材的面貌才得到改观，其高中教材除了保留《伐檀》外，还增加了反映爱情生活的《静女》等篇。

（二）原生价值与教学价值的统一

从形成动因来看，文学“定篇”一方面具有突出的文学价值，另一方面也必然具有独特的教学价值。作为文学经典的“定篇”，其文学价值是无可置疑的。有研究者认为，一篇文学作品之能成为经典，其文学上必定具有如下价值①：1. 在作品所表达的内容方面，以挖掘和表现人性的“深”和“广”为追求。向内，开拓和突进人的心灵和情感世界；向外，展现或涉及广阔的社会、历史和人生内容。2. 在作品的表达形式方面，作为文学的组装“元素”和技术手段，文字特点、结构形态、视角选择、叙事方式、形象构成、意象营造、意境设置具有自身独特的追求。3. 能激发读者改变艺术口味和习性，转换看待世界和艺术的思维和立场，激活深藏在人类心灵深处的艺术潜能和艺术感受力。4. 独特而不可替代，通过对美的追求并在作品中塑造了美，具有“美学的尊严”（波德莱尔语）。对文学“定篇”而言，这些文学价值是其原生价值——作为一种社会阅读客体存在所具有的传播事实或情感信息的价值。但作为一个教学文本，它应该还具有独特的教学价值——即怎么传递这些事实或情感信息的价值。

文学“定篇”的教学价值体现为两个层面。其一，文化的接触。朱自清在《经典常谈》序中说，“经典训练的价值不在实用，而在文化”，“阅读经典的用处，就在于教人见识一番”。② 法国通过让学生学习中世纪的英雄史诗、16世纪的狐狸列那的故事、17世纪的古典戏剧、18世纪启蒙哲学、19世纪的小说诗歌，使其“掌握法兰西文化的基本要素，并且形成鲜明的个性”。③ 日本通过让学生接触经典，加深对本国文化传统的关心，“扩展对经典作品的见解、感受和思考，培养喜爱经典作品，并借此丰富人生”。④ 其二，供学生效仿。作为“定篇”的经典，其“典范”之中包含着

---

① 刘俊. 经典化的可能及条件——北美（新）移民华文文学创作优势分析［J］. 华文文学，2005（12）：23-26

② 朱自清《经典常谈》序［A］. 中央教育科学研究所编. 朱自清论语文教育［C］. 郑州：河南教育出版社，1985：8-10

③ 倪文锦、欧阳汝颖. 语文教育展望［M］. 上海：华东师范大学出版社，2003：267

④ 柳士镇、洪宗礼主编. 中外母语课程标准译编［M］. 南京：江苏教育出版社，2000：425）

“可供效仿”的含义。由于文学经典本身既是一个时代文学的高峰，又是人类的丰富的精神库存，因此，这种效仿可以是写作技巧、谋篇布局，也可以是审美要素、思想内核、精神意蕴。从精神文化这个层面上说，在我国传统文学经典之中，关注民族命运，热爱祖国，是一个非常突出的主题，历经几千年而不衰。从战国时代屈原的《离骚》，到汉代苏武拘匈奴 19 年而不辱节，杜甫的忧国忧民诗篇，岳飞的精忠报国，文天祥高唱《正气歌》，顾炎武“国家兴亡，匹夫有责”的呼吁，爱国主义和民族精神可谓代不隔绝，一路传唱下来，形成了中国文学一道感人至深的风景线。这些作品成为“定篇”，有助于使学生的爱国情、民族心坚定、纯洁、高尚起来。

（三）诗歌学与解释学建构方式的统一

从存在方式来看，文学“定篇”既有诗歌学的建构方式，也有解释学的建构方式。所谓诗歌学和解释学，是文学研究的两种基本模式。诗歌学研究原来属于语言学范畴。索绪尔结构语言学所提出的共时语言学理论，把语言作为一种功能系统来理解，从共时的角度观察语言，努力把这个系统中使得语言的形式和意义得以存在的规则和程式说清楚。也就是从语言的效果出发，说清楚这个效果是如何产生的。这个思路被文学理论家们所借鉴，并运用到文学研究中来。而解释学的模式则是从法律和宗教领域中借鉴的。人们试图对具有权威的法律文本和神圣的宗教文本加以解释，目的是对如何行动做出决定。

这两种模式在文学研究领域得到确认是近年来的事。当今西方文学批评界活跃而有影响的理论家，美国结构主义文论家乔纳森·卡勒（Jonathan Cullero）在他的理论著作《当代学术入门：文学理论》（Literary Theory：A Very Short Introduction，1997 年出版）中提出①，“在文学研究中也有一个经常被忽略的基本区别，就是两个课题的区别：一个根据语言学的模式，认为意义就是需要解释的东西，并且努力证明为什么意义会成为可能。另一个与其相反，它从形式开始，力图解释这些形式，从而告诉我们这些形式意味着什么”。前者指的就是诗歌学，后者就是解释学。这两种模式在所取路径上是不同的，“诗歌学以已经验证的意义或者效果为起点，研究它们是怎样取得的。而解释学则不同，它以文本为基点，研究文本的意义、力图发现新的、更好的解释”，“以意义或效果为出发点的方式（诗歌学）与寻求发现意义何在的方式（解释学）有着根本的区别”。

---

① （美）乔纳森·卡勒著，李平译．当代学术入门：文学理论［M］．辽宁教育出版社、牛津大学出版社联合出版，1998：64-65

乔纳森·卡勒关于诗歌学和解释学的描述对我们认识文学“定篇”在语文教材中的建构方式有深刻启示：在语文教材中，从认可“定篇”的经典性出发，以文学的、美学的视角去解释其何以成为经典，这种建构方式，就是诗歌学的建构方式；从“定篇”是个次经典的文本出发，通过不断阐释，提升其经典性，这种建构方式就是解释学的建构方式。从语文教材的发展历史看，这两种方式都存在。前者如《红楼梦》中的《林黛玉进贾府》，莎士比亚戏剧《威尼斯商人》，鲁迅的《阿Q正传》，都德的《最后一课》等，这些作品本身在进入语文教材前就是文学史上公认的经典，中学文学教学的主要工作就是从多种角度鉴赏其所具有的艺术魅力及追索这种艺术魅力形成的原因。后者典型的例子不少，我们举一个古代语文教材中的例子。众所周知，陶渊明的诗影响很大，是公认的经典。然而当初，他却是无名之辈。晋末的诗人当时只举殷仲文、谢琨，由晋入宋的诗人，江左并称颜、谢（颜延之、谢灵运），都没有注意到陶渊明。当时文坛领袖沈约所撰写的《宋书》，只把他列入《隐逸传》，并不提他的诗。另外沈约在《谢灵运传》后所写的长篇评论，力图概括一代文风，其中也没有说到陶渊明。《南齐书·文学传论》，以及晋宋各种史传，都没有对陶渊明诗的评价。刘勰的《文心雕龙》被称为“体大虑周”，所提到的作家看起来阵容豪华，但竟然没有提到陶渊明和他的诗。钟嵘的《诗品》提到陶渊明的诗，但只列为中品，说成是“隐逸诗人之宗”。陶渊明及其诗真正被发现是梁昭明太子萧统，他为陶渊明写了“传”，并在自己所编选的我国第一部语文教材《文选》中选了陶诗，陶渊明及其诗歌才获得了一个较高的地位。此时离陶渊明生活的东晋已经过了三个朝代。也许正是由于萧统《文选》的权威推荐和《文选》其后作为语文教材被后代士人广泛诵读，陶渊明才逐渐被后人注意到。可以说，语文教材作为一种特殊的文学接受途径，成就了一代大诗人陶渊明。

二、文学经典化与“定篇”的选择

众所周知，不是所有的文学作品都能成为经典；也不是所有的文学经典都能成为语文教材中的文学“定篇”。但不能否认这样一个事实，那就是，凡入选为语文教材“定篇”的文学作品必然是文学经典，否则不足以承担培育文学、文化素养的任务。从这个意义上来看，文学“定篇”的筛选过程与文学作品的经典化过程紧密相关，具有较高程度的一致性。

文学作品经典化是不同时代的读者对文学作品不断作出批评的过程，所以套用艾布拉姆斯关于艺术批评的坐标理论可以比较方便地梳理出文学经典化的几个基本维度。艾布拉姆斯认为“每一件艺术品总要涉及四个要素”，即作品、读者、作家以及世界。据此，我们可以把文学作品经典划分为四个基本维度：作品的价值、读者、作家以及世界。①

先来看作品的价值。传统文学观认为，文学经典以其优美的文字、高超的技巧、深刻的洞见、入骨的剖析，再现了人世间的悲欢离合与爱恨情仇。它超凡脱俗，摒弃功利，叩问人心，激荡世情，在自由与美中翱翔，在烦苦与无奈中沉思。所以，文学“经典是人类普遍而超越（非功利）的审美价值与道德价值的体现，具有超越历史、地域以及民族等特殊因素的普遍性与永恒性。”② 经典之所以成为经典，是因其精妙的艺术价值，超功利的言说，深沉的思索，为人类开辟新的心灵的栖息地。鉴于此，人们在评价文学作品、确定文学经典的过程中，往往以文学作品的本体价值——文学价值作为决定性标准。

然而，读者接受理论视野中的经典观与此完全不同。在接受美学家看来，文学既是作者的创作但同时更是读者的阅读，双方构成了一种互动与对话的关系。“文学作品的价值与历史地位取决于创作意识与接受意识的合作。创作意识指作家体现在作品中的主观意图，这种意图是否得到认可，依赖于读者的接受。”③ 缺少了读者的文学只能称作文本，终究成不了作品，经典化更加无从谈起。而读者的关切与希望，又促进了文学创作的繁荣兴盛。因此，在文学经典化过程中，读者必然要扮演举足轻重的角色。

第三个维度是作家。在文学经典评议过程中的作家，不应仅仅单纯地指作品的创造者，即作者，同时还应该包括理论家与批评家。较之普通读者大众而言，以上诸“家”联合构成一个具有专业知识的读者群体。文学阅读本身是极其复杂的活动，普通读者虽然能对文本的浅层含义有所体会，但对其深层意蕴却不易触及，需要专业读者对作品的深刻洞察和精细感悟。在历史上，任何一次文学经典化的过程，都少不了这些专业的读者。他们争论，探索，不懈地努力，才成就了一批又一批的文学经典。若没有他们的耕耘，布莱克的浪漫诗歌、艾米莉·勃朗特的《呼啸山庄》就将压在文学的“箱底”，不为世人所见；陶渊明、废名也只能长久地坐在中国文学经典的“替补席”上。

---

① ［美］艾布拉姆斯著，郦稚牛、张照进、童庆生译．镜与灯——浪漫主义文论及批评传统［M］．北京：北京大学出版社，2004：4-5

② 陶东风．文学经典与文化权利（上）——文化研究视野中的文学经典问题［J］．中国比较文学，2004（3）：58-74

③ 童庆炳．文学经典建构的内部要素［J］．天津社会科学，2005（3）：86-88

第四个维度是世界。这实际上强调的是政治意识形态与文化权力的变动。不言自明，作家与读者都生活在具体的、历史的世界中，对文学经典形成的评说也就必然受到这个时代、这个地域、这个民族的政治社会意识形态和文化控制的影响。它们像是一只看不见的手，但却实实在在地影响着生活在其间的每一人、每一事、每一物。文学作品的经典化，永远无法免于它们的影响。以上世纪50年代为例，中国文坛绝对的经典都是苏联现当代作家作品，而欧美20世纪的当代作家作品，由于严格的控制与审查，很难进入中国读者的视野，经典化更加无从谈起。

以上这四个维度，从任何单一的视角看，都难免偏颇。因此有研究者提出整合的观点，"不应局限于一方一面，藩篱在单个要素的狭隘视野之内，而要综合分析各种观点，加以整合，权衡优劣，取长补短"。① 只有这样，才能更准确、更全面地理解文学经典，实现文学经典化。如果我们把作品的价值视为内部因素，蕴涵"自律"问题，那么"世界"则可以看作外部的"他律"因素，而读者和作家连接外部和内部，介乎"自律"和"他律"之间。从应然的状况看，显然，文学作品的价值是建构文学经典的基础。如果一部完全没有文学价值的作品，它所描绘的世界，所表现的感情，不能引起读者的阅读兴趣和心理共鸣，不能满足读者的期待，它就无法成为经典。反之，能够建构为文学经典的作品，总是具有相当的文学水准和价值，能够满足读者的期待。然而，在文学作品经典化过程中，政治意识形态和文化权力的因素起着显著的作用，一定时期甚至是决定作用。

由于语文教材具有很强的社会控制作用，而历代文学"定篇"基本上是从文学经典中加以选择，因而这种政治意识形态和文化权力的作用进一步被放大。在中西文化背景下，这种意识形态和文化权力体现形式各有侧重。

西方最早的文学经典化始于古代学校。那时，学校通过选取文本来传授读书识字与写作的能力。学校中的教师，既担负教书育人的重责，同时也要从事学术的研究。他们对发现优秀文学作品，并将之加以保存都很感兴趣。这些作品的出处并不重要，不论作品来自何处，收集、整理、保存这些文本为的是完成他们传授知识的教学任务。虽然这种选择与保存文本原本是出自教学目的，但之后，为了维护作品选择的权威性和正确性，人们才开始讨论特定作品的价值。② 中国古代也是类似的情况，孔子为广播儒

① 张婧．文学经典的诸种观点简述［J］．铜仁学院学报，2007（1）：21-24

② Guillory. John. "Canon"［A］. Critical Theory for Literary Study［C］Ed. Frank Lentricchia &Thomas Menughlin. Chicago：The University of Chicago Press，1995：233-249. 240

学，开门授徒。他所选取的《诗》《书》《礼》《易》等就是教材，之后慢慢成为经典。

早期学校对经典作品的选择体现了其作为文化知识传承的方式对文学经典化所产生的作用，而巴茨勒尔等人的研究则说明了学校国民教育因塑造民族身份的认同、传播社会共同意识的需要而对经典化所造成的影响。19世纪的英国，开始渐进地推动全民教育的浪潮，其目的在于“塑造英国的现代民族国家认同”。作为教授科目之一的英国文学，通过在茫茫烟波的文学作品中汲取适宜且能有效塑造学生民族身份认同和传播社会共同意识的部分作为范本，灌输了一种“何谓英国人”的民族认同感。那时的文学经典，有意或无意地，都为这个目的而服务。康拉德及其作品就是例证之一。① 而我国文学“定篇”的选择更多受政治因素的影响。以唐代三大诗人李白、杜甫、白居易的作品在语文教材中的升降沉浮为例。在中国文学史上，这三位诗人的作品具有经典性，其地位也一直并驾齐驱的。但由于时代的更替，人们的观念发生了变化，其经典地位也就随之发生了变化。1952年人教版高中语文第三册有白居易诗《重赋》《轻肥》《买花》《卖炭翁》4首；第四册古诗二首，有杜甫1首；绝句八首，有李白1首；第六册有杜甫诗《羌村三首》。1956年汉语、文学分科教材高中第二册选了李白诗《梦游天姥吟留别》《子夜吴歌二首》《送友人》《登金陵凤凰台》5首；杜甫诗《兵车行》《羌村三首》《旅夜书怀》《登高》6首；白居易诗《琵琶行（并序）》《买花》2首。此时三大诗人平分秋色，入选作品也丰富多彩。1958年“大跃进”时代，高中语文教材第三册有白居易诗《杜陵叟》《缭绫》2首，第四册有杜甫诗《羌村三首》。在这个“大干快上”“多快好省”的时代，是不需要李白诗中浪漫主义的“闲情逸致”的，所以教材删掉了李白的诗篇。1960年高中语文第二册有杜甫诗《羌村三首》；第四册有杜甫诗《闻官军收河南河北》《登岳阳楼》；李白诗《蜀道难》。1963年高中语文教材第一册有白居易诗《杜陵叟》；第五册有白居易诗《琵琶行》；第六册有杜甫诗《羌村三首》。从入选课文看出，1956年以前的语文教材中，三大诗人地位基本均等，在课文分析上，既强调诗歌的思想性又强调诗歌的艺术性。到1958年“大跃进”时代，教材编写上过分强调思想政治教育，经典作品少得可怜，大量的政论文，时事性强而缺少文采。课文几乎变成政治读物和报刊集锦。突出无产阶级政治，反映人民对剥削压迫的反抗，以及对诗歌人民性的阐释成为教材的主流。此时，杜甫、白居易的地位居于李白之上，“现实主义”取代了“浪漫主义”，“教育必须为政治

① Ashcroft. Bill, Gareth Griffiths, and Helen Tifin. *The Empire Writes Back: Theory and Practice in Post-Colonial Literature* [M]. London: Routledge, 1989: 195

服务”得到了空前的体现。到1978年后，改革开放带来了政治、文化和文学的多元化，李白诗的地位才开始上升。由此可见，政治意识形态影响语文教材文学“定篇”的选择可谓深远。

三、文学“定篇”选择标准建构

前面我们探讨了文学“定篇”的基本特点及文学“定篇”与文学经典化的关系。这里我们想进一步讨论文学经典是如何被选择成为文学“定篇”的，其选择的依据是什么。

（一）现有选文标准之审视与借鉴

1. 我国大陆地区语文教材的选文标准

“文质兼美”是我国语文教材选文一以贯之的标准。新中国成立以来尽管曾出现过“应用性”或“个性化”的标准，但起主导作用的还是“文质兼美”的标准。

“文质兼美”标准观由来已久，我国第一部语文教材《文选》就是其源头。其选文标准正如序中所说，“综缉词采，错比文华，事出于沉思（深刻的艺术构思），义归乎翰藻（指华丽的辞采）”。① 可以这样说，我国自有语文教材始，就尊奉着“文质兼美”这一选文标准。

新中国成立以来语文教材“文质兼美”的标准深受叶圣陶先生的影响。叶圣陶先生在1962年写给人民教育出版社中学语文编辑室的书面指示中也谈到了“文质兼美”选文标准问题。当时中语室同志提出把七篇文章选进教科书，这七篇文章为《谈学逻辑》（作者潘梓年）、《在莱比锡审讯的最后发言》（节选自《季米特洛夫选集》）、《在法庭上》（节选自高尔基的《母亲》）、《工厂技术革命的新气象》《火光》《在狱中》（节选自《青春之歌》）、《怎样评价〈青春之歌〉》等，叶老却提出不同意见，说这七篇文章“仅为粗坯”，“实未具语文教材之资格。……我人首须措意者，所选为语文教材，务求其文质兼美，堪为模式，于学生阅读能力写作能力之增长确有助益。……”

“文质兼美、堪为模式”说的提出，为此后文选型语文教材选文确立了基本方向。1963年5月《全日制中学语文教学大纲（草案）》：“课文必须是范文，要求文质兼美，具有积极的思想内容和优美的艺术形式，足为学

---

① 朱自清谓“事出于沉思，义归乎翰藻”二语即“善于用事，善于用比”之意，与我们的理解稍异。见王瑶．中古文学史论集［M］．上海：上海古籍出版社，1982：132

生学习的典范。入选的文章，一般应该是素有定评的，脍炙人口的，特别是经过教学实践证明效果良好的。”1978 年 3 月《全日制十年制学校中学语文教学大纲（试行草案）》：“课文要选取文质兼美的文章，必须思想内容好，语言文字好，适合教学。”1986 年 12 月《全日制中学语文教学大纲》：“课文要选取文质兼美、适合教学的典范文章。”1992 年 6 月《九年义务教育初中语文教学大纲（试用）》：“课文要文质兼美。语言文字要合乎规范。课文要难易适度，适合教学，应该是经过一定的努力，教师能教好，学生学得了的。题材和体裁应该丰富多样，能激发学生的学习兴趣。”2000 年 3 月《九年义务教育全日制初级中学语文教学大纲（试用修订版）》：“课文要具有典范性，文质兼美，题材、体裁、风格应该丰富多样，富有文化内涵和时代气息。要体现教学目的，适合教学，有利于开拓学生视野，激发学生学习兴趣。”2001 年 7 月《全日制义务教育语文课程标准（实验稿）》：“教材选文要具有典范性，文质兼美，富有文化内涵和时代气息，题材、体裁、风格应该丰富多样，难易适度，适合学生学习。”

2. 其他国家和地区语文教材的选文标准

根据研究，其他国家和地区在选文标准上有较大的差异。有的从文化传承角度出发，注重文化本位标准，如法国的“经典化”标准和我国台湾地区的“传统化”标准；有的注重社会生活，突出社会本位标准，如美国的“生活化”标准和我国香港地区的“实用化”标准；有的注重个人发展，强调个人本位标准，如英国的“本体化”标准和日本“人格化”标准。①这里我们着重分析一下文化本位的选文标准。

（1）法国的“经典化”标准

所谓经典化，就是注重名家名篇的一种选文倾向。法国教材的选文非常注重名家名篇，以尽量反映法国的文化与传统。这和别的国家存在着明显的区别。从公元前古希腊荷马的《伊利亚特》到 20 世纪 60 年代的作品，名家名篇占到课本选文总量 80% 以上，其中较大部分是法国作品，也包括一定数量的外国作品。比如法国的夏勃布里昂、拉辛、福楼拜、左拉、巴尔扎克、雨果、缪塞、莫里哀、司汤达、都德、拉封丹等以及古希腊的荷马、欧里庇得斯、英国的笛福、俄国的托尔斯泰、丹麦的安徒生、美国的斯坦倍克和爱伦·坡、智利的聂鲁达等作家的作品都选入了课本。这种建立在选文“经典化”基础上的大量阅读无论是对于学生的阅读能力还是审美能力的提升都大有裨益。

---

① 王晓霞. 国外及港台地区初中语文教材选文标准观比较研究［J］. 学科教育 2004（3）：18-24

（2）台湾的“传统化”标准

所谓传统化是指尊重传统文化，多选文化经典的一种倾向。台湾语文教材向来重视传统文化，其选文非常注意传统思想教化。1983年的台湾国文课程标准规定：“课文之选材，必须同时具有语文训练、精神陶冶及文艺欣赏三种价值，并切合学生心理发展及其学习能力。”1995年版的台湾国民中学国文课程标准规定选文应当“思想纯正，足以启迪人生真义，培养国民道德者；旨趣明确，足以唤起民族意识，配合国家政策者；理论精辟，足以启发思想，明辨事理者；情真意切，足以陶冶性灵，激励志气者；韵味隽永，词句优美者；篇幅适度，便于熟读深思者。”这些都是从思想教化的角度出发，力图从优秀的传统文化中挖掘出那些能够以资借鉴的东西来。体现在课文的编选上，特别重视系统地编选文学史上的名篇佳作，以中国文学的丰富营养滋润青少年，达到弘扬中华民族优秀文化传统的目的。

3. 借鉴与反思

上述选文标准是普适意义上的标准，对于文学“定篇”的选择，有一定的借鉴意义，但同时也有一定局限。

我们先分析“文质兼美”的标准观。首先，“文质兼美”所体现的是对一般文章好坏的评判，选入语文教材的文章和一般文章有所不同，单一的“文质兼美”难以反映其教学功能。其次，“文质兼美”标准的立论依据是“例子”说。“例子”说把所有选文定位为养成阅读习惯的凭借。叶圣陶先生对于语文教材有两段话说得明白：“语文教材只是些例子，从青年现在或将来需要读的同类书中举出来的例子，其意思是说，你如果能够了解语文教本里的这些篇章，也就能阅读同类的书，不至于摸不着头脑。”“知识不能凭空得到，习惯不能凭空养成，必须有所凭借。那凭借就是国文课本。”但“定篇”的定位显然与此不同。王荣生教授指出“语文课程肩负着文学、文化素养的重任；而文学、文化素养在语文课程中有特定所指，它以确指的‘定篇’存现。”① 也就是说，文学“定篇”的定位是培养学生的文学素养。前者重视选文的范例作用，体现的是工具价值；后者重视选文的文化作用，体现的是本体价值。从相互关系来说，后者是在前者基础上发展而来的。王荣生教授在仔细甄别语文教材选文功能的基础上，把选文四分，分成“定篇”“例文”“样本”“用件”。②“定篇”的功能显然有别于“例子”的功能，不管这个例子有多么典范。从理论创新的角度看，“定篇”等概念的提出，“揭示了选文进入教材的不同途径以及由此形成的不同的功能

① 王荣生．语文科课程论基础［M］．上海：上海教育出版社，2005：268

② 王荣生．语文科课程论基础［M］．上海：上海教育出版社，2005：261-315

发挥方式，把语文教材选文类型研究引向语文课程教学一体化视域"，意义非常深远。① 因此，以"文质兼美"标准来衡量一般选文则可，用以衡量文学"定篇"，过于笼统含糊，并不适当。

我们再看文化本位标准观。如果把文学"定篇"的选择定位在文化经典这个范畴，也许又会出现另一种偏差。第一，在文学"定篇"选择上会不自觉扩大其范围，把属于文化层面上的经典都纳入进来；其二，文学教学局限于模仿模式，文学"定篇"的了解和欣赏不是从其文学审美出发，而从其文化意义出发，难以回复其审美教育的本质。对此，文艺学家已经从文学研究层面提出了警示："讨论诗人饱受哮喘病折磨的童年，或是审视他独特的句法结构，体察其诗中 S 音的沙沙声，探究现象学的阅读方法，将文学作品与阶级斗争相关联，或是看看作品销量如何。"② 运用这些方法，与其说是在进行文学研究，倒不如说他们与其他学科，如语言学、历史研究、社会学等更相关联。耶鲁大学哈罗德·布鲁姆教授也在其 1994 年出版的《西方的经典：各个时代的书籍和流派》中表达了他对文化批评和文化研究的不认同。他认为："我们一旦把经典看作为单个读者和作者与所写下的作品中留存下来的那部分的关系，并忘记了它只是应该研究的一些书目，那么经典就会被看做与作为记忆的文学艺术相等同，而非与经典的宗教意义相等同。"③ 文化研究使文学研究偏离了自身运行的轨道，更甚者产生了巨大的破坏力，使传统已认定是文学经典的作品饱受怀疑与攻击。

文学研究层面上的文化视角容易造成对文学的破坏，同样，文化本位的选文标准也容易使文学"定篇"转化为文化"定篇"，学生更多从中获取了文化的信息，却忽视了它们本身是审美的文本，是召唤的结构，不能从中得到审美趣味的提升、审美情感的浸染。

（二）文学"定篇"选择标准之建构

通过上面的讨论，我们提出，文学"定篇"选择的基本立足点是文学经典。文学经典首先是"文学"的，其次才是"经典"。国内有学者曾从"思、诗、史"三个角度或标准来把握这两重含义，很有启发性：④ "第一，

---

① 顾云虎．语文教材定篇、例文、样本、用件的划分［J］．安徽教育学院学报，2006：127-129

② Eagleton，Terry，Literary Theory，Introduction［M］．Minneapolis：University of Minnesota Press，1983.

③ Bloom. Harold. The Western Canon：the Books and school of the Ages［M］．New York：Harcourt Brace&Company，1994.

④ 黄曼君．回到经典重释经典——关于20世纪中国新文学经典化问题［J］．文学评论，2004（4）：108-114

在精神意蕴上，文学经典闪耀着思想的光芒。它往往既植根于时代，展示出鲜明的时代精神，具有历史的现实的品格，又概括、揭示了深远丰厚的文化内涵和人性的意蕴，具有超越的开放的品格；第二，从艺术审美来看，文学经典应该有着‘诗性’的内涵。它是在作家个人独特的世界观渗透下不可重复的艺术世界的创造，能够提供某种前人未曾提供过的审美经验；第三，从民族特色来看，文学经典还往往在民族文学史上翻开了新篇章，具有‘史’的价值。”

文学“定篇”的选择尽管与文学经典化具有高度的相关性，但并不是所有被经典化的文学作品都能成为“定篇”，这里还存在一个课程内容选择的问题。课程内容的选择大致有四个基本环节:① 第一，确定课程价值观，其核心是回答“什么是受过教育的人”；第二，确定课程目标，这是课程价值观的具体化；第三，确定课程选择的三种基本取向之关系，即确定作为课程内容的学科知识、当代社会生活经验、学习者的经验三者的关系，对这种关系取决于特定的课程价值观；第四，确定课程内容，即确定与特定课程价值观和课程目标相适应的课程要素。体现在语文教材中，人们在考虑选择什么样的文学经典作为语文教材的课程内容时，实际上头脑之中已经有了一个预设的框架或标准，这个框架或标准的核心主要有两点：其一，所选择的文学经典是否符合统治阶级主流的意识形态或主流文化价值；其二，所选择的文学经典，其基本取向是强调文学知识、当代社会生活经验还是学生的文学学习经验或者三者兼而有之，并处于一定的比例关系之中。

围绕这个预设的框架或标准，从课程理论的发展来看，我们有两种模式可资借鉴。其一是泰勒模式，其二是劳顿模式。

众所周知，泰勒模式是一种目标模式。泰勒认为：“教育目标是指导课程研制者所有其他活动的最关键的准则。”② 围绕目标的筛选，他确定了三个基本来源，即学习者、社会和学科。当一系列来源于学习者、社会、和学科的可能的一般目标确定后，接下来便是对目标的筛选、修正的过程。筛选需要工具，泰勒选择了哲学和学习心理学两把“筛子”作为过滤器，经过过滤，剩下的则是最有意义的和可行的目标了。其模式如下图：

① 张华．课程与教学论［M］．上海：上海教育出版社，2000：209

② Ralph. W. Tyler，Basic Principles of Curriculum and Instruction［M］．Chicago：The University of Chicago Press，1949：62

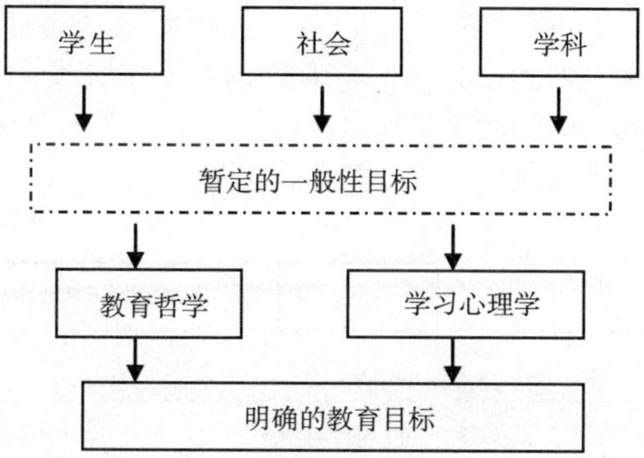

图 5-1：泰勒的目标模式图

而劳顿模式则是一种情境模式。英国著名课程论专家劳顿（Denis Lawton）在对儿童中心论、知识中心论、社会中心论辩证的批判与分析基础上，将课程研制的逻辑起点由儿童、知识、社会转移到社会文化，试图以统合化的思想观念对三者的不足予以弥补。他把这种统合化的课程称为情境中心论课程，其理论基础是哲学、社会学、心理学。他提出，① 所谓课程，就是“对社会文化的选择”。课程研制的首要问题是对文化价值判断及选择，而课程研制的原则也就表现为对文化选择与组织方面的规范，具体包括对选择什么样的文化、怎样组织这些文化形式等问题的回答。其模式如图：

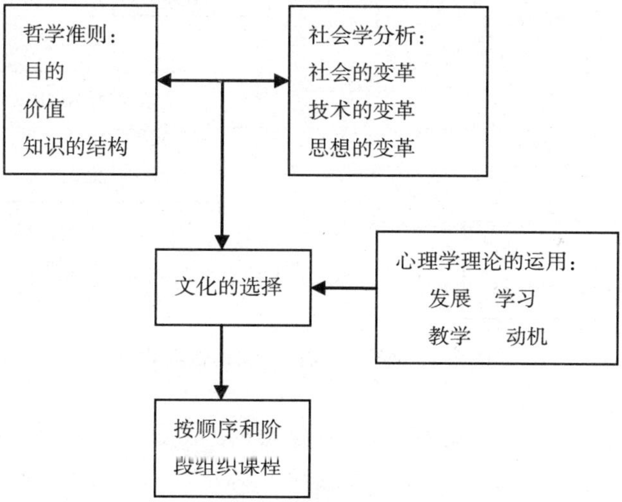

图 5-2：劳顿情境模式图

① 转引自郝德永．课程研制方法论［M］．北京：教育科学出版社，2000：183

虽然教育目标、课程内容、文学课程内容不是完全相同的概念，但却不妨碍我们对泰勒和劳顿的模式加以改造，以适应文学课程内容中“定篇”选择的需要。改造后的模式分别是图5-3、图5-4：

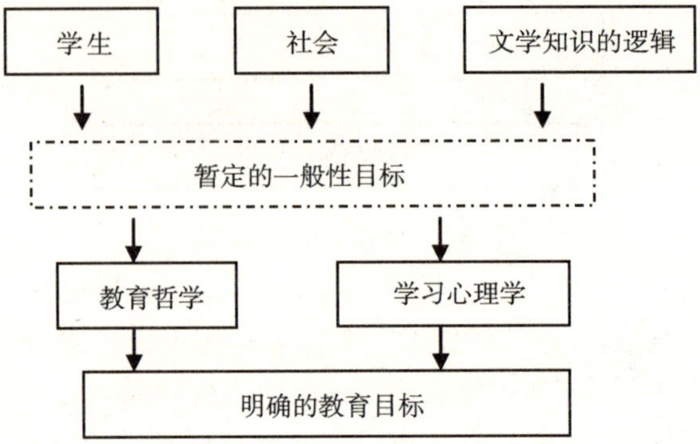

图5-3：文学“定篇”选择的目标模式

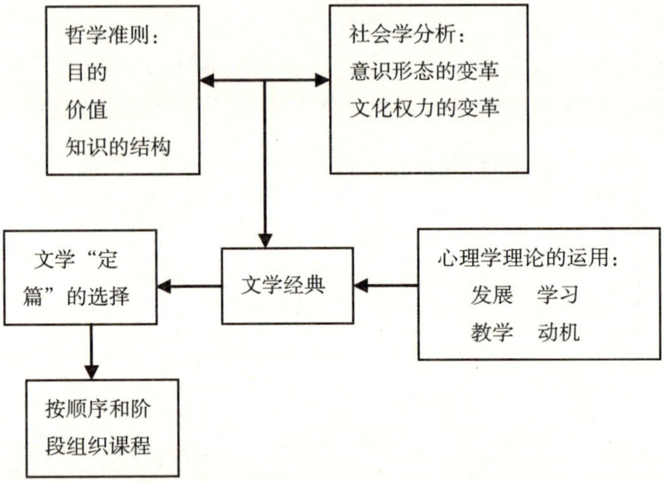

图5-4：文学“定篇”选择的情境模式

文学“定篇”的选择过程是极其复杂的，图5-3所示是一种基本的模式。由图中可见，文学“定篇”的选择可以分为两个层次，第一层次的选择主要通过社会、学生、文学知识的逻辑三方面的要求和逻辑作出的初步筛选。当初步的筛选结果到第二层次，教育哲学和学习理论成为筛选的依据，那些既能服从第一层次需要，又能满足教育哲学和学习理论需求的知识就成为文学课程内容的素材，相反，那些虽然具有社会价值或认知价值的文学经典，但却因不符合学习理论规律而被淘汰掉。

文学“定篇”的选择的另一种模式通过图 5-4 反映出来。这个图表显示，文学“定篇”的选择受到三方面因素影响，这三种影响分别来自哲学、社会学和心理学，它们共同作用于文学积淀中的文学经典，很多文学经典便遭到淘汰，而剩下来的文学经典则成为编制文学课程内容的材料，就成为语文教材中的文学“定篇”。这一图表尽管十分简单，但还是能够比较清楚地反映文学“定篇”选择的主要问题的。

第二节　语文教材中文学“定篇”的组合

一、文学“定篇”的组合类型

现代语文教材的基本特征之一是组织性，这集中体现为教学单元内部的组织性。教学单元作为语文教材中课程组织的基本单位，其内部的组织性指的是各种课程要素妥善安排形成单元结构，使之在单元系统中形成合力，以有效实现单元目标的特性。我们这里讨论文学“定篇”组合的内容模式，主要就是以教学单元内部的要素组合为前提的。

通常来说，文学单元所包含的要素有“定篇”、知识、活动。根据不同要素间的组合关系，文学“定篇”可以形成这样三种基本组合类型：

1. “定篇”与“定篇”的组合；
2. “定篇”与知识的组合；
3. “定篇”与活动的组合；

在上述三种基本组合类型基础上，还可进一步形成两种拓展组合类型：

4. “定篇”与知识、活动的组合；
5. “定篇”与定篇、知识、活动的组合

在上述基本组合类型之下，每一种还可以作进一步细分。这些基本组合类型和拓展组合类型所形成的结构化“课程组织”对于“定篇”课程内容都存在不同程度、不同性质的影响，我们结合具体例子来讨论这种影响。

（一）“定篇+定篇”组合类型

从现有的语文教材看，两个或两个以上文学“定篇”组合之后，大致可以形成并列、主辅和对照三种结构化关系。

1. 并列型

如上教社新课标高中试编本语文教材（必修）① 第二册第二单元以“定篇”处理的前2课3篇课文：第5课美国诗人惠特曼的代表作《啊，船长，我的船长哟!》，第6课中国现代诗人艾青的《艾青诗二首》——《我爱这土地》和《大堰河——我的保姆》。编者把这三首诗歌组合一起，其基本的意图是让学生“学习诗歌的阅读和欣赏”“学习如何感受诗歌的韵律”。如何感受诗歌的韵律呢？编者通过“整合与建构”板块予以提示：首先是理解核心意象的内涵，其次是体会诗歌的抒情旋律，最后是感受诗行排列的艺术。这三个要点贯穿于上述每篇课文的整个学习过程之中，成为它们最基本的课程内容。因此，所谓“感受诗歌的韵律”实际上是通过感受《啊，船长，我的船长哟!》的韵律，感受《艾青诗二首》中的《我爱这土地》和《大堰河——我的保姆》的韵律来实现的。就学习者而言，对任何一首诗的韵律感受都是独特的，不可替代的；他们在多次独特的感受中逐步强化对“感受诗歌韵律”这一共同课程内容的认识和体验。

2. 主辅型

如北师大新课标初中语文教材②九年级上册第一单元（“生活况味”主题单元）以“定篇”处理的两课三篇课文：第1课莫泊桑的小说《项链》，第2课《诗两首》——普希金的《假如生活欺骗了你》和邵燕祥的《假如生活重新开头》。之所以要把中外的诗文作这样错杂的组合是有编者深意的。在对应的教参“单元教学要点”中，编者要求对《项链》的主题进行多元解读，要求“借助本单元的有关诗文进一步认识《项链》的内涵”。也就是说，在本单元各篇相对独立基础上，《项链》是它们照应的中心。之所以形成这样的照应，是因为这三篇诗文都体现“生活况味”，都有面对生活不幸时应持有怎样的人生态度问题。这种照应主要体现在《诗二首》课后的“阅读练习·探究”题中：能否从这两首诗的角度评说玛蒂尔德夫妇的悲喜剧？

3. 对照型

上例所提到的第2课《诗两首》——普希金的《假如生活欺骗了你》和邵燕祥的《假如生活重新开头》，这两篇的组合就存在对照关系：相同点——两诗都有积极乐观的生活态度、通达辩证的人生哲理、亲切温暖的情感；标题和诉说对象也相似。不同点：普希金诗立足现在和过去，谈正确

---

① 王荣生、倪文尖等主编．国家课程标准高中实验课本（试编本）［C］．上海：上海教育出版社，2007.

② 孙绍振主编．义务教育课程标准实验教科书［C］．北京：北京师范大学出版社，2007.

对待生活带给你的不幸，邵燕祥诗面向未来，不后悔过去的正确选择；普希金诗直接抒情，抽象词语多，邵燕祥诗借助朝阳等一系列具象的词语进行抒情。这种对照型组合关系在北师大新课标初中语文教材中极为常见，如同样写重阳节，把毛泽东的《采桑子·重阳》和杜甫的《登高》组合一起（7年级上册第二单元）；同样写亲情，把朱自清《背影》和梁晓声《慈母情深》编排一处（7年级上册第三单元）等，真正践行了比较阅读“是这套课本第一个原创性的设计”的基本原则。

从课程组织的角度来看，课程垂直组织要求体现“连续性”特点。所谓连续性（continuity），就是将选出的各种课程要素在不同学习阶段予以重复，① 以使它不断得到巩固。这里，不管是并列型、主辅型还是对照型，“定篇”与“定篇”组合所形成的结构化“课程组织”对“定篇”课程内容的影响基本是一致的，那就是通过并列、照应和比较，使“定篇”的课程内容要素达到强化的目的。如上述例子中《艾青诗二首》强化了《啊，船长，我的船长哟!》中关于“感受诗歌的韵律”的三项课程内容要素；《诗两首》强化了《项链》中关于面对人生不幸应持的积极人生态度；邵燕祥的《假如生活重新开头》强化了普希金的《假如生活欺骗了你》中诗歌主题、结构方式和表现技巧等课程内容要素。

（二）“定篇+知识”组合类型

从“定篇”和知识的组合情形来看，大致有三类：引导型、补充型和扩展型。

1. 引导型

如《美国语文》② 第五部分的第1课《乌龟》（节选），课前有一段关于“主题”的文学知识：

约翰·斯坦贝克关于一只乌龟一生中的一个小插曲的故事表现了一个重要的主题，或者说对生活的深刻观点。作家的主题很少直接陈述出来，相反，它是通过人物的评论和行动、情节中的事件和作者对于诸如象征之类的文学手法的应用而间接地揭示出来的。有时候，甚至很小的细节也能在表达主题的时候起到重要作用。

这一文学知识对约翰·斯坦贝克的小说《乌龟》（节选）的教学具有明显的导向作用。其直接的例证来自于诸多问题的设计，如“文学聚焦”版块中的三个问题：（1）从哪些方面来说，乌龟的经历可以与人类经历联系起来？（2）解释野燕麦种子的重要意义。它和故事的主题有怎样的联系？

---

① 张华．课程与教学论［M］．上海：上海教育出版社，2000：232

② 马浩岚编译．美国语文［C］．北京：同心出版社，2004.

(3) 利用你对前面两个问题的回答来陈述这个故事的主题。还有“点子库”版块中的“写作”：写一篇简短的文章，分析《乌龟》的主题。从故事中引用段落和细节来支持你的解释；“项目”：和一个搭档一起缩写《乌龟》，表达它的主题思想。画一幅卡通画并写下说明，来表达那些信息。这些问题设计所体现的课程内容，其基本要素都是关于文学作品“主题”的。

对“定篇”课程内容起引导作用的知识多出现在单元主题词、单元导语、阅读指导、背景介绍之中，它们一方面具有“先行组织者”的功能，为学习者的认知结构与将学习的文学“定篇”之间架起桥梁，另一方面又具有内容定向的作用，引导“定篇”课程内容的基本走向。

2. 补充型

对“定篇”课程内容起补充作用的知识多出现在注释、附录、知识卡片之中。如人教社高中语文教材（必修）① 第一册第二单元的首篇是朱自清的《荷塘月色》，从其课后练习我们分析，这篇课文的课程内容主要有两个要点：一是主题——从分析本文中的“我”入手；二是语言特色，如比喻、用词等。练习之后，编者还附录了摘自《中国现代散文欣赏辞典》的几段关于《荷塘月色》的评析文字，评析的内容除了该文的语言特色外，还涉及其独具特色的结构形式。这个知识片段在《荷塘月色》的学习中，显然弥补了练习设计的不足，对既定的课程内容起到了补充的作用。

3. 扩展型

单元后附录的知识短文在一定程度上对“定篇”的课程内容都具有扩展的作用。如人教社高中语文教材（必修）② 第五册第四单元，该单元介绍的是西方现代主义文学，选编了弗兰茨·卡夫卡的《变形记》、弗吉尼亚·伍尔夫的《墙上的斑点》、萨缪尔·贝克特的《等待戈多》（节选）和加西亚·马尔克斯的《百年孤独》（节选）等四篇西方现代主义名作，涉及表现主义、意识流、荒诞派和魔幻现实主义四种文艺流派。在该单元后有一篇摘自金元浦《外国文学史》的《西方现代主义小说、戏剧简介》，它从文学发展的角度比较系统地介绍了表现主义、意识流小说、存在主义文学、荒诞派戏剧和魔幻现实主义等流派，并对西方现代主义文学的思想内容和艺术特色作了较为全面的概括。这篇知识短文，使上述各篇的课程内容从“点”拓展到“面”，深化对课文的理解。

将知识引入语文教材，是语文教学科学化方面所迈出的重要一步。用

---

① 人民教育出版社中学语文室编著．全日制普通高级中学教科书（必修）［C］．北京：人民教育出版社，2003.

② 人民教育出版社中学语文室编著．全日制普通高级中学教科书（必修）［C］．北京：人民教育出版社，2005.

科学的方法总结归纳出来的知识，对于指导和规范语文教学实践具有不可忽视的重要作用。不论是引导型、补充型还是拓展型，在“定篇”和知识的组合中，“定篇”的课程内容始终是“隐在”的，淹没于具体的诗歌意象、故事情节或戏剧冲突中，它要通过知识来“明示”、引导和确定，从而把语文教学从“暗中摸索”引向“明里探讨”。因此，“定篇”与知识组合所形成的结构化“课程组织”提升了“定篇”课程内容要素的抽象化程度，显示了课程组织的顺序性（sequence）特点。

（三）“定篇+活动”组合类型

与文学“定篇”阅读欣赏相联系的文学教育活动是一种有组织、有计划、有具体教育目的的群体性教育活动，是在特定的系统结构、特定的运作方式和特定的目标指向的规范下对学生进行陶冶和塑造的教学过程。因为“活动”涉及的种类太多，这里仅以文学阅读活动为例，来看看“定篇”和活动的组合关系。在我们看来，文学“定篇”和文学阅读活动的组合大致可分三种类型，即欣赏型、批评型和表演型。

1. 欣赏型

在语文教材的单元系统中，通过设计一些活动来促进学生对文学“定篇”的理解、感悟，这是极为普遍的情形。具体来说，有朗诵、想象、讨论、辩论等。上教社新课标高中试编本语文教材（必修）① 非常重视这些欣赏性活动的设计，如第一册第二单元第6课《艾青诗二首》对朗诵的设计细密而周到：①读“假如我是一只鸟”至“和那来自林间的无比温柔的黎明”，要气满声高，而且越到后面，情感越要强烈。——在这里，气满声高表达的是一种什么样的感情？②读“然后我死了，连羽毛也腐烂在土地里面”，要气沉声缓。——为什么要这样读？……第一单元第4课奥·别尔戈利茨的散文《白天的星星》，课后的“整合与建构”版块中有个想象活动：一位同学朗诵课文第3自然段，其他同学在闭目倾听之中，想象这段文字，尤其是“牛群刚从路上走过不久，……木铃和铁铃叮当作响”这几句所传达的意境。还有小组讨论活动：围绕下列问题，探究课文最后两个自然段的深刻内涵。以朗诵促感受，以想象促移情，以讨论、辩论促思考。这些活动调动了学生的学习经验，使其积极参与到对“定篇”的理解、感悟和欣赏中来。

2. 批评型

就认识的复杂性而言，文学批评是比文学欣赏更高级的活动。如果说

---

① 王荣生、倪文尖等主编．国家课程标准高中实验课本（试编本）[C]．上海：上海教育出版社，2007.

文学欣赏侧重于理解、感悟，那么文学批评侧重于理解、感悟基础上的分析、判断。文学批评要求批评者必须具备一定的专业理论知识，掌握相应的批评方法。

在文学欣赏的基础上，围绕“定篇”教学设计一些文学批评活动无疑有助于提升学生的审美判断力。在国外语文教材中，历来重视这种活动设计。如《美国语文》① 第四部分第4课马克·吐温的《卡拉维拉斯县著名的跳蛙》后有对文学技巧的鉴赏：

马克·吐温写过：“幽默故事可以写得非常长，只要愿意，就可以想绕多远就绕多远，没有一个特别的目的地……讲（它）的人态度很严肃，它应该尽量表现得他一点也不怀疑这故事有什么可笑得地方。”写一篇文章，讨论这些技巧是怎样应用在《卡拉维拉斯县著名的跳蛙》中的。

在第5课杰克·伦敦的《生火》后有对作品人物的品评：

伦敦在故事里几乎没有对我们讲述关于主要人物的情况，但这个人的决定和行为起到了揭示作用。写一篇文章分析这个人的性格，从故事里摘录例子来支持你的结论。

俄罗斯11年级文学教材在《玛克希姆·高尔基》一课后要求学生评述高尔基1890年前后的现实主义和浪漫主义作品的内部联系；要求从高尔基短篇小说《伊则吉尔老婆子》中找出自相矛盾的形象——象征，对其加以解释并追踪其发展；要求比较高尔基三篇浪漫主义作品《伊则吉尔老婆子》《马卡尔·楚德拉》和《哑巴》中风景描写在哲学和美学上的细微含义。② 这种文学批评活动显然有更高的知识和能力要求。

3. 表演型

在文学“定篇”教学中，编者还常常设计一些表演活动来提升学生的综合文学素养。表演活动涉及作品改编和舞台演出两个环节。作品改编本身是个文学再创造过程，是对学生想象力和创造力的重要训练。许多语文教材都有这样的练习，如苏教版高中语文（必修四）③ 第二单元，在学习小说《巴黎圣母院》后，要求学生把其中一段文字改写成影视剧本；人教社高中语文教材（必修）（人民教育出版社中学语文室编著，2005年版）第五册第三单元在学习《阿Q正传》后，要求学生将小说的某个片段改编成课本剧，并分角色表演。应该说，和作品改编相比，舞台表演是一个更

---

① 马浩岚编译．美国语文［C］．北京：同心出版社，2004.

② 江苏母语课程教材研究所．当代外国语文课程教材评介［M］．南京：江苏教育出版社，2004：482

③ 丁帆、杨九俊．普通高中课程标准实验教科书·语文（必修二）［C］．南京：江苏教育出版社，2006

重要的文学教育过程。从表演者来看，进入表演必须全身心进行角色置换，因而从一般性阅读鉴赏飞跃为身历其境的角色体验，有助于提升文学和生活感悟力，并提高语言表达、形体动作、心理素质和创造能力；从观看者来看，舞台艺术本身作为一种艺术类型，观看演出也是一种文学接受活动。许多教材常有这样的活动设计，如苏教版高中语文（必修四）第二单元，在课文《雷雨》之后要求学生“自由组合，表演《雷雨》某个片段”；《美国语文》第四部分第6课凯特·肖邦《一小时的故事》（节选）有一项哑剧表演的活动，要求学生以小组形式，一起用面部表情和手势表演这个故事，不得使用对话。

众所周知，课程有两种基本取向：学科取向和经验取向。学科取向的课程强调学习学科知识，经验取向的课程强调发展学习者的个体经验。与这两种取向相对应，形成两种水平的“课程组织”，一种是垂直性的课程组织，强调学科课程要素的“连续性”和“顺序性”，一种是横向（水平）性的课程组织，强调学科课程要素与学习者经验的“整合性”（integration）。前面我们分析的“定篇+定篇”、“定篇+知识”组合所形成的结构，都属于垂直性课程组织，而这里所谈的“定篇+活动”组合所形成的结构则属于横向性课程组织。在这个结构中，不论欣赏性、批评性还是表演性活动，它们所具有的主要功能都是通过对“定篇”课程要素的“整合”，使其“活”化、实践化，促进学生体验，从而发展他们的直接经验。

分析了文学“定篇”的三种基本组合类型，接下来我们简要谈谈以这三种基本组合类型为基础形成的两种拓展组合类型。

（四）“定篇+知识+活动”组合类型

（五）“定篇+定篇+知识+活动”组合类型

从课程的发展趋势来看，现代课程并非单一取向，而是谋求多取向的融合。当课程谋求学科知识和学生经验的结合时，学校课程的本质就是学科知识和学生经验的统一，因为人的经验本身具有整体性，任何把人的经验的某一部分从整体中人为地隔离出来加以片面强调的做法，都无助于人的经验的健全发展。这体现在课程组织上，就是对垂直性和横向性一体化的追求。文学“定篇”的两种拓展组合类型无疑都具有这种追求，它们代表了文学“定篇”组合的发展趋向，被中外现代语文教材所广泛采用。

通过以上对文学“定篇”组合类型的讨论，我们看到：在单元系统中，文学“定篇”组合的要素不同，对其课程内容的影响也不同。如在“定篇+定篇”的组合中，“定篇”的课程内容得到叠加和强化；在“定篇+知识”的组合中，“定篇”的课程内容提升了抽象化程度；在“定篇+活动”的组合中，“定篇”的课程内容被“活”化和实践化。在“定篇+知识+活动”的组合中，“定篇”的课程内容在一个维度上被提升了抽象化程度，融合进学生的间接经验，在另一维度上被“活”化，实践化，融合进学生的直接经验；在“定篇+定篇+知识+活动”的组合中，“定篇”的课程内容被叠加、强化后分别以直接经验和间接经验的方式融合进学生的认知结构中去。进一步，当所组合要素的具体内容不同时，如组合的是“这一”定篇而不是“那一”定篇，是“这些”知识而不是“那些”知识，是“这些”活动而非“那些”活动，“定篇”所被叠加、强化的课程内容、被抽象化的课程内容、被活化的课程内容就会有所不同。一言以蔽之，当“定篇”所组合的具体要素不同，要素的具体内容不同时，就会引起其课程内容的取舍和变异。

二、文学“定篇”组合的关系模式

上面的组合类型是探究“定篇”课程内容取舍和变异的一个维度，在这个维度上，着眼点在系统内部要素与要素的组合上；结构关系是探究“定篇”课程内容取舍和变异的另一个维度，在这个维度上，着眼点则在要素和系统整体的关系上。就是说，当“定篇”与单元系统整体处于怎样的关系时，其课程内容有着怎样的取舍和变异。鉴于理论物理学中的场论和系统论的相融相通，我们特引进场论观念来探讨文学“定篇”与其所处单元系统的关系问题。

“场”是物理学用以说明物理现象或物理世界的连续特性的概念。用爱因斯坦的定义来说，“场是相互依存事实的整体。”在“场”中，力的作用是相互的。此处所说的“相互作用”，不仅指对偶的、对应的或对立的两极之间的相互作用，而且指多元之间、多维之间或多极之间的交互作用。20世纪50年代初期物理学家已经知晓，除了电磁力和电磁相互作用、引力和引力相互作用之外，物理世界的基本相互作用还应包括微观物理世界中“强力”和强相互作用，“弱力”和弱相互作用。强力指核子之间存在的一种能压服库仑斥力的强相互作用力；弱力指电子和中微子之间弱相互作用力。强力的强度为弱力的 10^{13} 倍。这四大类型的力的相互作用都有自己特有的作用方式，在各自的作用领域内，分别构成了电磁场、引力场、弱力场和强力场四个界限分明的相互作用“场”。场论观念中的“相互作用”以及“强力场”和“弱力场”的划分，对于我们认识语文教材的单元组合打开了一扇新的窗口。

从单元内部诸要素之间相互作用力的大小与强弱，语文教材中的单元可以区分为强力场单元、弱力场单元和中间型单元。

（一）强力场单元

所谓强力场单元是指内部诸要素协同作用，互为紧密关系的单元。其基本特点有：1. 单元整体具有比较明确的倾向性，如知识取向、能力取向、生活取向等；2. 单元整体功能大于部分之和。单元内部要素互相配合、互相协同，使整体功能出现新质；3. 单元结构稳定、层次鲜明，犹如按照一定规则由砖砌起来的楼房。

如欧阳代娜主编的辽教版九年义务教育初中语文教材（90 年代使用），就属于这种类型。这套教材以知识为先导，以能力训练为中心，单元组织颇为严密。每个单元基本由五部分组成，第一是安排一篇与本单元内容相关的知识短文，以之为原理，起到先导作用（简称“原理”），向学生传授规律性知识；第二，提出本单元语文能力训练的任务和目的（简称“目的”）；第三，介绍本单元的教学和学法（简称“方法”）；第四，选择课文，每单元五篇，其中精讲一篇，略讲两篇，自读两篇，三类课文构成训练梯次；第五，单元最后安排训练，以训练为反馈（简称“反馈”）。在组元过程中，编者的追求是把“原理”“目的”“方法”、课文和“反馈”等要素相互统一起来。①

（二）弱力场单元

所谓弱力场单元是指内部诸要素相互作用小，处于松散关系的单元。其基本特点有：1. 单元整体没有倾向性或倾向性不明确；2. 各要素相对独立，单元整体功能等于部分之和；3. 单元结构松散，要素间无联系或联系不够紧密，有如一堆散落的砖。

如人教社高中语文教材（必修）② 第一册第二单元。这是一个散文单元，选了四篇散文名作，分别为朱自清的《荷塘月色》、李乐薇的《我的空中楼阁》、史铁生的《我与地坛》和川端康成的《花未眠》。单元前有导语，导语中有对单元目标的设定：本单元的鉴赏重点，是在整体把握散文思想内容和艺术形式的基础上，品味散文的语言，赏析散文的表现手法。这一目标相对空泛，因而不具有聚合的力量。每篇课文后配有练习，练习后间或有知识附录，但它们只为对应的课文服务，相互之间缺少照应，没

---

① 刘文忠．关于教材科学结构的探索——概谈辽教版九年义务教育初中语文课本体系的创新［A］．江明．语文教材的建设与思考［C］．北京：语文出版社，1998：230

② 人民教育出版社中学语文室编著．全日制普通高级中学教科书（必修）［C］．北京：人民教育出版社，2005.

有什么内在联系。在单元后有题为“散文的魅力”的知识短文，谈的是一般散文的思想内容和艺术特色，其中也无一例与上述四篇选文有关，因而它对各选文的统摄力和影响力也很有限。总之，在这个单元中，要抽掉其中任何一篇选文，代之于其他，对整个单元教学不会有任何影响。

（三）中间型单元

强力场单元和弱力场单元可以认为由要素相互作用形成单元的两种极端的情况。在语文教材中，更多的是属于中间型单元。如同样是人教社高中语文教材（必修）①，在它的第二册第一单元中，单元内部各要素的关系虽然还比较松散，但其相互作用还是在一定程度上有所体现的。该单元是小说单元，按顺序编排了鲁迅的《祝福》、沈从文的《边城》（节选）、孙犁的《荷花淀》和契诃夫《装在套子里的人》四篇小说。在《边城》的课后练习中，有一题颇有意味：联系当时的社会环境，分析祥林嫂、翠翠、水生嫂这三个不同时代的妇女形象，写一篇心得。此题通过三个人物把前三篇小说串联了起来。单元后题为“现当代小说鉴赏”的知识短文，其取例也涉及鲁迅、沈从文、孙犁和《祝福》《边城》等作家作品。同样的整合还体现在“综合性学习”之中，不管是“课文重读”“讨论商榷”还是“续写改写”等活动，都有对四篇选文或多或少、或远或近的照应。

强力场单元、弱力场单元和中间型单元对置身“场”中要素的影响作用无疑是不同的。比较起来，强力场单元具有强力牵引要素的作用，弱力场单元几乎没有或很少有牵引要素的作用，中间型单元具有部分牵引要素的作用。从文学教学角度看，文学“定篇”作为这三种单元系统中的要素，其课程内容所受单元整体的影响是不同的，按影响作用的大小，可以分别形成场依附型、场独立型和中间型三种关系模式。

（一）场依附型关系模式

在强力场单元中，置身“场”中的文学“定篇”，往往要被“场”所强力牵引，彻底改变自身的独立性，成为为“场”服务的基本要素。体现在课程内容上，文学“定篇”的课程内容取向往往和单元整体的取向趋于一致。许多主题单元中的文学“定篇”具有这种鲜明的特征。

以苏教版（必修一）② 模块一第一单元为例。该单元是名为“向青春

---

① 人民教育出版社中学语文室编著．全日制普通高级中学教科书（必修）［C］．北京：人民教育出版社，2005.

② 丁帆、杨九俊．普通高中课程标准实验教科书·语文（必修二）［C］．南京：江苏教育出版社，2006.

举杯”的主题单元，在单元前有一段富有感染力的助读导语来体现该单元的主题：

青春，是人类生命激情的赞歌。十六七岁的青年，在人生的航道上，应该珍爱青春，敞开心扉，感受多彩的生活，编织斑斓的梦想，实现精神的成长。青春孕育着所有的希望。来吧，让我们向青春举杯。

这里，单元的主题词和导语显然对整个单元的教学，包括对“定篇”的教学具有明确的导向作用。我们不妨看看该单元对首篇课文——毛泽东《沁园春·长沙》的处理方式。在单元后面的“活动体验”中有两项练习涉及对该课文内容的理解和把握：

围绕《沁园春·长沙》的内容，搜集相关资料，了解毛泽东青年时代学习、生活的经历，体会诗人的情怀。在把握感情基调的基础上，朗读并背诵这首词。

上面三首诗词（另外两首是食指的《相信未来》和江河的《让我们一起奔腾吧》）都带有鲜明的时代印记。请搜集相关资料，探讨这几首诗词分别体现了特定时代的青年什么样的精神风貌。

这些理解和把握都和“青春”的主题相关，读要读出青春的激情，理解要理解到特定时代的青春风貌。事实上，《沁园春·长沙》作为一首毛泽东的代表性词作，其处理的方式并非只有这一种，其内容指向本来就是多元的，如引导学生学习这首词的格律，让学生欣赏它的炼词炼字，探讨它的主题或结构，了解它的意象组合规律，探究它的题材来源和相关创作背景等等。但有了“主题”的引导，其内容自然就指向了对诗人情怀的理解，指向了充满激情的诵读，因为这些内容与“青春”有关，与编者的编辑意图有关。

（二）场独立型关系模式

在弱力场单元中，置身“场”中的文学“定篇”，几乎没有或很少受“场”力的牵引，依然保持其“独立定篇”的特点，其课程内容不必局限于单元课程目标，具有多元性和“无限开放性”。

在文体组元的单元中，具有这种特征的文学“定篇”要多一些。如人教社高中语文教材（必修）① 中的话剧《雷雨》。曹禺的这篇话剧名作在人教版中被组合进戏剧单元之中，与之共同被选入的其他话剧有老舍的《茶馆》（节选）、莎士比亚的《罗密欧与朱丽叶》（节选）和丁西林的《三块钱国币》。这些课文之所以被组合一起，除了文体因素，很难有其他的解

---

① 人民教育出版社中学语文室编著．全日制普通高级中学教科书（必修）［C］．北京：人民教育出版社，2005.

释。而文体是单元组合中最不具有聚合性的一个因素，抽掉《罗密欧与朱丽叶》，换成莎士比亚的《奥赛罗》《李尔王》或其他什么作品，抽掉丁西林的《三块钱国币》换成人艺排演的当代话剧《生死场》（根据萧红小说《生死场》改编）或别的什么话剧，一点也不影响单元目标的实现。这使得单元中课文与课文的关系相对松散，一篇课文，人们只要把它当做话剧来教就行，至于具体要教些什么，对其他课文并无多大影响。因而《雷雨》一课的课程内容是多元的，开放的，可以分析剧中人物的性格，可以讨论剧中的矛盾冲突，可以品味戏剧人物的语言，除此以外，不妨考察《雷雨》本身的创作经过，探究它的时代传播和社会影响。学有余力，甚至可以作《雷雨》研究的专题。

（三）中间型关系模式

与“场依附”和“场独立”两种极端的情况相比，在更多的文学单元中，“场”力对“定篇”具有部分的牵引作用，这种作用使得其课程内容产生部分变异。我们取例来说明。

上教社新课标高中试编本语文教材（必修）① 第二册第一单元有莫泊桑的小说《项链》。作为历年来语文教材必选的经典篇目，人们向来的处理是把它当做“独立定篇”来教：梳理以“项链”为线索的故事情节，分析玛蒂尔德的这一人物形象，评价小说的主题，补充小说的结尾等等。在这个单元中，由于“场”力的影响，这些处理产生了部分变异，试看课后“整合与建构”栏目中的习题：

1. 以玛蒂尔德为重心，整体感知课文

（1）快速浏览课文，结合你所做的旁批，说说玛蒂尔德这一人物形象。（2）从下列词语中选出一个或多个，说明你对玛蒂尔德形象的整体印象与评价……

2. 关注认知与情感的统一，提升感知能力

（1）努力从课文找出更多的语句来落实你的印象和评价；（2）在相互交流中发现文本的多义性……

3. 评估相关的翻译与研究，探索阅读的开放性

（1）评估不同的翻译，反思阅读过程（译文举例略）；（2）以认知与情感的统一为尺度，评估下列观点的合理与深刻程度（列举五种小说对主题的概括）；（3）分角色朗读小说的结尾……替玛蒂尔德续写一两句话，以准确完整地表达你自己的认知与情感。

---

① 王荣生、倪文尖等主编．国家课程标准高中实验课本（试编本）［C］．上海：上海教育出版社，2007.

从环节上看，这里少了对故事情节的梳理，多了对《项链》不同译文的评估；从重心上说，这里的课程内容不再是小说本身的元素——人物、主题、结构等，而是以这些东西为依托，指向了阅读能力的培养。《项链》课程内容的这种变异显然和单元整体的“场”的取向有关。在单元导语中，编者早已明确指出：本单元从“认识与情感”的角度培养阅读能力，建构着眼于主体的阅读图式。……通过认知与情感相互统一的解读，会加深对作品的感受和认识。

上述三种关系模式，是文学“定篇”在单元系统中与系统整体所形成的基本关系模式。通过对这些模式的分析，我们发现，在文学“定篇”单元结构化过程中，不同的组元方式，不同的组元方式所形成的不同力度的“场”，对其课程内容的选择起着重要的影响作用。这些影响作用有时是积极的，但有时也是消极的。究竟是积极还是消极，评判的依据是所选择的课程内容是否能实现把文学当做文学来教的目的。

第三节　语文教材中文学“定篇”的阐释

文学“定篇”的选择过程实现了文学经典从原生文本到教学文本的转化，文学“定篇”的组合过程则实现了文学经典从一般的教学文本到结构化教学文本的转化，这里要进一步探讨的是隐性结构化教学文本将如何转化为显性结构化教学文本。这实际就涉及文学“定篇”的阐释问题。在这节中，我们主要讨论文学“定篇”阐释的两个核心问题，即阐释什么，怎么阐释等。

一、文学“定篇”的阐释形态

在《现代汉语词典》里，“阐释”的意义是“叙述并解释”。“阐释”还是一个文艺学术语，是指主体参加理解和体验的艺术解释活动。这里使用的“阐释”与上述二种含义有一定联系，指语文教材对课文内容（主要指文学作品）的理解、分析及解说，特别是对其主旨意蕴的挖掘。从解释学角度看，经典作品阐释是无限开放的，“对一文本或艺术品真正意义的发现是没有止境的……不仅新的误解不断被克服，……而且新的理解不断涌现，并揭示出全新的意义”。① 但从教材角度看，文学“定篇”的阐释却是有限的，它受一定教育目的的引导，并为实现这一目的服务。在语文教材中，编者往往通过一些基本的阐释形态来实现这种“教育引导”。

（一）价值化形态

1. 节录本与删改本

对课文本身的节录和删改体现了编者阐释的一种倾向性。我国语文教

① 伽达默尔，洪汉鼎译．真理与方法［M］．上海：上海译文出版社，2004，3

材中很早就有节录本。《敦煌古籍叙录》第56页说：

《左氏传》节本，并杜预注，存者百二十七行，自襄公四年至二十五年。多取嘉言懿行，盖用以讽诵或教蒙童者。

另外，该书第213页还有《新集文词九经抄》，也是“杂辑九经诸子中佳言粹语”而成。《新唐书·艺文志》载《五经妙言》四十卷，《经史要录》二十卷，《诸经纂要》十卷，也都有摘录性质，不过这些书卷数较多，大概是高一层次的阅读教学用书了。

比这种节录更进一步的是删改。近现代以来，语文教材的编写者都要对所选入的课文作富有针对性的删改，以增强学生学习的主动性和积极性。如《开明新编国文读本》的《序》中说：“既称读本，文字形式上应该相当完整，所选文篇如有疏漏之处，我们都加上修润的功夫。”中华书局出版的《新编初中国文》的《编辑大意》中说：“本书所采用之课文，遇有篇幅过长及初学难解之处，间有删节或改动处，期合乎教学之用。”建国后编的第一轮语文教材，初中课本的《编辑大意》中说：“我们选的课文大都加了点修润工夫：有些材料从长篇小说节选，前后接榫的地方不得不稍稍变动一下；有些材料一部分的句法和词汇跟口语距离太远，不得不改换一个说法。”1963年、1986年和1990年中学语文教学大纲也都指出：“根据教学的需要，长篇小说可以采用节选的办法，较长的文章在不损伤原作精华的情况下可以删节。……文字上根据教学需要可以作必要的加工。”这种以适合教学为根据对文本所作的删改，往往带有编者文学观和教育观的明显痕迹。

2. 注释本与评点本

在文选型教材体制内，最初，一套语文教材往往就是一部文学作品选集。编者编辑的目的并不在教学，而在于文学。即以我国现存最早的语文阅读课本《昭明文选》为例。昭明太子在《文选序》中说：“自姬、汉以来，眇焉悠邈，时更七代，数逾千祀。词人才子，则名溢于缥囊；飞文染翰，则卷盈乎缃帙”，历代文士实在太多，文章实在太多了，因此要“略其芜秽，集其清英”。这清楚表明自己的编纂目的是为了文学阅读上的“去芜取精”。这种基于文学目的而编纂的语文教材，注重的是选了哪位作家的什么作品，因此，选文基本是以纯文本或“裸文本”形式呈现的。

随着人们对《昭明文选》价值的认识，许多文人学子想通过对它的阅读来寻找写作材料，学习写作方法。这就产生了注释的需要。首先对《文选》作注释的是《文选》问世六七十年后的《文选音》，这是萧统的侄子萧该对《文选》语词作的音义解释。这是最为粗略的注释。隋唐时期的曹宪、许淹、李善、公孙罗等人将其发展成了一门“文选学”。曹宪撰有《文选音义》。许淹、李善、公孙罗等都曾是曹宪的学生，他们都曾批注《文选》，其中以唐高宗显庆年间的李善注影响最大。尽管《新唐书》《吕表》都批评李注“释事忘意”，但它至少已经超越了一般的简单的音义注释，发展为对选文内容本身的阐释。这样，《文选》不仅仅是一本文学作品选集，它更成了一本语文教材。多数读书人写文章，学习它；应付科举考试，也学习它。而李善注成为学习《文选》必不可少的辅助资料。《文选》所代表的这种“文”“注”合一的教材编写体例后来被各类阅读选本所沿用。

从纯文本到注释本，这是文学选集到文选型教材所走过的重要一步。在此基础上，注释本进一步发展为评点本。评点起初只是宋人读书的一种习惯。宋人读书，讲究虚心涵泳，熟读深思，故每读到会心处多有题跋或笔记。到后来，它逐渐发展为一种文学批评的方法。南京大学中文系张伯伟教授在其《评点溯源》一文中指出：评点这种方式到了宋代，当时的文人将二者（评和点）合二为一，于是就成为一种批评的样式。① 至明清之际，评点小说成为一时风气，臻于至盛。金圣叹呐喊在前，毛宗岗、张竹坡、脂砚斋等人克绍长箕裘，共同营造雄奇宏丽的小说评点风貌。评点的风气对于文学阅读选本造成直接影响，促使其改变单一的注释，而形成一种具有阐释性质的评点批注。如宋李涂《文章精义》以先秦、两汉、唐宋名家名作为例，点评其写作精到之处。吕祖谦《古文关键》收集韩愈、柳宗元等人文章60余篇，逐篇说明作者写文章的关键所在。余诚所编《古文释义》评点《读孟尝君传》（王安石），原文仅4句88字，而旁批、总评、音义、眉批、序解的文字加一起，竟有761字，将近本文的9倍，可见《释义》这种评点法，对作品分析品评达到何等细致的程度！许多选文的评点不仅有字句的阐释，还往往涉及内涵和结构的阐释，对丰富作品的文化意味和美感价值具有显著的作用。

上面提到的节录本与删改本、注释本与评点本，表面看，它们只是围绕文学“定篇”作了一些加工和处理，但从根本上说，这是对该“定篇”的价值赋予和价值确认。价值是人和事物的关系，不是事物的自身属性，是人赋予事物之上的外在东西。作为一个文学“定篇”，其教学价值的赋予和确认主要体现在对它的加工和处理上。编者对某一文学“定篇”作怎样的节录，该删什么，不该删什么，该注什么不该注什么，该作怎样评点分析等等，都关涉编者对该文学“定篇”教学价值的基本判断。如“左”倾主义时期《荷塘月色》曾经被编者删除了与爱情有关的语句，而《故乡》却是原汁原味进入课本，因为在当时的编者看来，鲁迅的《故乡》的主题体现了“辛亥革命后农村的萧条景象”，有利于加强学生的思想政治教育。

① 赵国安．近十年来明清小说评点研究综述［J］．百色学院学报，2007（5）：8-91

（二）知识化形态

早期的语文教材，只有课文，一切需要讲授的语言文字知识，全“隐含”在课文中，由教师自己确定，相机处理。20世纪30年代以来，开始有人把独立的、自成体系的语文知识编进中学语文教材，于是，知识片段（短文）成了中学语文教材结构中一个重要的组成部分。围绕一篇课文，选择什么样的知识片段（短文）是大有讲究的。选择不同的知识片段（短文）代表编者不同的编辑意图，也隐含着对课文阐释的视角或重心。

如曹禺话剧《雷雨》课后有这样一则知识短文：①

……我们应该看到，《雷雨》和《群鬼》在结构上某些相似之处，并不是曹禺任意仿效易卜生，而是取决于他自己的创作意图。曹禺之所以要从三十年前的矛盾着眼，而从一天之内的冲突落笔，我们应该从《雷雨》的主题思想来找到解释。……当然这种结构方法也给剧作家带来一些困难，他一方面要揭开现在的矛盾，另一方面又有许多前情必须逐步交代，这就要他作静心的安排。……

从内容上看，这则知识短文侧重于对《雷雨》结构艺术的介绍。编者之所以要附录这样一则知识短文，显然要学生注意《雷雨》结构上的特色。因此，“结构”可以成为阐释《雷雨》的一个重要的视角。

《美国语文》② 是一套颇有特色的教材，其中特色之一就是用“文学聚焦”的方式来显示课文的阐释重心。如第三册第3课，学习伊迪斯·沃顿小说《四月沐浴》（节选），其阐释的重心是情节因素，让学生关注“作者有技巧地处理情节因素——阐述、矛盾、上升活动、高潮、解决、结局——来引起读者的好奇心、惊讶和共鸣”，（639-652页）第4课，学习凯瑟琳·安·波特的小说《威瑟萝奶奶的遗弃》，其阐释的重心是意识流，引导学生关注作者是怎样使用意识流技巧捕捉威瑟萝奶奶思维的自然流动的。（666-679页）

（三）活动化形态

1. 导学语

在教育现代化的进程中，培养学生的自学能力，提高学生独立阅读、独立思考能力，已成为语文教育的重要目标。导学语正是从方便学生学习的角度，对学习的要求、重点和方法进行提示，对某些疑难问题作出诠释，

---

① 人民教育出版社中学语文室编著．全日制普通高级中学教科书（必修）第四册［C］．北京：人民教育出版社，2004：89

② 马浩岚编译．美国语文［C］．北京：同心出版社，2004.

对相关资料予以罗列或引述。这些提示、诠释和引述，其中多半包含着编者对课文的阐释。如鲁迅小说《祝福》前安排的这个“预习提示”就是如此：

这篇小说写于1924年，它生动地塑造了一个受侮辱、受迫害的旧中国农村劳动妇女的典型形象，深刻揭露了封建礼教对劳动妇女的精神摧残。

在日常生活中，我们常常根据人的言行来对人作出判断。在阅读小说时也这样。主人公祥林嫂的言行，作品中有大量描写。作者通过祥林嫂在不同境况下的不同言行，展现了她那屈辱的生活和逐渐被扭曲的性格。

作者同时描写了展示人物矛盾冲突的鲁镇这样一个典型环境。这是封建礼教罗网笼罩下的整个黑暗社会的缩影。这种典型环境的描写既展示了当时的世态风情，又突出了人物的性格。阅读时，应在理解这种典型环境的基础上，深入体会人物的性格特征，分析人物性格成因，探求造成旧社会劳动妇女悲惨命运的社会根源。①

这里，编者对课文的阐释作用主要体现在：（1）通过揭示课文主题来引导学生的阐释方向。第一段对《祝福》主题的揭示表明了这篇课文的社会政治学阐释方向，学生只能依循这个方向，难以通过自己的阅读得出新解。（2）通过明示课文学习内容来表明课文阐释的重点。第二段人物描写中，学习的重点是“听其言，观其行”，要求学生在分析人物言行基础上理解人物的性格。第三段环境描写中，学习的重点是环境和人物性格的关系，要求学生在“鲁镇”这个环境中来分析人物的矛盾冲突，通过分析人物性格成因来认识这个社会。（3）通过学法指导来提示课文阐释的方法。上述在明示阐释重点的同时也提示了课文的阐释方法：其一人物分析法，其二人物和环境结合分析法。

2. 我国现代早期编写的语文教材中，并没有练习这一项；30年代以后，随着白话文在中学语文课本中地位的进一步巩固和分量的不断增加，教材设计中开始出现了少量的所谓“问题”“习问”“习题”“思考·讨论·练习”等项目。此后，设计练习这种编写方式在语文教材编写中被各家教材编者广泛采用。编者对课文所作的阐释，还经常出现这些练习之中。如巴尔扎克小说《守财奴》的“课后练习”②中有这样一些习题：

（1）这篇课文是怎样刻画出葛朗台这个虚伪、凶狠、爱财如命、贪婪成癖的守财奴形象的？结合故事情节，谈谈葛朗台这个人物形象的社会

① 人民教育出版社语文二室．高级中学语文课本（第三册）[C]．北京：人民教育出版社，1995：133-134

② 人民教育出版社语文二室．高级中学语文课本（第三册）[C]．北京：人民教育出版社，1995：178-179

意义。

（2）……对黄金的贪欲是这个资产阶级形象的最基本的性格特征。关于这方面，课文中有许多生动的细节描写，把这些语句或段落找出来，具体说说这些描写对刻画葛朗台形象的作用。

（3）下边都是葛朗台的话。从这些话里，看出葛朗台具有怎样的思想感情？他的思想深处有哪些肮脏的东西？仔细体会这些话揭示了人物内心世界的深刻性和辛辣的讽刺意味。

其中那些“导练语”阐释的倾向相当明显：练习（1）中关于葛朗台的大量贬斥性形容词，练习（2）中关于葛朗台这一人物的阶级归类和阶级分析，练习（3）中还没让学生分析，先指出要分析的是葛朗台思想深处“肮脏”的东西，还没让学生品味，先确定这些话的语言效果具有“深刻性”和“辛辣的讽刺意味”。这种阐释先于阅读的情况在语文教材中并不鲜见。

文学“定篇”的“导学”和“导练”，“导”的手段是编者对该“定篇”意义的理解和解释，“导”的目标是促进学生对该“定篇”意义的理解和阐释，其间的过程是学生自身对“定篇”所作浸入式的感悟和体味活动。离开了学生自身的文学审美和探究的活动过程，是难以对文本作出真正理解的。解释学从来就认为，理解是人类活动的重要形式，人通过理解文本而理解世界，同时也理解自己。就其现实性上，每一理解都含有解释，每一解释都含有运用，因此理解是亚里士多德所说的“实践智慧”的一种形式，解释学即当代实践哲学。

从上述分析中，我们可以看到，在语文教材中，文学“定篇”主要是通过三种基本形态来作出阐释的：一价值化，着眼于“定篇”本身的加工与处理，通过对“定篇”的节录或删改、注释或评点，实现价值赋予和价值确认；二知识化，着眼于“定篇”的阐释内容，通过为“定篇”提供相应的知识，一方面来引导“定篇”阐释的方向和重心，同时又为这种阐释提供一定的支架；三活动化，着眼于“定篇”的阐释主体，通过对“定篇”进行导学或练习，促进学生理解“定篇”的文学活动的展开。

二、文学“定篇”的阐释模式

阐释是对文学“定篇”课程内容显性化处理的重要环节，怎样阐释一个“定篇”将决定这个“定篇”有怎样的课程内容，也就是说“定篇”阐释与“定篇”的课程内容关系密切。在现代语文教材史上，大概有三种文学“定篇”的阐释模式：“规训模式”“对话模式”和“教化模式”。

（一）从“规训”到“对话”

福柯在《规训与惩罚》（Discipline and Punish）一书中研究了学校教育中的“规训”现象，把教育对人的支配、处置、压制等看做是规训的主要特性。这里我们借用这个词来概括文学“定篇”的这样一种阐释模式：它强调文学的意识形态化，通过刻板、教条、单一、贫乏的阐释方式和阐释内容来“规范”和支配教学。从历史来看，长期以来，我国语文教材中是用这种阐释模式来阐释文学“定篇”的。我们看看1982年版（第一册）和1990年版（第三册）高中语文教材对鲁迅小说《药》所作的阐释：

这是鲁迅在“五四”运动前夕写的一篇反映辛亥革命时期中国社会现实的短篇小说。作品不仅通过描写华、夏两家的悲剧，控诉了封建制度的罪恶，揭露了封建统治阶级镇压革命和愚弄人民的反动本质；更重要的是，它通过描写为推翻封建制度而英勇就义的革命者夏瑜的鲜血竟成了贫民华老栓夫妇为儿子治病的“药”这一发人深省的事件，揭示了辛亥革命时期革命者和群众的关系，批判了资产阶级旧民主主义革命严重脱离群众的错误，从一个侧面总结了辛亥革命失败的历史教训，从而启示人们：只有发动群众，革命才能胜利，中国才能得救。(1982年版)

《药》反映了辛亥革命时期中国社会现实的一个侧面。作品不仅通过描写华、夏两家的悲剧，控诉了封建制度的罪恶，揭露了封建统治阶级镇压革命和愚弄人民的反动本质；更重要的是，它通过描写为推翻封建制度而英勇就义的革命者夏瑜的鲜血竟成了贫民华老栓夫妇为儿子治病的“药”这一发人深省的事件，表现了群众的愚昧和革命者的悲哀。(1990年版)

1982年版的高中语文教材的导学功能主要由课文注释承担，在《药》一课中，编者以题注的形式，用近250字的篇幅，直接阐释了课文的主题。1990年版的高中语文教材的导学系统除课文注释外，还增加了“预习提示”（自读课文为“自读提示”）。在这版教材中，《药》的预习提示中阐释课文主题的内容虽与1982年版稍有不同，但是，在阐释取向上的社会政治性、阐释方式上的确定性、阐释语言上的直接性、阐释内容上的权威性和示范性上与之并无二致，基本上没有给学生留下自由解读的空间。

规训模式这种把教师和学生看成“臣民”，强调“训练人迎合社会的性能，要求人无批判地接受外在力量为他设计好的道路，作社会规训体制的‘同谋’”① 的特性与文学阅读在本质上显然是不相容的。文学阅读是“一个对文本的反映、实现、改变和丰富的过程，也是一个融会了读者的感受、

① 金生鈜．规训与教化［M］．北京：教育科学出版社，2003：3

体验、联想和想象，以及审美判断等多种心理活动机制的特殊认识活动和心理活动过程”,① 其本质是一种体验，一种创造，一种自我意义的建构。因此，规训模式下的文学阅读教学必然是一种变异、僵化、武断地灌输着某种符号体系的教学，它不是让学生喜欢文学，亲近文学，倒反使之远离文学，鄙弃文学。

与这种规训模式相对，20 世纪前后，与当时的教育理念同步并进，逐渐产生了对话模式。“对话”，按原始的意义来说，指人与人之间以语言为中介的谈话方式。谈话有多种可能，有盛气凌人者、言不由衷者，也有心直口快者、点头哈腰者；有怯于表达者、气定神闲者，也有口若悬河者、滔滔不绝者。这都不是对话。但也有这样的谈话：双方平等对待，相互敞开心扉，在相互协调与激发中扩大各自的眼界，精神生活进入一个更高、更新的层次。这是“对话”的原型。我们所说的“对话”还要超越这种原型意义，它不拘限于语言，泛指人与人、人与世界之间一切以平等、自由以及相互开放和相互激发为特征的沟通和体认、交流活动。文学“定篇”阐释的这种对话模式，消解了规训模式中的种种“二元对立”（文学“定篇”与教师的二元对立，文学“定篇”与学生的对立）所造成的封闭和沉闷，追求一种开放和自由的境地。作为“对话者”的编者，不再是一个“确定的权威”的守护者，而是一个可能的创造者，他与教师、学生之间的关系不再是敌对的、规训的，而是相互关心、相互包容和相互激发的，他与教师、学生一道携手共同创造相互接纳的“边缘地带”，为师生个体精神自由发展提供了可能。

同样是对《药》的阐释，2000 年版高中语文教材已经作了这样的改变：

《药》以辛亥革命时期的社会现实为背景，以光复会成员徐锡麟、秋瑾被清政府杀害的事件为素材，描写了革命党人为群众牺牲了生命还得不到群众理解的悲剧。

2000 年版高中语文教材课前也有阅读提示性文字，但篇幅要简短，形式要多样，或引用作者自己的诠释性文字（如《边城（节选）》），或设置启发性的提问（如《祝福》），或概述课文所属文学流派的特点（如第五册西方现代主义文学单元的四篇课文），等等。可以看到，相比前面两个版本，这一版本对《药》的阐释提纲挈领、简洁明了，留给学生的解读空间明显要大。值得一提的是，在 2003 年版的高中语文教科书中，“预习提示”部分已被去除，解读提示类的文字几乎没有，学生的解读自由度更大了。

---

① 王先霈、王耀辉．文学欣赏导引［M］．北京：高等教育出版社 2005：3

除了导学系统，学生解读自由度的扩大还表现在作业系统。虽然无论是在课文内容的空间顺序还是在课堂教学的时间顺序中，作业系统往往都被置于最后，但它的归纳、检测功能使得它会对学生的课文解读产生很大的反作用。这种反作用主要体现在：作业或隐或显地体现着教材编者对课文的理解，这些理解在作业中往往是作为前提或已知条件出现，很容易被学生接受，并组织进自己的知识结构，成为“前理解”，对他们的课文阐释产生影响。作业系统的解读暗示固然能帮助学生解读，但如果暗示过于强烈，过于明显，也会产生束缚学生解读思维、压缩学生解读空间等不利影响。有研究者在分析1982年版、1992年版和2000年版三种版本高中语文教材中《雷雨》一课后面练习设置的变化情况，得出这样一个结论：“反观20多年来中学语文教科书作业系统的变化，我们可以看出：作业系统的解读暗示呈现出由强到弱、由显到隐的变化趋势。”①

学生解读自由度的扩大，当然并不意味着学生与“定篇”之间、学生与编者之间的“对话”必然发生，但这为“对话”创设了前提。在巴赫金看来，人是在差异中存在的人，是向他人开放的人、向未来开放的人、向社会开放的人，人的差异性存在、未完成式的存在和社会性存在决定着人与人之间“对话”的可能。② 文学“定篇”阐释的对话模式使学生与“定篇”、学生与编者之间由“我—它”的工具关系转换为“我—你”的审美关系，这正契合了文学阅读的审美特性，对于文学阅读教学无疑具有重要价值。

（二）对“教化模式”的追寻

如果把文学“定篇”的阐释仅仅定位在引起学生与“定篇”之间、学生与编者之间的对话上，显然是不够的。在对话过程中，文学“定篇”的阐释还应当引导学生提升自己，走向精神的自由创造。这就是“教化”。

按照解释学大师伽达默尔的观点，“教化”（Bildung）是18世纪“最伟大的观念”。“它最初起源于中世纪的神秘主义，以后被巴洛克神秘教派所继承，再后通过……《弥塞亚》而得到其精神意蕴，最后被赫尔德从根本上规定为‘达到人性的崇高教化’。”③ 与汉语语境里通常把教化理解为一个道德概念不同，西方普遍把它理解为一个文化概念。教化的拉丁文是

① 杨孝如．1977年以来中学语文教科书对课文解读的影响论析［J］．宁波大学学报（教育科学版），2005（1）：109-114

② 张开焱．开放人格——巴赫金［M］．武汉：长江文艺出版社，2000：108-128

③ 汉斯—格奥尔格·伽达默尔，洪汉鼎译．真理与方法［M］．上海：上海译文出版社．1999：10-11

formatio，英文的对应词为 formation。具体而言，教化是人在精神上走出自身获致普遍性，同时又返回自身的双向历程。教化首先是“向普遍性的提升”。这里的“普遍性”，主要是指精神的普遍性。任何个体的特殊性都是有局限性的，故走向普遍性乃是人类的一项使命。“人类教化的一般本质就是使自身成为一个普遍的精神存在”。① 这不仅体现在黑格尔的“实践性教化”里，更体现在对人类更为重要的“理论性教化”中。采取理论性态度本身就意味着走出自我（异化），超出人类直接获知和经验的事物，学会容忍异己的东西，以便不带有个人私利地去把握事物。所以，教化首先要走出自身，克服个体精神的局限性。但是，这只是教化的一半。教化的另一半是“以异化为前提的返回自身”。②也就是说，不只是使精神历史地实现向普遍性的提升，教化还要求人从他物出发向自己本身“返回”。可见，教化不只是对普遍性的“占有”，而是要与其“对话”，特别是要从普遍的异己的东西里认识自身，发现并开掘“自己的家”。“走出自身”与“回家”在教化中始终是联系在一起的，教化就是二者的历史循环。

“教化面对的是人的自由条件下的精神的自我创造。这就意味我们必须基于人的生活和人的精神而设计我们的教育……”。③ 回到文学“定篇”的阐释上来，在文学与人的关系上，教化强调的是人在与文学普遍性的对话中建构自己的意义世界。它关注人的生存处境，倡导人的“家园感”。它反对人对文学知识化的简单“记忆”，努力导向人的精神自由：走出自身是一种自由，“回家”更是精神自由的新境界。

在文学“定篇”的“教化模式”中，首先要强调阐释方式的开放性、自由性和创造性。因为人的本质是自由的、丰富的、创造的，文学作品的意蕴也是多指向性的。如对《荷塘月色》的阐释就可以从“美学的”“价值的”“意识的”等多个层面多个角度进行。从美学的角度，可以把握作者“对和谐生命状态的那种隐喻”；从价值的角度，我们可以看到作者所表现的“苦闷”不是政治性的，而是伦理性的，所向往的是一种伦理的自由和情感的自由；从意识层面，我们可以领略作者蕴涵的对女性的“珍爱”意识。④ 这些阐释向学生展示理解、领悟多个向度、多种可能，这有利于培养学生的创造性精神品质。鼓励这种形式的阐释本身就是一种教化形式。

其次要强调阐释内容上的个性化、体验性。就阐释对象而言，文学“定篇”是作者个体对于人生意义的体验和反思，是作者个体独特的人生遭

①② 汉斯一格奥尔格·伽达默尔，洪汉鼎译．真理与方法［M］．上海：上海译文出版社．1999：13-14

③ 金生鈜．规训与教化［M］．北京：教育科学出版社，2003：9

④ 李山林．试论语文教学的人文阐释［J］．现代语文，2004（11）：39-40

遇和内心经历的结果，具有非常鲜明的“个体性”。因此，对它的阅读是和一个活生生的心灵的对话，而对它的理解和阐释也只有深入到作者的整个生活史和内心世界之中才能达到相当的程度。因此，对它的阐释，就只能通过不同个体的内心世界来加以欣赏、鉴别和认同。只有结合作者有关的生活经历和心路历程，才能走进作者的心灵。就阐释主体而言，文学“定篇”作为一种反思人生意义和价值的中介，它作用于阅读主体，促使个体不断反思自己的生活，反思自己在生活中所信奉和实践的价值观念的合理性，并由此形成新的生活态度，确定新的生活方向。这里的“反思”“形成”和“确定”，都是非常个性化的、个人体验性的行为，别人是无法代替也无法强制的。这就要求在读者、作者与文学“定篇”之间建立一种“零距离”关系，要求走进作品，走进作者的心灵，与之进行交流、沟通，与作者与作品中的人物同悲欢、同命运。文学作品的生成是一种精神过程、生命过程，是作者人格、品质、精神的展示过程。教化阐释就是还原作者蕴含在作品中的精神过程，让学生进入这种精神过程去体验、体察并受到感染、浸润、熏陶，从而提升其人格品质。

其三，强调阐释媒介上的感性化和形象化。文学教育最重要的目的是使人与周围世界建立起情感联系。而人的情感是理性的语言形式无法表达，也是理性的语言作品无法培养的。只有直观的、感性的、审美的语言才能承载人类的情感，才能让人与周围事物建立情感性联系。因此，文学“定篇”中形象、情感、审美等信息不是用逻辑的、思辨的语言形式来传递的，而是用感性的语言形式进行“隐喻性”的表现的。由于文学话语的“隐喻性”，我们对文学“定篇”的阐释就要将“隐喻”之所“隐”，“隐喻”之所“喻”转化为学生的审美知觉对象，将静止的文本文字转化为鲜活的情感和生动的形象。在语言表达方式、语言表现形态、语言的指向等方面就要加强形象的、情感的、审美的意识，使文学作品的精神内涵得到动情的表述和美的再现。

第六章

语文教材中的文学活动

第一节 倡导“活动文学教育”的理念

一、问题的提出

所谓“活动文学教育”，简单来说，就是在活动中通过活动而且为了活动的文学教育。对“活动文学教育”范畴的这一界定其实质在于认定活动——个体的自主活动既是文学教育的目的，又是文学教育的手段。作为目的，意谓活动、实践文学生活或使学生形成一种文学的生活方式应当成为学校文学教育追求的最高境界；作为手段，指教育者应当把活动作为个体文学意识的发生、发展以及文学之个体意义实现的源泉来理解并作为促进文学能力发展的手段加以运用。显然，这里是把活动范畴作为文学教育理论建设的逻辑起点，作为整个文学教育过程的基础来看待的。之所以提出“活动文学教育”的理念，主要基于以下几方面的思考：

（一）文学活动——一个尚待开拓的语文课程研究领域

马克思在其被称作“包含着新世界观的天才的萌芽”的《关于费尔巴哈的提纲》中，开宗明义地指出：“从前的一切唯物主义——包括费尔巴哈的唯物主义——的主要缺点是：对事物、现实、感性，只是从客体的或者直观的形式去理解，而不是把它们当做人的感性活动，当做实践去理解，……所以，……和唯物主义相反，唯心主义却发展了能动的方面，但只是抽象地发展了，因为唯心主义当然是不知道真正现实的、感性的活动本身的。”① 强调活动、强调现实的感性活动在社会各领域中的决定作用，是马克思主义同一切旧唯物主义和唯心主义的根本区别之一。马克思主义创始

---

① 马克思、恩格斯选集（第1卷）[M]. 北京：人民出版社 1957：16

人从不把社会、社会现象看作毫无生气的既成事实，而是看作人类“自由自觉的活动”的结果，通过揭示人的活动及其发展，寻找社会发展的动力和基础。在他们看来，人类社会，不论其形式如何，都是“人们交互作用的产物”。① 人类社会的发展“不过是追求着自己目的人的活动而已。”② 因此，研究社会现象、研究社会关系的形成和发展，就要研究“真实的个人”，研究个人的活动，因为“这些关系是由个人的活动组成的”。③ 然而，“自然科学和哲学一样，直到今天还完全忽视了人的活动对他的思维的影响。”④

本世纪对活动问题的研究最为轰轰烈烈且成果最显著者首推心理学。在西方，30年代即有皮亚杰根据对儿童心理发展的研究得出的活动尤其是协作活动是儿童思维和道德发展的根本动力的结论。⑤ 在前苏联，自40年代鲁宾斯坦和维果斯基以活动范畴解释人的心理结构，指出：“心理不仅通过人的活动表现出来，而且是在活动中形成的”，⑥ 从而揭示了人的心理在人的活动中形成发展的规律，“活动”就一直是心理学研究的一个重要范畴。后经加里培林、列昂节夫等人的进一步拓展，活动在心理学中的地位得到更广泛的认同。至70年代后期，“活动观点是研究人的个性、意识发展规律性的基本观点”已成为人们的共识。⑦

活动问题在哲学、社会学领域虽起步较晚，但在60年代末70年代初一旦提出，即引起人们的广泛关注，并就活动，活动结构，活动与能动性、创造性，活动与实践的关系，活动与社会发展，活动结构与社会和社会生产结构等问题展开了系统而深入的探讨。“活动的哲学问题”一度成为前苏联哲学家的热门话题。而且对活动进行哲学、社会学的研究正方兴未艾。随着对人学问题的兴趣日益浓厚，随着人的能动性问题逐渐成为哲学的中心问题，对活动的研究也必将更加深入和成熟。

比照之下，教育领域对活动问题的研究则是数量少且不够深入的。虽然有些学者对教育的活动基础，对活动的教育意义作过有益的开创性的研究，但总的来说，并未引起理论界足够的重视。尽管越来越多的人已经认

---

① 马克思恩格斯选集（第1卷）[M]. 北京：人民出版社 1957：320

② 马克思恩格斯选集（第1卷）[M]. 北京：人民出版社 1957：118-119

③ 列宁全集（第1卷）[M]. 北京：人民出版社 1957：384

④ 马克思恩格斯选集（第3卷）[M]. 北京：人民出版社 1957：551

⑤ [瑞士] 皮亚杰. 傅统先、陆有铨译. 儿童的道德判断 [M]. 济南：山东教育出版社，1984.

⑥ 转引自张凡琪. 苏联“活动理论”蠡测 [J]. 哲学动态，1987（2）：11-13

⑦ [苏] T. A. 涅日诺娃整理. 苏联当今的活动观点 [J]. 心理发展与教育，1989（3）：50-52

识到，“教育学离开了活动问题就不可能解决任何一项教育、教学、发展的任务”①，把活动抬至决定教育学生死存亡的高度，然而，在许多教育学著作中，通常把活动只作为一种方法和手段、作为解决问题的一种甚或不甚重要的方式，事实上降低了活动本身的理论品位。而活动在教育理论中可有可无、无足轻重的“装饰”地位，对活动之引入教育领域的“犹抱琵琶半遮面”的羞羞答答的态度则反映了人们对学生主动性、能动性的漠视。在语文课程研究领域，“活动文学教育”的讨论更带有拓荒的意义。

（二）活动文学教育，是在反省传统文学教育的基础上提出的，在于突出文学教育的主体性本质。

到目前为止，人们对“传统教育”的理解虽殊为不同，为了叙述的方便，我们这里还是尝试对“传统文学教育”先做一界定。我们把“传统文学教育”理解为教育发展史上试图借助一切可能的教育手段，使学生无批判地接受某种固定的文学观念、文学价值的教育活动。如此理解和界定的传统文学教育，实质上是把它看成是一种相对封闭的、强制的教育。它认定要传授给学生的那些文学价值是先定的、天然合理的。文学教育的全部工作，不外是借助各种实质上是灌输的方法把这些观念和价值传授给学生。在人类教育发展史上，这种教育曾长期占据主导地位。在我国，即便是新中国成立后的几十年的时间里所奉行以分析为基本模式的文学教育，都带有传统教育的色彩。这种教育的最大问题在于忽视了主体精神活动在文学教育中的重要地位。一切分析都具有逻辑演绎的性质，因为文学作品的主题、结构、艺术特色等等，都已经在教材或教参中得到明确的提示和严格的限定。从严格意义上讲，这种文学分析行为不具有任何批评的意义。

文学是贯注着人的主体精神的“自由自觉的活动”。文学作用的发挥乃至其存在的价值无不以人的主体性的发挥，以人的自由自觉为前提。传统文学教育因其对教育对象“标件化”的追求而难以培养独立的、批判性思维和有个性的个体；因其限制学生选择的自由和可能性而难以培养学生的审美意识和文学精神。这与把文学看成人实现自我认识、自我完善的手段而不是外部强加的枷锁，把学生看作主动选择和吸收教育影响的主动参与教育过程的积极主体而不是作为被改造对象，这与现代教育要求是格格不入的，对这种教育进行历史的、现实的反省是倡导新的理念和实践模式，更好地实现培养具有丰富文学生活和充实、积极文学精神之实践主体这目标的必要预备。

① ［苏］休金娜著，高文译．活动——教育过程的基础［A］．瞿葆奎主编．教育学文集·课外校外活动［C］．北京：人民教育出版社，1988：3

（三）活动文学教育也是对当代认知主义文学教育的一种补充，在于突出文学教育的实践性特征。

无论对文学教育的理论还是对文学教育的实践来说，20 世纪都是一个认知主义的时代。在这一时期，知识、认知能力在个体文学意识发生发展中的作用得到进一步确证，文学认知能力包括文学常识的识记，文学作品的理解、内容和艺术特色的分析的培养作为文学教育的主要任务，一直得到语文教学大纲或课程标准的明示和强化。作为对压抑理性、无视个人主体特征之传统文学教育的一种积极反应，把学生的智力活动、把学生的思维和探究引入文学教育领域，从根本上转变了文学教育的观念。从这种意义上讲，认知主义是值得充分肯定的。然而，必须同时指出，单纯的认知主义文学教育是片面的，以简单、机械的方式灌输文学知识为中心的文学教育则更是有害的。同时，这种认为审美能力和情感发展不过是认知发展的一种逻辑结果的文学教育哲学本身也是错误的。认知之于文学既非唯一的亦非最终的因素。认知、推理并非文学的全部甚至不是文学的本质成分，文学教育的目的归根结底是人格的改善而非知识的改善。而且，无论从理论还是实践上尚未有充分的证据证明正确的推理和丰富的知识与情感发展、人格改善之间存在某种必然的逻辑联系。要充分考虑并试图努力解决知、情、意统一这一最古老、最根本也是最棘手的文学教育问题，就必须预制一种与认知主义互补的教育形式。

此外，把“活动”范畴引入文学教育领域，并以“活动”为元点建构一套完整的文学教育理论和实践体系，也是基于对“活动”之独特的文学教育功能的认同与肯定。

二、“活动”与文学教育

（一）“活动文学教育”理念中的“活动”范畴

至少到目前为止，对活动范畴的界说还是一个人言人殊的问题。“‘活动’概念本身的含义是极不确定的……直到今天，无论是心理学著作，还是社会学和哲学著作，都在各种不同的意义上使用‘活动’概念。”“还没有对活动概念作出公认的定义。”① 活动领域本身的复杂性和广泛性使得人

① 戚万学．活动道德教育模式的理论构想［J］．教育研究，1996（6）：69-76

们可能从不同的视角对其进行界定。

“活动文学教育”理念中的“活动”范畴，简言之，就是具有文学教育意义或功能的个体活动，或影响个人文学素养提升的个体外在活动。具体说，就是在学校文学教育过程中，由学生自主参与的，以学生的兴趣和审美需要为基础的，以促进个体文学素养的整体发展为目的的外在活动。

对“活动”范畴的这一界定至少包含下面几方面的内容。首先，这里的活动指学生的自主活动，体现了活动的能动性特征。能动性乃是人通过活动改造世界完善自我的根本动因。其次，指的是学生外部的、感性活动。活动向来是个体实在的、感性活动与内部思维的、意识活动的统一，是外部物质活动和内部思维活动的统一，但从文学课程的角度，更多指的是外部的感性活动。最后，这里的活动是指以促进个体文学素养的提高为目的的活动。并非所有的活动都具有文学教育的功能。在人的外部活动中，生产活动和交往活动是两种基本的活动方式，其中交往活动对人的文学意识和行为的影响最为明显，是我们所指的主要的外部活动。

但是，活动，不管其如何运作，都是为满足主体的某种需要而发的，都是为某种需要服务的。审美需要乃一切文学活动的原动力。应特别指出的是，人的审美需要是一种高度自主、自为的需要。人在文学活动中不仅从审美需要中获得动力，而且还能不断生产新的审美需要对象，并因而生产新的审美需要本身。

根据上述的大致框定，“活动文学教育”中的活动范围或类型至少包括学生主动参与的文学阅读活动、写作活动、学生之间外部协作展开的表演活动、朗诵活动等等。

（二）活动的文学教育意义

第一，活动是个体文学素养形成、发展的根源与动力。如果把文学作广义的理解，任何文学发生、发展问题也可看做是人类历史的、生产的、文化的过程。事实上，20 世纪在我国兴起的文学活动理论思潮就是这样来看待文学的。在文学活动论视野下，文学是作为人类的一种高级的特殊的精神活动而存在的。它通过语言媒介来创造文学和欣赏文学，具有审美的意识形态属性，是人的本质力量的确证。①

笔者认为，活动之于文学教育的意义在：首先，通过活动加深了对文学创作和欣赏规则的理解，为文学能力的真正获得提供基础。任何文学作品都以一定的规则客观地呈现着的。这些规则蕴含了作家对文学的基本认

---

① 童庆炳主编．文学理论教程（修订二版）教学参考书［M］．北京：高等教育出版社，2005：43-44

识，读者只有在活动中，才能不断接近作家的认识，并作出自己的反思。其次，在协作和交往中，可以培养、发展真正的文学意识和文学精神。按照哈贝马斯的交往行为理论，任何两个具有言语和行为能力的主体都可以用符号（语言）构成一种对话关系。文学作为一种符号（语言）系统，是交往理性得以展开的场所。具体来说，围绕着作品这个中心，作者与世界、读者之间建立起来一种话语伙伴关系。

第二，活动是学生文学体验的重要途径。

现代心理学认为“体验是指由身体性活动与直接经验而产生的感情和意识”，换言之，就是指人们在活动中亲身经历的一种内心情感活动，一种对感情的感知方式。体验离不开活动。作为物质形式的文学文本，是作家长久的生命体验的结晶，而作为一种独特的情感产品，文学文本生成过程亦即作家审美体验不断的丰富过程，因此，文学文本中所凝聚的是作家审美体验的投注。既然文学文本是作家审美体验的结晶，那么活动就该是体验与体验的相遇，“意义产生于人与世界相遇的时刻，因为世界只有在人的目光或人的实践的自然之光中才得到阐明①”。人与世界相遇的时刻，也就是主体审美体验参与文学世界的时刻，是主体的个性、情感与本文蕴涵的个性、情感融合的时刻，是主体对本文意义积极主动地探寻与建构的时刻，因此，中学生的文学教育活动实际上乃是一种创造性活动。如在文学课中，学生分别扮演了文学著作中的人物，并通过人物扮演体会作品的内涵。学生在扮演人物时需要分析人物的性格特征，要了解人物的性格特征就需了解人物所处的时代背景、社会地位、生活经历等等相关的知识。学生只有通过对有关材料的全面的研究、分析，才能准确而全面地把握人物的性格特征，然后把它形成系统的文字材料，用来指导自己扮演的角色。这个策划、准备的过程恰恰是学生主动体验的过程。材料准备的充分与否及对人物内心世界的体验深刻与否，直接关系到角色扮演的成功与失败。

三、“活动文学教育”的课程框架

以上面的论述为基础，我们试从两个方面构建“活动文学教育”的粗略框架。

（一）“活动文学教育”的目标达成：实践文学生活

马克思、恩格斯指出：“意识在任何时候都只能是被意识到了的存在，

① 杜夫海纳．孙非译．美学与哲学［M］．北京：中国社会科学出版社，1985：142

而人们的存在就是他们的实际生活过程。"① 人作为文学的存在，其最鲜明、最生动的意义就在于他有属于自己的现实的文学生活，其文学的存在也无非是他的实际的文学生活的过程。实践文学生活是主体之为文学主体的确证，是文学之个体意义的最充分的实现。美国当代作家艾·阿西莫夫在回答"您为什么写作"时说："我写作的原因，如呼吸一样；因为如果不这样做，我就会死去。"在他看来，文学与生活乃至生命是同义的。从这种意义上讲，文学教育作为一种教人为美的手段，只有把促进年轻一代在现实中实践自己的文学生活作为目的，才能尽自己的教育责任于万一。

具体说，把活动或实践文学生活作为文学教育的最终目的，主要包含以下几层含义。

第一，文学生活乃是个人现实生活的一部分，是主体创造的结果。把文学作为主体生活的一部分，作为主体创造的产物，其意义在于把文学生活的意义，把自己行动的意义置于主体自己手中。这样，主体就不再是外在于自己生活的机械追随者，而是生活的开拓者、创造者。文学生活的选择因其自觉自愿，因而能真正品尝到其间的百种滋味，回味无穷。

第二，文学生活的活动或实践不仅是实现其他目的的手段，而且活动、实践本身就是目的。把活动本身作为目的，其更深刻的内涵在于认定，文学、文学生活本身是开放的而非封闭的，在于确认文学生活的目的就是为了更好地获得文学生活。也就是说，文学生活没有一个最终的栖所，实践文学生活本身就是它自身的要旨和意义，它意味着人不是附着于一个固定不变的目的，而是为更好的文学生活而进行艰苦的奋斗和创造，其中包括不断增强实践理性，不断增强自己的创造能力。德国诗人荷尔德林高声唱道："充满劳绩，然而人诗意地栖居在大地上。"在享有物质生活的同时，能够在精神的家园中"诗意地栖居"，这应当成为人的生活之必要。

总之，把实践文学生活作为文学教育的目的，其实质在于把文学教育的过程转变为一个主动的、实践的、流动的而不是消极、被动、静止的过程，在于把文学意识的发展变成学生自身生活的一部分，使其更好更美地生活，在于从根本上凸显活动文学教育与传统权威主义文学教育的本质区别：主动与被动、发展与静止、开放与封闭的区别。

（二）"活动文学教育"的课程设计：以活动性内容为主导

"活动文学教育"中"活动"有两种基本形态，一种是围绕文学课文所展开的文学活动，一种是独立的文学活动。前者在活动内容、活动形式以及组织方面受所学课文的制约，后者主要根据学生的兴趣和需要。强调文

① 马克思恩格斯选集（第3卷）[M]．北京：人民出版社 1957：29

学教育的活动化，主要是基于文学的活动特质和文学教育的实践性特征。

在文学渊源上，从活动的观点出发来阐释文学的理论家，在文学史上向来不乏其人。19世纪俄国文学大师列夫·托尔斯泰就曾阐明，“艺术是一项目的在于把人们所体验到的最崇高、最优越的感情传达给别人的人类活动。”① 法国现代著名的艺术理论家雅克·马利坦也曾认为诗（艺术）是“一个过程，即事物的内部存在与人类自身的内部存在之间的相互联系”②的过程。由此可见，文学活动并不像传统理论所固执坚持的那样，只是反映的产物，是艺术品、文本，是死的、静止的东西。海德格尔在其《艺术作品的本源》中曾指出，“世界不是立于我们面前让我们细细打量的对象，它从来就是诞生与死亡，祝福与亵渎的路径，使我们失魂落魄般地把持着存在。”③ 文学也是如此，它决不只是一个文本，也不只是一个放置在我们面前让我们欣赏的对象，它不是存在者，而是存在本身，它不是遮蔽，而是一种敞开，一个过程，是人的一种感性生命活动，是在人的审美活动中，并通过人的审美活动才建构起来的，它是人的自由自觉本质的一种全面敞开、显现，是一个动态的流程。

文学的活动特质决定了文学教育具有强烈的实践性特征。从教育目的看，与智育不同，文学教育主要不是形成一种知识体系，而是要形成一种文学的信念以及与此相应的行为方式、生活方式，即让学生过一种好的、美的文学生活。虽然知识的获得、文学认知能力的发展对于这种文学的理解有重要影响作用，但其本身还不是文学生活。其对文学生活的价值最终要落实到文学生活的改进。过一种好的文学生活意味着现实地履行自己的文学信念。从教育的过程和手段看，智育过程也强调活动，但更多的是要突出学生的理智活动。单纯的外部活动断然不能作为智育之系统的和主导的方法（杜威的杰出之处在于把活动引入教育领域，而其致命缺点也恰恰在于把外部活动泛化、绝对化）。文学教育过程则不同，它不仅要求学生积极的理智参与，而且更强调通过学生自己的活动来获得和实现文学的审美价值。

把活动、实践作为文学教育的主导内容，要求把“活动”纳入到语文课程内容的设计中来，应该有与其他内容一样的比较系统的评价标准、设计原则和实施原则。这里只粗略地提出两点基本的想法。

---

① 列夫·托尔斯泰著，丰陈宝译．艺术论［M］．北京：人民出版社，1958：65

② 雅克·马利坦著，刘有元、罗选民译．艺术与诗中的创造性直觉［M］．北京：三联书店，1991：15

③ 海德格尔．艺术作品的本源［A］．海德格尔、孙周兴译．林中路［C］．上海：上海译文出版，1997：28

第一，活动性内容应有助于学生文学意识之持续不断的发展和学生文学生活的不断改善。

第二，活动开展必须贯彻自主性原则。强调活动、强调文学的实践特征，事实上是突出了文学、文学教育领域强烈的人学特征，突出了文学教育的自主特征。无论从文学的实践主体本质，还是从教育要培养能独立思维，培养有自主意识和自觉行为的个体来讲，自主性都应当是文学教育所要遵循的基本原则。而且有感于目前学校教育实践中在一定程度和范围内存在的反主体、蔑视主体尊严的现象，通过强调活动突出文学、文学教育的自主特征也是对目前这种“机械主义”或“权威主义”文学教育的一种冲击。

在活动开展的过程中，贯彻自主原则，要求作为活动主体的学生活动应该是学生的自主活动而不是仅仅按已经安排好的严格要求去做的、形式化的行为操练和机械重复。用卢梭的话来说就是，让儿童“始终是按照他自己的思想而不是按照别人的思想进行活动”。在指导思想上，应始终把学生当做教育过程的主体，当做选择、决策、行动的主体和责任主体来看待。

第二节　语文教材中设计的文学活动

一、文学活动的性质

（一）从一般文学活动到课程论意义上的文学活动

20 世纪的中国，文艺理论思潮叠起，在意识形态论、审美反映论、主体论及艺术生产论等文学理论之外，还出现了一种以活动的观点来理解文学本质的理论，这就是文学活动论。文学活动论肇自上世纪 80 年代中期，延至 90 年代初，以蒋培坤、童庆炳、杜书瀛、陈传才等为代表，在极短的时间内对艺术的本质提出了一系列有价值的观念性见解，丰富了人们的艺术思维，拓展了理论界的研究视角。①

在文学活动论的视野下，文学是作为人类的一种高级的特殊的精神活动而存在的。它通过语言媒介来创造文学和欣赏文学，具有审美的意识形态属性，是人的本质力量的确证。文学活动有四大要素，分别为世界、作者、作品和读者。围绕这四个要素，美国当代文艺理论家 M. H. 艾布拉姆斯在《镜与灯——浪漫主义文论及批评传统》一书中提出了著名的文学活动四元构成的观点。他明确指出，文学活动是世界、作家、作品、读者这四大要素双向交流、循环往复作用而形成人的精神活动。②

艾布拉姆斯的文学活动四要素构成理论使人们认识到：首先，从世界到作家到作品的文学创作活动的完成并不是文学活动的终结，而仅仅是文学活动的开始，随之而来的是文学接受活动。其次，文学活动不仅包括从

---

① 朱首献．文艺活动论的当代意义［J］．当代文坛，2003（3）：3-7

② M. H. 艾布拉姆斯，郦稚牛等译．镜与灯——浪漫主义文论及批评传统［M］．北京：北京大学出版社 2004：4-5

文学创作到文学接受的顺向流程，而且包括从文学接受到文学创作的逆向流程。再次，文学活动不仅把世界、作家、作品、读者各大要素联系起来，而且使各个要素之间形成特殊的交往、交流关系。在整个文学活动系统中，我们可以清楚地看到作家与世界的相互交流，作家与作品的相互交流，作家与读者的相互交流，读者与世界的相互交流，读者与作品的相互交流，作品与世界的相互交流，作品与作家、读者、世界的多维度多向度的网络化交流（如下图）。

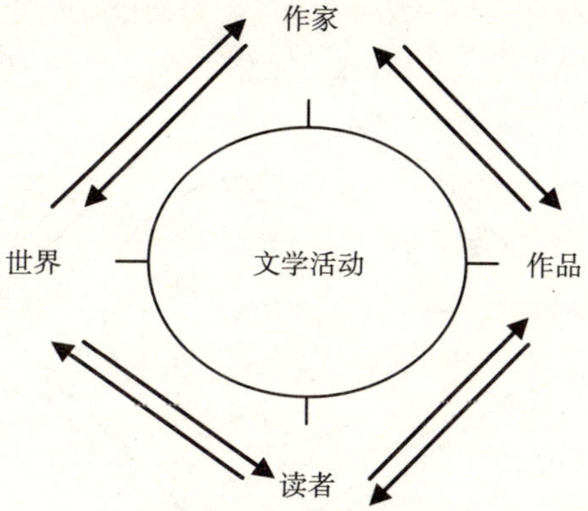

图 6-1：文学活动系统图

由此可见，文学活动是发生在世界、作家、作品和读者所构成的系统中的一种特殊的审美交流活动。更直接地说，文学不是某种永恒不变的形而上学的东西，而是一种具体、实在、生动的审美性活动。

与一般的文学活动强调审美性不同，课程论意义上的文学活动则更多地强调教育性。它要受课程实施和课程目标之间关系的制约，是反映课程目标要求的一种教育活动。归根结底，这种文学活动是一种学校教育活动，它具有学校教育活动的一般特点。所谓学校教育是“由专职人员和专门机构承担的有目的、有系统、有组织的，以影响入学者的身心发展为直接目标的社会活动”。①“教育影响”或教育性始终是学校教育最为核心和根本的东西。我们把这种强调教育性的文学活动称之为文学教育活动。

从系统论角度看，学校教育一般由四个要素构成：教育者、受教育者、教育内容与教育物资组成。凡在教育活动中承担教的责任和施加教育影响的人都是教育者；凡在教育活动中承担学习责任和接受教育的人都是受教

① 叶澜．教育概论［M］．北京：人民教育出版社，1999：9

育者。而教育内容是教育活动中教育者与受教育者共同认识、掌握、运用的对象。从涉及范围来说，包括人类各种领域活动中的知识、经验和技能技巧。从其价值来说，它具有发展人的智慧、品德、体力、审美能力和劳动能力等方面的作用。所谓教育物资是指进入教育过程中的各种物质资源。它包含教育的活动场所、设施、教育媒体以及教育辅助手段等。这四个要素同样适合文学教育活动，为了讨论上的方便，我们把教育内容置换成文学作品，教育者和受教育者置换成教师和学生，而把教育物资置换成环境，那么，教育活动的系统可以表示为下图：

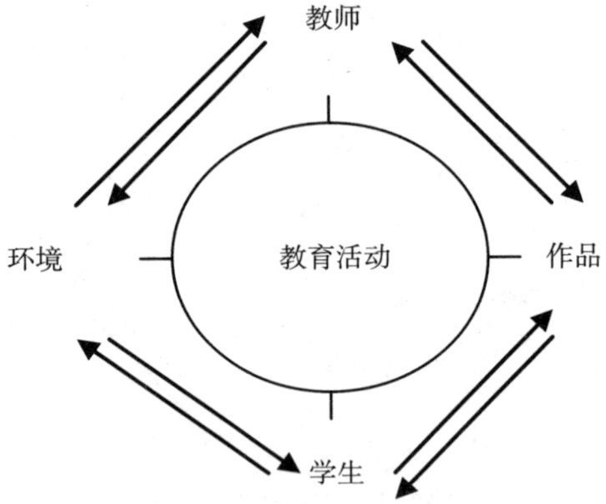

图 6–2：教育活动系统图

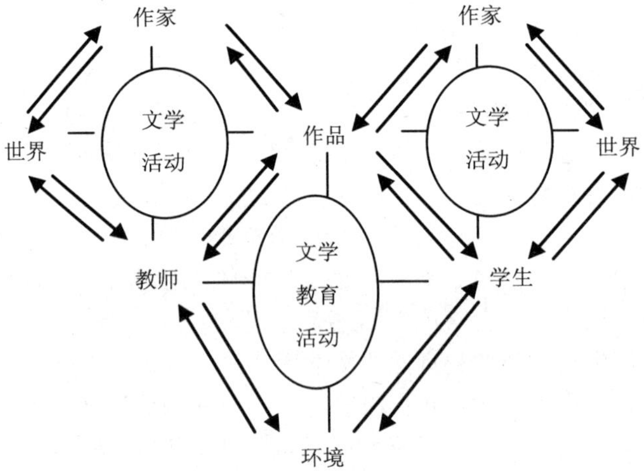

图 6–3：文学教育活动系统图

因为文学教育活动是发生在教师和学生为主体的教育领域中的文学活动，因此，图1中的“读者”可以分别以“教师”和“学生”进行置换。同时，文学教育活动作为一种文学活动，其发生的情境是教育领域，其特点是师生围绕文学作品互动交流的过程，如图2。这样，完整的文学教育活动实际上包含着三种活动，其一是教师的文学活动，其二是学生的文学活动，其三是师生之间围绕文学作品所进行的教育活动，它们之间是相互联系的，联系的结点是文学作品。(如图3)

既然文学活动是以审美为特征的活动，而教育活动是以施加教育影响为特征的活动，那么文学教育活动显然兼有二者的共同特点，即审美性+教育性（如图4）

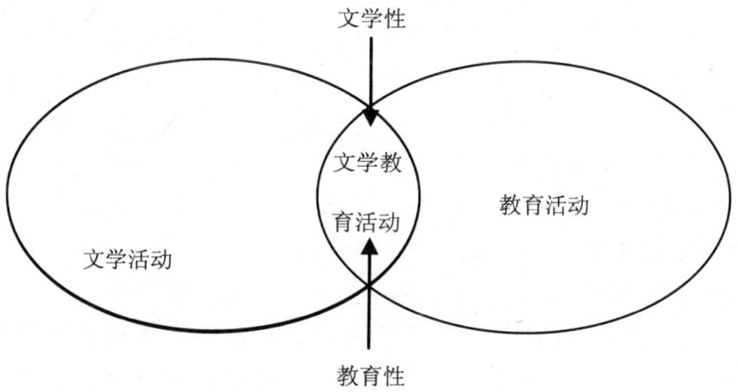

图6-4：文学教育活动的性质

通过这样一番分析，我们大概可以获得文学教育活动的一般定义：教师和学生之间以文学作品为纽带，为实现一定审美教育目标而进行的一种教育活动。

（二）从一般课程论意义上的文学活动到语文课程论意义上的文学活动

一般课程论意义上的文学活动还不是我们所要讨论的对象，这里我们讨论的是语文教材中的文学活动，它显然属于语文课程论的范畴。语文课程论视野中的文学活动除了审美性、教育性，应当还有语文性。不管我们的文学活动涉及哪个领域、哪门学科，采取哪些方式，促进学生“语文素养的形成和发展”始终是活动设计的主要目标和落脚点。积累语言、培养语感、发展思维、增强能力、提高修养、陶冶情操、提升热爱祖国语言文字的情怀等自始至终应该贯穿于文学活动全过程。因此，语文教材引导教师在方案的确定、内容的安排、流程的设计等方面都应该考虑是否有利于上述目标的实现。一定要使文学活动真正是母语学习、应用意义上的语文科的文学活动。

如以“我梦中的小屋”为主题的文学活动。要求学生从大自然中采摘树叶、野花、秸秆、芦苇等植物，在适合的背景纸上粘贴出“我梦中的小屋”，并为小屋命名、为其题诗。要求学生富有创意的构思：“我”的小屋应体现怎样的风格？周围环境应怎样与小屋协调搭配？鲜活的植物如何让其既风干又保持其色泽？解决这些问题就要求学生具有一定的美学、生物学知识，甚至要有一定的建筑学知识。学生为小屋命名、题诗，既要一定的文学知识的积累，更需要他们对这些知识的理解和灵活运用，体现较强的语文意识。有教师按照这种活动设计展开文学活动，效果显著，如其描述：

古有刘禹锡的陋室、徐渭的青藤书屋、蒲松龄的聊斋、归有光的项脊轩，今有学生简室、有恒斋、活水轩、紫藤香居、文雅阁等异彩纷呈的雅名。其中“茅香居”依据画面主题和意境题诗“采菊东篱下，悠然见南山”，这是五柳先生高洁淡泊心志浸润的杰作吧；“小桥流水人家”题诗“一水护田将绿绕，两山排闼送青来”，表达了我们的学生在享受现代文明带来的豪华、便捷的同时，也渴望抱璞返真，回归自然；“书巢”自作楹联“独登堂阶天高月满，忽披书本古往今来”，横批：宁静致远。整个制作过程中，学生从构思、选材、命名、布局甚至到装饰点缀就如同写作时围绕主题布局谋篇。交流展示时，学生纷纷走上讲台，或有条不紊地介绍制作程序，或充满诗情画意地描绘“我的梦中小屋”，或形象鲜明地阐释作品主题，俨然一个个小文人。整个活动过程弥漫着浓浓的语言文化气息，紧扣“语文”又基于“语文”延伸和拓展，整合了语文课程，也强化了语文与其他课程的联系；学生在活动中动脑、动手、动口，其创新能力、审美能力、表达能力得到了锻炼和提高；学生在欣赏自己的作品时，也体会到了“腹有诗书气自华”的成功与欢悦。①

从上述分析看到，语文教材中的文学活动不仅具有一般文学活动的审美性，具有教育活动的教育性，同时还具有语文的学科特性。“三性合一”，是我们讨论语文教材中文学活动的立足点。目前，语文综合性学习活动成了新课标语文教材的基本组成部分。其中，一些文学活动的设计往往从话题出发，偏重话题内容，顾及了教育性和语文性，却失去审美性，或是顾及了教育性、审美性，却缺失了语文性。如有教材以“成长的烦恼”为主题设计活动内容，在活动步骤上这样安排：首先，在《最近比较烦》的背

① 方金元. 还语文综合性学习以语文本色［J］. 语文教学与研究，2006（11）：37

景音乐中导入活动，要求学生小组交流，谈谈自己的烦恼，推荐组员说出自己的烦恼，评出“最有价值奖”；其次，小组交流，讨论解决烦恼的办法，评出“金点子奖”；最后，要求学生谈谈活动的收获，并评出“丰收奖”。笔者认为，这是一个心理辅导的活动设计，活动也许比较热闹，学生也会有些收获，但它却不能体现出语文学科的特点来。

在《美国语文》① 教材中，有诸多文学活动的设计，堪称学习范例，可借鉴的地方很多，如：

（一）写作

1. 关于自然的诗。写一首诗，表达你与自然接触时的经历、感受或情感。

2. 广告。假设你要组成一个与“先验主义俱乐部”类似的组织，你将会怎样去吸引会员？写一篇广告词，为人们提供相关信息并说服人们参加这个组织。

（二）项目

用艺术范例来说明你从《自然》中随意选择的一个生动的词组。画一幅画、选择一段音乐或编演一段舞蹈。

这是第二册第五课《自然》中的活动设计。这个设计的目标是让学生真正触摸到爱默生的先验主义文学精神。在活动之前，有一个理解性练习，要求结合课文理解先验主义者对于自然有哪些态度，对于超灵魂有怎样的信念。这为学生提供了“先行组织者”，成为下面活动的思维“支架”。从内容上看，整个活动涉及“写作”和“项目”两大块，“写作”分写诗和写广告词，“项目”则是选一个词组作个体的艺术表现。这些活动在目标上很具体、明确，活动形式很自由、活泼，文字的、形体的，文学的、艺术的，实用的、审美的，等等，不仅有充分的娱乐性和趣味性，更有审美的、教育的成分在，而写作的训练、文字的表达等又始终紧扣着语言文字的训练。

二、文学活动的类型与功能

众所周知，活动的种类可以在多个维度进行划分，如从活动的领域和对象、活动的目的、活动的方式、活动的组织形式等维度去区分活动类型，但对活动类型的最重要的区分是按活动对象的形态的不同对活动类型所作

---

① 马浩岚编译．美国语文［C］．北京：同心出版社，2004.

的划分。这种划分是对活动的类型的一种实体性的划分。其他划分均可以看作是对这种划分不同角度的补充说明。正如前苏联著名心理学家列昂节夫所说："各具体种类的活动，可以按照随便某一特征加以区别，……但一种活动与另一种活动的区别，主要在于其对象的差异。"①

从人的活动所指向的对象的形态之不同来看，人的活动有两大类别：其一是内在活动（或称自我活动），指心理活动、脑内活动，其性质是观念性或曰符号性的活动。在这种活动中，人以自身的身心结构作为活动对象；其二是外在活动，即以外在的客体为对象的活动。根据客体对象的不同，人的外在活动又可分为三种基本类型：实物活动、交往活动和媒体活动（或叫精神活动）。实物活动反映的是人与物之间的关系；交往活动，反映的是人与人之间的关系；媒体活动反映的是人与负载于一定的媒体（印刷媒体和电子媒体）之中的人类精神文化之间的关系。② 这三种类型的活动分别指向人类生活的三大领域：自然界、人类社会和人类精神文化。正是通过这三种活动，人与其生存发展的环境——自然、社会、人类精神文化——紧紧联系在一起。单纯的外在活动对学生身心发展的价值是有限的，因为单纯的外部活动要么是指纯粹的外显行为（如行为主义心理学的"活动"），这种活动只具有强化、训练人的行为习惯和技能的意义；要么是指由于熟练化而由无意识支配的活动，这种活动是发展的结果而不是发展过程中的活动，因而它不再具有发展意义。所以，真正具有发展意义的外在活动应该是指由人的内部心理活动中介指导和参与之下的内外统一的活动。需要特别指出的是，在课程论中所研究的活动是指内外统一的活动，课程论不研究单纯的、不包含内在活动的外在活动，因此，在下面涉及语文教材中文学活动的分类中，我们不单独讨论内在活动，而是将之包含在外在活动之中讨论。

根据对象形态不同所作的分类，语文教材中的文学活动也可以分为三种：实物型文学活动；交往型文学活动；媒体型文学活动。这些活动都是学生个体的、主体性活动。不同的文学活动类型对主体发展有不同的功能。

（一）实物型文学活动与功能

所谓实物型文学活动，是指以实际的事物为对象的文学活动。可以说，在人类的基本文学活动中，除了以符号、观念作为对象和手段的符号性（观念性）文学活动外，均是这种以具体的实际事物为对象的文学活动。因此，实物型文学活动范围很广，所涉及的具体种类非常之多。大体来看，

---

① 列昂节夫著，李沂等译．活动・意识・个性［M］．上海：上海译文出版社，1980：68

② 陈佑清．教育活动论［M］．南京：江苏教育出版社，2000：32

可分为三类：

1. 感知性文学活动

感知性文学活动是以对实际事物及其模型、形象的感知为特征的文学活动，如观察、参观、调查、旅游等。在文学教学中，需要对景物有实际的接触和感悟，这是学生获取独特体验的重要途径，因此教材中不乏这类活动设计。人教版义务教育新课标语文教材①一个题为“感受自然”的综合性学习，就属于这种活动设计。它有三项活动内容，学生可以任选。其中两项活动明显带有体验自然的特点。其一是通过旅游接触自然。“暂时放下你的功课，与老师或家长打好招呼，和小伙伴一起，投向自然的怀抱，开始一次愉快的秋游”，游玩过程中，“让景物像人一样活动起来，同它展开心灵的对话”，秋游结束，在班里组织一次活动，介绍自己一两个自然界的“朋友”，并说说以它为友的原因。其二是通过观察体验四季。……季节的体验一定给你留下了许多挥之不去的记忆。请你与同学交流一下对四季的感受，再具体描述自己最喜欢的那个季节的独特景色。以上活动为学生提供了一次接近自然、感受自然的机会，有助于唤起学生的与自然为友的美好情怀。

2. 操作性文学活动

它是以物质性的工具作用于实际事物的文学活动，如制作、实验、劳动、游戏、雕塑、绘画、器乐演奏、查阅资料等。文学活动是多样的，这种使用工具的活动也有助于让学生获得丰富的生活体验。我们发现，美国亚利桑那州高中的写作教材特别强调绘画的教学效果。如第一单元利用创建一个互联网上的主页来打开想象的闸门；第二单元画一幅接近写实的画来设想一次远征探险；第四单元选择一个故事中的重要事件，画一幅画，来领会其中的寓意；第五单元画一幅画或从家庭影集或某个杂志中选一张照片作为故事插图，再加上文字说明，来帮助同学进一步理解自己家如何度过困难时期。绘画，在这里成为训练语言的辅助方式，成为训练文学想象力的重要手段。②

3. 肢体性文学活动

它是以身体器官的动作为对象（有些身体器官也要凭借一定的实物工具）的文学活动，如朗读（朗诵）、声乐（唱歌）、舞蹈、各种文娱、体育活动等。这种肢体性文学活动具有很强的实践性和体验性，容易激发参与

---

① 课程教材研究所．义务教育课程标准实验教科书・语文［C］．北京：人民教育出版社，2001.

② 江苏母语课程教材研究所．美国语文课程教材［A］．当代外国语文课程教材评介［C］．南京：江苏教育出版社，2004：111-124

者浓厚的文学兴趣，留下难忘的记忆。如人教版义务教育新课标语文教材①七年级下册的“戏曲大舞台”活动中，除了要求学生获取一些有关中国戏曲的常识，还让学生亲临其境，或听，或唱，或演，直接感受我国戏曲的无穷魅力：

清晨，你可能在河边听到戏迷在“吊嗓子”，也可能看到一些戏友聚在公园的一角，津津有味地表演节目。你也想学唱几句吗？如有条件，不妨来个“拜师学艺”，向戏曲专业人员或戏曲爱好者学几招；退而求其次，也可跟着电视机、收音机、磁带、唱碟等唱唱；朋友聚会，集体活动，卡拉OK，也可以唱上几句。

看着别人在台上演唱得有板有眼，有声有色，有滋有味，你也许想亲自上台，一试身手。现在，请你与同学商量，或去民间采集，或从书本寻找，选好一出大家喜爱的戏或一个片段，分好角色，做些道具，粉墨登场，来一番戏曲表演——当然，最好演你的家乡戏。

实物型文学活动具有不同于交往型文学活动和媒体型文学活动的显著特性。首先，从与媒体型活动的比较来看，实物型文学活动具有现实可感性。其对象、工具、结果和具体的活动过程都是现实的、可感的；其次，从与交往型活动比较来看，实物型文学活动具有稳定性和较明显的客观性。其活动对象的结构、功能相对具体稳定，人对对象物的认识和把握也具有简单明晰的特点。再次，实物型文学活动相比于媒体型活动，还具有整体性及具体性。任何媒体型文学活动，尤其以分析、抽象、逻辑思维为特征的精神活动，总是从某个角度、某个侧面去把握事物，不像实物型活动那样给人完整、真实和具体的感觉。实物型文学活动这种具有现实可感、具体稳定和完整、真实的特点，使学生获得了学习书本知识中所不能得到的“生动、丰富的感官生活”，在这种生活中，学生“主动、活泼，而不是被动、呆板”，学生从学习书本知识中“多少有点被动的、呆板的接受和拘谨变为生气勃勃的状态②”。由于实物型文学活动的上述特性，使得它在学生身心发展中具有特殊的功能：

1. 促进学生文学意识形成

相比于媒体型活动，实物型活动是促进人的身心发展的基础性和奠基性活动。对此，许多学者有深刻分析。皮亚杰的研究表明，儿童心理的发生发展产生于儿童与外部对象的作用中，先有感知运动的智力（即“实践

---

① 课程教材研究所．义务教育课程标准实验教科书·语文［C］．北京：人民教育出版社，2001.

② 杜威，王承绪译．学校与社会·明日的学校［M］．北京：人民教育出版社，1994：30–32

智力”），到一定年龄阶段才有内部的以符号思维为标志的智力（即“反省智力”）。反省智力是实践智力的内化。列昂节夫在研究人的意识和心理的起源时，发现对象活动对于人的意识和心理发生发展的奠基性作用。他指出：“外部的感性-实践活动，从发生上来说，是人类活动的原始的和基本的形式，这种情况对于心理学具有特殊的意义。”① 杜威反复强调基于儿童本能和兴趣的“主动作业”（如游戏、木工、手工、制作）等对象性活动的教育意义：“心智和运用智慧或有目的地从事有事物加入的行动过程，两者是完全一致的，所以，发展和训练心智，就是提供一个能引起这种活动的环境。”②

大量的关于人的心理发生发展规律的研究表明，人的心理发展的总的规律是：从外在活动到内在活动，从实物活动到符号活动，从具体的感性活动到抽象的符号活动。文学发生、发展也依循了这样的规律。历来关于文学艺术起源的理论有这样几种：模仿说——强调诗歌是对自然和社会的模仿；游戏说——指出诗歌是人类发泄过剩精力的自由模仿活动；心灵表现说——认为文学艺术是人类心灵的一种表现；巫术说——提出艺术起源于原始人的交感巫术；劳动说——艺术起源于劳动等等。上述观点虽有种种冲突之处，但在活动这点上，先有外在活动，而后才有文学活动，却是一致的。也就是说，外部的、对象性的、感性的文学活动是文学意识发生、发展的奠基性活动形式。如果缺乏这种充分的、外部感性活动作基础，文学意识很难形成。对此，目前的文学教学还普遍缺乏这种意识，过分强调书本学习，把文学学习活动狭隘化，理解为围绕书本的听说读写活动，这显然不利于激发学生的学习兴趣，不利于培养健康的文学意识。

2. 促进学生发展为实物型文学活动主体

学生的文学生活是由多种活动构成的统一体，其中，实物型文学活动是其文学生活中一个相对独立的活动类型。实物型文学活动是人类与自然建立文学联系和相互作用的桥梁。因此，将学生培养成为从事实物型文学活动的主体，也是文学教育所追求的目的之一。

要把学生培养成实物型文学活动的主体，显然离不开交往型文学活动和媒体型文学活动。这两种活动有助于学生了解和把握前人和他人有关从事实物型文学活动的知识、经验，对他成为实物性文学活动主体具有独特意义。但是，学生从事实物型文学活动的需要和倾向性、能力的发展不可能在知识学习和交往活动中完成，最终要通过实物型文学活动来完成。实物型文学活动对象的形态、结构、运行规律及主体对实物型文学活动的需

---

① 列昂节夫著，李沂等译．活动·意识·个性［M］．上海：上海译文出版社，1980：57

② 杜威，王承绪译．民主主义与教育［M］．北京：人民教育出版社，1990：147

要的特殊性，决定了主体对实物客体作用的程序和方式、方法上的特殊性。因此，一个从未接触过实物型文学活动，只停留在从书本上或通过交往了解前人和他人从事实物型文学活动的知识、信息和经验的人，显然无法形成从事实物型文学活动所需要的素质的。作为实物型文学活动主体所需具备的从事实物活动的需要和价值取向，实际技能，能力和创造力，对实物型文学活动的审美感受力等，只能在实际的实物型文学活动中才能得到有效发展。如在语文教材中常常有课本剧表演方面的活动设计。课本剧的表演体现了学生对课文内容的理解，是一种思维的外化、思维的表达，形式上很好，但要使这种表演真正起到应有的效果，学生技能方面的训练是必需的。而要培养学生这种技能，显然离不开经常性的有指导的表演活动。“游水是在水里做的事，便须在水里学，在水里教。”① 陶行知先生的话形象而富有哲理。

（二）交往型文学活动与功能

交往是人与人之间的一种行为。哈贝马斯认为，交往行为指的是一种主体之间通过符号协调的相互作用，它以语言为媒介，通过对话，达到人与人之间的相互理解和一致②。教学也是一种交往行为。叶澜教授提出："如果从形态的角度看，我们认为教育起源于人类的交往活动。"③ 因为即使是原始社会中人与人的交往也包含了交往所必需的基本要素：交往双方、交往媒介、交往内容。当交往的双方相对特殊化，并形成一种以传递经验、影响人的身心发展为直接目的的活动时，交往就会进一步演化为教育。教学作为教育的核心，更是交往的进一步特殊化，如同季亚琴科所说的，“教学——这是交往的特殊变体”，“教学是有知识和经验的人与获得这些知识和经验的人之间的交往④”。教学中的交往是以学生为出发点的交往，主要关注的是学生交往与其身心发展的关系，因此，它所涉及的主要是学生与教师、学生与学生之间的交往，而以后者为主。

新世纪课程改革以来，人们对交往型活动非常重视，体现在语文课程标准中，就是对实践性、合作性、过程性语文学习方式的强调。如《全日制义务教育语文课程标准（实验稿）》提出“让学生更多地直接接触语文材料，在大量的语文实践中掌握运用语文的规律”，要求“充分激发学生的主动意识和进取精神，倡导自主、合作、探究的学习方式”。《普通高中语

---

① 中央教科所．陶行知教育文选［M］．北京：教育科学出版社，1981：77

② 艾四林．哈贝马斯交往理论评析［J］．清华大学学报（哲学版），1995（3）：11-18

③ 叶澜．教育概论［M］．北京：人民教育出版社，1996：40

④ 朱佩荣．季亚琴科论教学的本质（下）［J］．外国教育资料．1993（5）：20-27

文课程标准（实验稿）》把语文学习视为一个过程，“重点关注学生思考问题的深度和广度，使学生增强探究意识和兴趣，学习探究的方法，使语文学习的过程成为积极主动探索未知领域的过程”，引导学生“乐于进行交流和思想碰撞，在相互切磋中，加深领悟，共同提高”。体现在语文教材中，这种交往型活动的设计也随处可见。如：

苏教版高中语文（必修四）① 在“一滴眼泪中的人性世界”主题单元中，围绕课文话剧《雷雨》和电影剧本《辛德勒名单》（节选）设计了两个文学活动：

1. 自由组合，表演《雷雨》的某个片段。结合对原作的理解，看看是否表现了人物的内心世界和人物之间的矛盾冲突。

2. 影片《辛德勒名单》揭示了人性与兽性的冲突，表现了人性最终战胜兽性这一主题，曾获第 66 届奥斯卡最佳影片等六项大奖。如果有条件，集体观看这部影片，围绕影片主题，组织一次讨论会。

人教版高中语文（必修）② 非常重视让学生在交往中深入领会课文。如第二册小说单元中，《祝福》后有这样的设计：

有人说，祥林嫂是封建礼教的牺牲品；有人说，祥林嫂是被鲁四老爷之流逼迫死的；也有的说，是柳妈这一类人害死了祥林嫂。全班或分组讨论：造成祥林嫂人生悲剧的原因到底是什么？

《装在套子里的人》后有这样的活动式练习：

对于别里科夫这个人物，有人说他很可憎；也有人说他作为旧秩序、旧传统的自觉维护者，本身也是一个可悲可怜的受害者。讨论一下，应该怎样看待别里科夫这个人物。

这种交往型活动具有独特的教育价值。杜威曾分析过“共同的社会生活”“共同活动”和“沟通”的作用，他提出：“社会生活不仅和沟通完全相同，而且一切沟通（因而也就是一切真正的社会生活）都具有教育性。当一个沟通的接受者，就获得扩大的和改编的经验。一个人分享别人所想到的和所感到的东西，他自己的态度也就或多或少有所改变。③”他认为，儿童通过参与共同活动，就会逐步把共同活动的目的作为自己的目的，从共同活动的方式中学习到活动的方式，并从共同活动中了解他人的情感、态度，以形成自己的情感和态度；同时学会了解他人和正确处理与他人之

① 丁帆、杨九俊主编．普通高中课程标准实验教科书·语文（必修一）［C］．南京：江苏教育出版社，2006：52

② 人民教育出版社中学语文室．全日制普通高级中学教科书·语文（必修）［C］．北京：人民教育出版社，2003：4-38

③ 杜威著，王承绪译．民主主义与教育［M］．北京：人民教育出版社，1990：6

间的关系。① 兴起于上世纪70年代的德国“交往教学论”学派也非常重视交往型活动。他们强调通过交往型活动使学生发展为具有独立人格和自立能力，具有各种才干和自我负责的态度，从而最终从受教育的状态中解放出来。② 具体到交往型文学活动，它是学生文学建构的重要途径。

建构主义认为，知识不是通过教师传授得到的，而是学习者在一定情境，即社会文化背景下，借助其他人（包括教师和学习伙伴）的帮助，利用必要的学习资料，通过意义建构的方式而获得③。而交往活动是一种非常重要的建构方式。通过交往，学生可以将他人发展的多样性、差异性吸收到自身的发展中来，比如吸收他人的文学观念、文学取向、审美情趣、思维方式以及文学阅读与写作方式等，从而使自己的内心世界得以丰富、开放、灵活、多样，避免由于孤立的文学生活而造成自身发展的狭隘性和封闭性。

通过交往活动可以完成的文学建构内容有④：

（1）意义建构：指对文学作品意义的理解、诠释与创造。学生阅读文学文本首要的历程当然是通过文字译码，理解文本信息。但更重要的是，不同学生会因自己已有的图式而建构出不同的意义，甚至发展和创造新的内容。

（2）学科知识建构：指对文学知识的认知，如文学体裁的特点、小说要素的意义（背景、情节、叙述观点）、写作手法的特点与应用，以至作家风格的认识。

（3）过程知识建构：指学习文学的策略知识，例如认识到阅读不同类型和体裁的文学作品，会有不同的过程与方法，并懂得认识和运用，即“知道怎样”（knowing that），也可以说是策略的建构。获得过程知识，往往与反思（reflection）和后设认知（metacognition）的能力有莫大关系。

（4）概念建构：指对文学意义及有关概念，如作家、文本及读者三者之间关系的认知，或学习文学意义的看法，即“知道有关”（knowing what）。

（5）情感、态度建构：指对文学作品的审美取向。例如，对于作家或作品中的人物之间，产生了思想和感情上的共鸣，情感得到升华或净化，并领悟到生命的奥秘，人格得以提升。

在建构这些知识、概念、情感、态度的过程中，学习者也会发展不同

---

① 杜威著，王承绪译．民主主义与教育［M］．北京：人民教育出版社，1990：24-25

② 李其龙．德国教学论流派［M］．西安：陕西人民出版社，1993：121-122

③ 何克抗．建构主义——革新传统教学的理论基础（一）［J］．学科教育，1998（3）：30

④ 张永德．香港小学文学教学研究［M］．广州：广东教育出版社，2006：188

的理解、分析、评价、欣赏、写作的能力，改善审美的习惯，提高审美的趣味。

交往型文学活动之所以能对学生文学建构产生重要影响，是因为在交往中存在着社会性学习的机制，如观察、模仿、对话、交流。其中，观察最利于外在文学技能的学习；模仿则不仅适用于外在的文学技能，也适用于内在的文学思维方式、态度的学习。而人际对话和交流则更倾向于对内在文学素养的发展方面。在社会性文学学习中，对话与交流尤显重要。在这个过程中，交往双方彼此向对方敞开自己的内心世界，彼此通过观察、理解对方的内心来学习对方的思维方式、情感体验方式、对作品的态度、价值取向和审美情趣等。

（三）媒体型文学活动与功能

媒体型文学活动主要就是指学习书本知识的文学活动。从知识获取的方式来说，媒体型文学活动属于“闻知”而非“亲知”（“闻知”和“亲知”的概念是陶行知先生从《墨辩》中借用过来的术语，分别用来指接受别人传授的知识和通过亲身体验获得的知识①）。从教育历史看，“闻知”若不是建立在“亲知”的基础上并同“亲知”建立内在联系，则这种知识的获得与智慧的发展是不同步的。18 世纪欧洲教育史上“形式教育”与“实质教育”的争论，19 世纪末 20 世纪初欧洲“新教育运动”、美国“进步主义教育运动”与以书本知识学习为中心的“传统教育”的争论，我国上世纪 80 年代以来关于智力开发和非智力因素培养关系的讨论，都是围绕着这种活动与学生智慧发展的关系问题而展开。

与实物型文学活动、交往型文学活动不同，媒体型文学活动侧重于通过课文进行的个体文学阅读与写作活动。它是语文教材中最为传统和普遍的文学活动，是文学教学赖以发生的基础。一篇文学作品的教学，可以没有任何实物型文学活动、交往型文学活动，但不可以没有媒体型文学活动。不管是从活动的量还是活动的内容上看，媒体型文学活动都占据主要地位。新课改以前的语文教材，在活动的概念理解上相当狭隘，所谓文学活动通常就是指媒体型文学活动。这样，在活动设计上往往只有媒体型文学活动。如 1995 年人教版高中语文教材②，在小说《守财奴》课后有这样一些活动设计：

---

① 参见中央教育科学研究所编．陶行知教育文选［M］．北京：教育科学出版社，1981：98

② 人民教育出版社语文二室编著．高级中学课本・语文（必修）［C］．北京：人民教育出版社，1995：178-179

1. ……结合故事情节，谈谈葛朗台这个人物形象的社会意义。

2. ……关于这方面，课文中有许多生动的细节描写，把这些语句或段落找出来，具体说说这些描写对刻画葛朗台形象的作用。

3. ……仔细体会这些话揭示人物内心世界的深刻性和辛辣的讽刺意味。

新课改以后，语文教材中的活动概念有了拓展，文学活动中既有媒体型文学活动，也有实物型文学活动和交往型文学活动，而且实物型文学活动和交往型文学活动通过语文综合性学习活动的单独设置而得到凸显。即便同为媒体型文学活动，课改以后在设计上也有了不少变化。主要表现在：

1. 强调课文之间的内在联系，形成比较关系、互补关系

如北师大版初中语文①第一单元，选了刘白羽的《日出》、徐志摩的《泰山日出》和唐敏的《云海》，就有了这样的活动设计：

比较徐志摩、刘白羽、屠格涅夫（注：在刘白羽《日出》中提到他对日出的描写）描写旭日初升那一刻的文字，具体指出其中最生动的部分。

本单元几篇课文写云海、云彩，既有类似的景象，更有不同的描写、感受、心情。试从《云海》作者说的“没有当年的心情，云很难那么潜心入腑地感动我”切入，比较《云海》《泰山日出》《日出》，说说作者特别的心情怎样影响作者的感觉。

2. 强调学生经验与课文理解之间的联系，形成支架关系

人教版初中语文教材②在这类活动设计中非常重视这一点。“联系你的生活（学习）体验，读（写）……”成为活动设计常见的导入语，如：

“我们是多么喜欢长高了变成大人，我们又是多么怕呢！”你可能也有过这样的感受，试结合自己的体验说说：“我们”为什么既喜欢，又害怕变成大人？（见《爸爸的花儿落了》课后）

联系自己的生活体验，写片段作文“丑小鸭与我”。（见《丑小鸭》课后）

在我们学过的诗歌中，有些诗直白抒情，风格豪迈，有些诗则委婉含蓄。你认为这首诗属于哪一种？为什么？你还能从学过的诗歌中再举出一两例吗？（见《黄河颂》课后）

把不同课文联系起来，把学生经验与课文理解联系起来，不仅拓宽了文学活动的范围，而且增强了文学活动的可操作性，提升了活动的效度。

媒体型文学活动对学生发展的价值和功能主要有两个方面：

---

① 孙绍振主编．义务教育课程标准实验教科书·语文［C］．北京师范大学出版社，2006：1-31

② 课程教材研究所．义务教育课程标准实验教科书·语文［C］．北京：人民教育出版社，2001.

1. 它是学生文学认知发展的主要途径。学生的文学认知发展包括学生的文学认知结构、智慧技能和认知策略等方面的发展。所谓文学认知结构主要是指学生头脑中具有的关于文学的知识信息和组织；学生的文学智慧技能和认知策略即学生具有的文学阅读、写作等方面的程序方式、策略。这种文学认知的发展对于学生的其他文学活动是非常必要的。不论是实物型文学活动还是交往型文学活动，其中都包含着认知的成分。学生在进行这些活动时，无论是对活动环境的把握，还是对活动目的方向的选择，活动工具手段的利用，活动程序、方式和方法的挑选与创造，均要通过媒体型文学活动借鉴、利用前人的经验，以避免盲目摸索和重蹈前人他人的错误，并实现自身对前人和他人文学活动的超越。

2. 它是学生作为文学知识主体发展的重要手段。文学知识的主体在文学知识的学习中得到发展。通过媒体型文学活动，学生作为文学知识的学习主体，在其心理结构方面，如对文学知识学习的需要、兴趣和价值取向，对文学知识学习的态度、感情，学习文学知识的能力和创造力等都会得到相应的发展。

总的来说，媒体型文学活动对于促进学生文学认知和文学知识主体的发展是具有重要作用的，但是，它对学生作为文学活动主体的发展也是有局限的，这种局限表现为两方面：

其一，媒体型文学活动虽然是促进学生文学认知和文学知识主体发展的主要途径，但不是唯一途径，它还必须和实物型文学活动、交往型文学活动相联系，以发挥合力作用。这个问题也就是学生文学认知发展的直接经验和间接经验的关系问题。

其二，媒体型文学活动虽然能为学生作为实物型文学活动、交往型文学活动的主体发展提供间接经验的指导和借鉴，但它不是实物型文学活动和交往型文学活动主体发展的全部和充分的条件。学生除了要在实物型文学活动和交往型文学活动中吸收前人和他人的有关经验外，更重要的是要在这些活动中去锻炼和积累直接经验。这里涉及文学活动主体学习间接经验和积累直接经验的关系问题。

将语文教材中的文学活动从对象的形态上区分为以上三种基本形态，具有特别的理论意义和现实针对性。在我国，由于受知识本位倾向的教育观念影响，长期以来，很多人实际上将教育理解为书本知识的授受活动，学生的身心发展被认为主要是在学习人类历史文化的活动中实现的。在文学教学中，存在一种偏重于文学知识学习的倾向，而忽视学生通过实物来获取对文本的直观感受，忽视教师与学生之间、学生与学生之间的知识建构与情感的互动，这样一来，文学教学只造就了文学知识学习的主体，而难以成为实物型活动的主体和交往型活动的主体，难以通过与自然和他人之间对话来建构对文学的认识、理解与感悟。

三、文学活动的内容目标陈述

前面我们分析了三种文学活动类型的特点和功能，这种分析属于实质内容的分析；这里我们进一步分析一下这三种文学活动类型在目标陈述上的区别，这种分析属于表现形式的分析。实质内容的分析有助于我们实现这三种文学活动类型的不同功能，表现形式的分析则有助于我们实现文学活动内容目标的有效陈述。

（一）课程目标陈述的一般方法

教育心理学家一致认为，用传统方法陈述的课程目标含糊不清。为此，在西方教育心理认知过程研究中发起了克服课程目标含糊性的运动。认知心理学家提出三种陈述课程目标的理论与技术，即行为目标陈述法、内部过程与外显行为相结合的目标陈述法、表现性目标陈述法。

1. 行为目标陈述法

1962 年美国心理学家马杰（R. E. Mager）根据行为主义心理学提出行为目标（behavioral objectives）的理论与技术。行为式的课程目标陈述是对学习者学习之后将产生的行为变化所作的一种精确说明：一是说明通过教学后，学生能做什么（或会说什么）；二是规定学生行为产生的条件；三是规定符合要求的作业标准。根据马杰的观点，行为课程目标具备四个基本要素：行为主体（audience），指目标适用的对象，即学习者；行为本身（behavior），指行为主体在实施课程目标时所采取的具体行为；行为条件（condition），指行为主体完成行为时所处的情景；行为标准（degree），指行为完成后，所达到的可接受的最低表现水准。

2. 内部过程与外显行为相结合的目标陈述法

行为目标虽然避免了用传统方法陈述目标的含糊性，但它只强调了行为结果而未注意内在的心理过程，教师可能因此只注意学生外在的行为变化，而忽视其内在的能力和情感的变化。格伦兰（N. E. Gronlund，1972）采用的内部心理与外显行为相结合的目标陈述法，把重点放在反映出态度的行为上。此种课程目标在陈述时，首先提出一个一般性目标，又称终点目标（terminal objectives）。该目标可以先用表示心理活动的词语来陈述，如知觉、理解、领会、欣赏、热爱等。然后，再陈述过渡目标，又称使能目标（enabling objectives），即用来提供证明学习者满足目标要求的具体行为。过渡目标可以看成是终点目标的先决条件，使学习者达到终点目标所必须学会的特定行为，而终点目标关注的则是整个课程目标的结果。

3. 表现性目标陈述法

人的认识和情感变化往往并非一两次教学便能够立竿见影。我们很难确定学生学完一篇课文之后，他们的内在能力和情感态度究竟会不会产生变化、将会有什么样的变化。因此，在课程目标中所表述的对学生心理变化的预期往往并不能真实、全面地反映学生心理变化的实际。为此，心理学家艾斯纳（E W. Eisner）提出了表现性目标（expressive objectives）。这种目标要求明确规定学生应参加的活动，至于学生将会在这种活动中习得什么则没有必要规定，不同的学生在此活动中允许有不同的习得结果。表现性目标陈述法特别适用于文学艺术一类科目之中。

（二）三种文学活动内容目标陈述的比较

这里，我们以行为目标陈述法为基础，吸收内部过程与外显行为相结合的目标陈述法、表现性目标陈述法的合理内核，力图通过对三种文学活动内容目标陈述的比较分析，来显示其异同。

1. 实物型文学活动的内容目标陈述

实物型文学活动是以实际事物为对象的文学活动。它可以是学生群体的活动（如请大家一起搜集有关月亮的各种神话传说、文章诗赋、对联、谜语、音乐和绘画等），也可以是学生个体的活动（如朗读这首诗，仔细体会其中的意境），因此，其行为主体可以为学生个体，也可以为学生群体。

实物型文学活动有感知性、操作性和肢体性三类，每一种类型都有一些惯常的活动内容。如：感知性文学活动包含观察、参观、调查、旅游等；操作性文学活动包含制作、实验、劳动、游戏、雕塑、绘画、器乐演奏、查阅资料等；肢体性文学活动包含朗读（朗诵）、声乐（唱歌）、舞蹈、各种文娱、体育活动等。其中，感知性文学活动处于经历（感受）水平，目的是建立感性认识，因此，其行为动词主要是：经历、感受、参与、尝试、参观、访问、考察、接触、体验等；操作性文学活动处于独立操作水平和迁移水平，除了独立完成操作，进行调整和改进或尝试与已有的技能建立联系外，也包括新的情境下运用已有的技能，理解同一技能在不同情境中的适用性等，因此，其行为动词有两类：一类是完成、表现、制定、解决、尝试、实验、绘制、测量、拟定、安装，另一类是联系、转换、灵活运用、举一反三、触类旁通等。肢体性文学活动处于模仿水平，目的是在原型示范和具体指导下完成操作，对所提供的对象进行模拟、修改等，其行为动词主要是：模拟、重复、再现、模仿、表演、临摹等。

行为条件是指影响学生产生学习结果的特定的限制或范围。实物型文学活动中行为条件的表述通常是关于使用工具与辅助手段的，如“可以使用网络”或“利用工具书”；也有的是时间的限制，如“在10分钟内，能……”“在一周内，可以……”等。

表现程度通常是指学生通过一段时间的学习后所产生的行为变化的最低表现水准或学习水平，用以评价学习表现或学习结果所达到的程度。实物型文学活动的表现程度有的可以测量，如“学会用音序查百科全书”；也有的不可测量，“制作一件艺术品，表达你所经历的喜悦”。

2. 交往型文学活动的内容目标陈述

交往型文学活动是人与人之间对话与交流的一种文学活动，涉及的学生在两人或两人以上。有时是全班的集体活动，如班会；有时是一个小团体活动，如话剧《雷雨》的表演活动。在目前课堂教学中，最常见的交往活动形式是小组。因此，交往型文学活动的行为主体必定为学生复数。

交往型文学活动本身属于人际交往领域，涉及培养学生与他人交往、处理人事的能力，因此，其目标上存在水平差异。通常人们把交往领域的目标分成六个层级①：（1）寻求与提供信息（seeking/giving information）。指能够从他人那里获得事实、观点、解释，以及向他人提供事实、观点、解释的能力。（2）提议（proposing）。指能够提出一个新概念、建议或者行动方案的能力。（3）构筑和支持（building and supporting）。指能够扩展、发展、加强他人的概念、观点的能力。（4）排除和引起（shutting out/bringing in）。指能够在讨论或谈话中拒绝或者引起他人谈论的能力。（5）异议（disagreeing）。指能有意识、直率地提出不同的观点，以及批评他人观点的能力。（6）概括（summarizing）。指能够以紧凑简洁的形式复述前面所讨论的内容要点。

根据不同的层级水平，交往型文学活动的行为动词分别有：（1）询问、倾听、回答、解释、说明；（2）提议、建议、提问；（3）证明、讨论、支持、交流；（4）争论、辩论、支持、承担；（5）拒绝、批评、反驳、反对；（6）总结、概括、重申、坚信。

交往型文学活动行为条件的表述主要是关于完成行为的情景，如“在课堂讨论时，能叙述……要点”“在与同学交流中，能……”；也有的以提供信息或提示为主，如“和一小组同学一起用面部表情和手势表演，但不使用对话”，“但不使用对话”提示了表演的要求。

就表现程度而言，交往型文学活动一般都是不可测量的，如“说（写）出来，和同学交流一下”，“由同学分别扮演‘考官’和应聘者，进行一场

① 孙可平．现代教学设计纲要［M］．西安：陕西人民教育出版社，1998：165-166

模拟考试”等。它们只是指明学生应该做什么，却并不期望做完以后学生得到什么。

3. 媒体型文学活动的内容目标陈述

媒体型文学活动就是指学习书本知识的文学活动，主要指文学阅读和文学写作。它是人以语言文字符号（可以是纸质的，也可以是电子的）为对象的文学活动。这种活动通常是自主的、带有强烈的个体特点。如“联系上下文，品味下边诗句中加点的词语”“揣摩下列语句，体会写景的妙处”。“品味”也好，“体会”也好，都是个人行为，和个人的文学认知结构、智慧技能和认知策略等方面的情况有关。因此，媒体型文学活动的行为主体一般是学生单数。

媒体型文学活动是培养学生文学认知和体验审美情感最重要的途径。从文学认知角度看，它存在了解、理解和应用三个层级。不同层级有不同的行为动词。“了解”水平上的文学认知，包括再认或回忆知识；识别、辨认事实或证据；举出例子；描述对象的基本特征。其行为动词主要有：说出、背诵、辨认、回忆、举例、复述、描述等。“理解”水平上的文学认知，包括把握内在逻辑；与已有知识建立联系；进行解释、推断、区分、拓展；提供证据；收集、整理信息。其行为动词如解释、说明、比较、分类、归纳、概述、判断。“应用”水平上的文学认知，包括在新的情境中使用抽象概念、原则；进行总结、推广；建立不同情境下的合理联系等。其行为动词如应用、使用、解决、撰写、推广、评价等。从情感体验角度看，它也存在经历（感受）、反应（认同）、领悟（内化）三个层级。不同层级行为动词也不同。“经历”水平上的情感体验，包括通过文本阅读建立感性认识等，行为动词如感受、感悟、体会、品味。“反应”水平上的情感体验，包括在经历基础上表达感受、态度和价值判断，作出相应的反应等。其行为动词如欣赏、喜欢、感兴趣、关注、珍惜、蔑视、怀疑等；“领悟”水平上的情感体验，包括具有相对稳定性的态度和持续的行为，以及个性化的价值观念。其行为动词如养成、热爱、坚持、确立、追求等。

媒体型文学活动行为条件的表述以提供信息或提示为主。如“联系自己的生活体验，体会诗中的思想感情”“诗人给理想打了许多比方，异彩纷呈，含义深刻，试模仿第一段也写几句”。“联系自己的生活体验”，提示学生体会诗歌感情之前要回顾自己这方面的体验；“诗人给理想打了许多比方”，提示学生模仿写句子时要使用打比方的修辞格。

媒体型文学活动的表现程度比较复杂，有的可以测量，如“用概括的语言说出这两则寓言的寓意”“把这篇美文背诵下来”；但有的不可测量，如“细心品味课文中描写的江南春景”“考察与欣赏《老人与海》的重要意义”等。

如上所述，实物型文学活动、交往型文学活动和媒体型文学活动在行为主体、行为动词、行为条件和表现程度这四个维度上表现出较大的差异，这为我们从表述形式上确认文学活动类型提供了可能。如下表：

表 6-1：实物型文学活动、交往型文学活动和媒体型文学活动目标表述之比较

活动类型 / 基本要素	实物型文学活动	交往型文学活动	媒体型文学活动
行为主体	学生单数或学生复数	学生复数	学生单数
行为动词	感知性：经历、感受、参与、尝试、参观、访问、考察、接触、体验	询问、倾听、回答、解释、说明	说出、背诵、辨认、回忆、举例、复述、描述
		提议、建议、提问	解释、说明、比较、分类、归纳、概述、判断
	操作性：完成、表现、制定、解决、尝试、实验、绘制、测量、拟定、安装/联系、转换、灵活运用、举一反三、触类旁通	证明、讨论、支持、交流	应用、使用、解决、撰写、推广、评价
		争论、辩论、支持、承担	感受、感悟、体会、品味
		拒绝、批评、反驳、反对	欣赏、喜欢、感兴趣、关注、珍惜、蔑视、怀疑
	肢体性：模拟、重复、再现、模仿、表演、临摹	总结、概括、重申、坚信	养成、热爱、坚持、确立、追求
行为条件	使用工具与辅助手段、时间的限制等	完成行为的情景、提供信息或提示	提供信息或提示为主
表现程度（行为标准）	可测量与不可测量兼有	不可测量	可测量与不可测量兼有

第三节　语文教材中文学活动的设计

一、"活动式文学课文"概念的引入

（一）引入"活动式文学课文"概念的意义

在活动设计得以凸显的当代，许多教材都把"活动"作为课程内容的重要组成部分，进一步扩展它的功能，使之从复习巩固课堂知识，转而承担一部分新知识的教学。通过"活动"这种形式，切实让学生参与到教学活动中去，增强教材的探究性和实践性。这样，就把内容分解为两部分，一部分适合用叙述方式来表达，称为"叙述式课文"；而把适合用活动方式表达的内容，称为"活动式课文"。①"活动式课文"概念的提出，对于研究教材中的活动系统无疑具有重要意义。在此，我们引入这个概念，并根据文学教育的特点，引申出"活动式文学课文"的概念，把语文教材显性结构中的文学活动设计统称为"活动式文学课文"。之所以作这样的引入，主要基于三方面的考虑：第一，在语文教材显性结构中凸显文学活动设计的目的之一，就是为了改变传统语文教材叙述式文学课文一统天下的局面，用"活动式文学课文"这一概念，可以与"叙述式文学课文"对应起来，分析课文系统有了一个新的视角；其二，语文教材的活动设计不仅体现在教材的显性结构中，它还存在于教材的隐性结构中，用"活动式文学课文"这一概念，可以避免把教材显性结构中的活动设计与教材隐性结构中的活

---

① 参见课程教材研究所地理课程教材研究开发中心．义务教育课程标准实验教科书地理七年级上册教师教学用书编写说明［M］．北京：人民教育出版社，2001；杨爱玲．实验地理教材（人教版）中探究活动的类型和功能分析［J］．中学地理教学参考，2003，（3）：6-7；张廷凯．新课程设计的变革［M］．北京：人民教育出版社，2003：275

动设计混为一谈，便于问题聚焦；其三，语文教材中活动的设计研究向来缺少有效的途径，“活动式文学课文”的概念可以成为我们深入教材结构内部探索文学活动设计的重要“抓手”。

二、活动式文学课文的特点与设计模式

（一）活动式文学课文的特点

有研究者在分辨活动式课文和传统的叙述式课文的差异时，曾从学习内容、开放程度、学习方式、师生关系、生生关系、学习环境等几个角度做过比较，如下表①：

表 6-2：活动式课文与叙述式课文之比较

课文类别	学习内容	开放程度	学习方式	师生关系	生生关系	学习环境
叙述式课文	学科知识（包括重要概念、术语、原理、事件、观点）以及对学科知识的论证，加上一些能够说明这些学科知识的例证	相对封闭，核心内容具有不可替代性	侧重于或适合于接受式学习，学生以阅读、记忆等为主要学习活动	教师的主要任务是讲解	一般可以独立完成课文的学习	主要在课堂上
活动式课文	结合具体案例、情境、问题，将知识、技能融汇其中，重点呈现过程与方法、情感态度价值观内容	相对开放，很多案例、情境、问题都可以调整	侧重于或适合于主动式学习，学生以调查、搜集资料、探究、实验等为主要学习活动	教师的主要任务是引导、辅助学生完成活动	很多情况下需要学生合作完成课文的学习	不局限于课堂，延伸到学校、家庭、社会

具体到语文教材中的活动式文学课文，它还有一些自身的特点：

1. 活动主体的情感性

许多活动式文学课文都有饱含情感的引导语，目的是激发学生的内在

① 王世光. 活动式文学课文初探［M］. 课程·教材·教法，2007（6）：53-58

情感，以积极的心态投入到活动中去。如苏教版七年级①上册第一单元的“语文实践活动·我爱文学”中，有一段非常生动的导语：

你还记得吗？童年时，听幼儿园老师讲述过有趣的龟兔赛跑的故事；在小学的课堂上，欣赏过老师动情朗诵的优美的诗歌散文；在课堂之外，曾被一部部情节曲折的小说所吸引……中外文学作品中的许多篇章，许多人物伴随你成长……

用它引出了一次活动的设计：学习这一单元的课文后，开展一次“我爱文学”的课外语文活动，表达对文学的热爱之情……

2. 活动内容的语文性

不管什么类型的活动式文学课文，不管其中的文学活动涉及哪个领域、哪门学科，采取哪些方式，其落脚点都在“致力于学生语文素养的形成和发展”，而不是对其他学科知识的掌握。所谓活动内容的语文性，体现在语文知识的综合运用、听说读写的整体发展、语文与其他课程的沟通、书本知识与实践活动紧密结合等。例如，可以举办不同主题不同形式的朗诵会、讨论会、辩论会、报告会，可以办报，可以举办不同目的不同内容和形式的展览会。

3. 活动方式的体验性

活动式文学课文中的“活动”，意在让学生获取宝贵的文学体验。例如戏剧表演，读剧本，分角色，研读台词，排演，调度，道具、效果、服装、连排、彩排，看起来琐碎不堪，但整个都是一种戏剧表演的体验。例如计划开一次朗诵会，表面看，朗读而已，聚在一起念一念就是了。其实不然。第一，选择朗读材料。你要看很多作品，比较、鉴别。要想用什么标准来选取，要试读。从内容考虑，还要从艺术表现艺术风格来考虑，而且还要与自己的气质趋同。总之，要经历一个很重要的阅读选择过程。第二，要钻研选定的文本。精读、细读。词、句、篇，理解，推敲，不仅解其意，还要体验、感受，要形成视觉形象。在此过程中，批、注、评、点，把精读文本的本领实实在在用在朗读的前期准备上。第三，在理解、感受、体验的同时，寻找恰当的语音表达方式。要字正腔圆，又要口语化。重音、停顿、语气、语调、语速的综合运用，要与情状描摹感情表现融而为一。第四，要做好与受众的交流，等等。让学生经历这么一个过程，对于提升其语文素养，作用自不待言。

4. 活动成果的表达性

与活动内容的语文性相关，活动式文学课文的活动结果具有表达性特

---

① 洪宗礼主编. 义务教育课程标准实验教科书·语文［C］. 南京：江苏教育出版社，2004.

点。所谓表达性指活动主体要用语言文字来表述关于活动或活动对象的认识或感悟。如上文提到苏教版七年级上册第一单元的“语文实践活动·我爱文学”中安排了一组活动：开展“我爱文学”读书周活动；分小组开展文学创作活动；分小组合作编辑一份“小小文学手抄报”。每次活动都有活动成果，读书周活动，读一本书后要求写篇读书心得；文学创作活动中要求写一首诗或一篇散文，也可以是编一个课本剧；编辑手抄报，要求给小报起名，设计一组栏目，栏目下有引导词等等。这些成果或以文字或以图片形式出现，但都表达了活动主体的一定意图。

（二）活动式文学课文的设计模式

在中外语文教材中，活动式文学课文形式多样，灵活多变，内容无固定格式，篇幅也没有一定之规。按其与叙述式文学课文的关系来看，活动式文学课文大体有两种设计模式：

1. 辅助型设计模式

所谓辅助型设计模式，是指叙述式文学课文占据主导地位，活动式文学课文是作为叙述式文学课文的辅助系统来设计的模式。体现在教材的版式上，活动式文学课文的呈现形式不拘一格，富有变化。有的以标有“活动区”“想一想”“做一做”“写一写，读一读”“探究”“讨论”“拓展”“应用”等字样的“窗口”或条目出现，有的“窗口”或条目虽然不明确标出活动的名称，但用不同的字体或者底色把活动的内容凸显出来。它们在课文编排中极为灵活，可以穿插在叙述式文学课文当中，如即时式的提问和练习，可以贴在叙述式文学课文的两旁，如批注式的探究与拓展。它往往不像传统的叙述式文学课文那样以“线性”方式呈现，而是以“马赛克”（mosaic）方式灵活呈现。这一类的活动式文学课文，有的教材编者把它称之为“课文中间的思考题”，苏联或俄罗斯的教学法专家把这种结构称之为“课文专用插语”，我国学者白月桥称之为“课文评议”①。不同学者从不同角度可以有不同的界定，我们从活动设计的角度，把它称为辅助型模式。

辅助型模式之为“辅助”主要体现在活动式文学课文对叙述式文学课文的作用方面。这些作用包括“活”化、强化、补充、拓展等等。

（1）“活”化

活动式文学课文以活动的方式激“活”了叙述式文学课文的相关内容，使其呈现方式变得灵活多样，如以“走进童话世界”为题展开综合性文学

---

① 白月桥．课程变革概论［M］．石家庄：河北教育出版社，1996：331

活动，可以阅读原著，观看影像片，调查童话对人们生活的影响和作用，绘制学生自身意识到的童话世界，举办童话为主题的文艺活动，自编自导创新的童话等等，使原来简化的内容变成丰富的原典，使原来文字的内容变成影像、图画的，使原来他人的文本变成自创的文本，使原来形象的文本变成围绕这一文本展开的讨论活动……活动改变了叙述文本线性的呈现形式，变得立体、形象，具有多维性。

（2）强化

活动式文学课文常常以强化的方式巩固叙述式文学课文的学习成果。主要的强化方式有反复朗读、背诵、比较、评价等等。如学了诗歌三首《当我死时》《黄河颂》和《长江之歌》，一可要求背诵，二可作比较：这三首诗歌都以“母亲”指称长江、黄河，但抒发的情感各有不同，请具体谈谈。学了《汤姆·索亚历险记》，可以安排这样一个活动：选择一部中国的儿童文学作品，与此书进行比较，找出其不同点，开一个书评会。

（3）补充

活动式文学课文对叙述式文学课文往往有补其不足的作用。如学了毛泽东的《沁园春·长沙》，让学生“回顾初中所学的古代诗词方面的基础知识，并利用工具书，进一步自学感兴趣的内容”；学了郭沫若的《天狗》，让学生查阅有关“五四”的资料，进一步理解这首诗中所表达的个性解放、张扬自我的“五四”精神。

（4）拓展

也有的活动式文学课文意在拓宽学生的视野。如学过余华《十八岁出门远行》，安排这样一个活动是有意义的：查阅资料，了解 1980 年代的中国文坛上有哪些现代主义风格的小说作品；有兴趣的话，选择其中一篇，开展班级读书活动。从读一篇到读多篇，从读这一篇到读那一篇，这样，学生对于余华小说的风格，对于 1980 年代中国的现代主义风格小说自然有了更多的了解。

著名的《美国语文》教材①，把这种辅助型活动设计模式发挥到了极致，它在每一篇课文后都设计了大量的活动，这些活动以“艺术连线”“媒体连线”“社区连线”“科技连线”等众多“连线”的方式，把读写教学与美国的历史、文化、文学、科学以及学生的日常生活、工作连接了起来，从而为学生文学阅读与写作能力培养创设了一个无限广阔的平台。学生可以通过读写进行社会研究、职业锻炼、艺术熏陶、科技学习，这样的活动，不仅体现了语文学科内部读、写、口语交际综合训练的特点，而且也体现

① 马浩岚编译．美国语文［C］．北京：同心出版社，2004.

了语文教学跨学科、开放性、多元性的特点。

2. 独立型设计模式

独立存在的活动式文学课文是指那些完全由显性文学活动设计构成的课文。在我国现阶段，只有少数小学低年级的教材完全是由活动式课文构成。但这种类型的课文在中学阶段的语文教材中并不鲜见。很多新课标实验语文教材在每个单元后面都有一个语文综合性学习活动，其中不少就属于这种活动式文学课文。严格来说，在“语文综合性学习”中不可能有纯粹的独立型活动式文学课文，因为既然讲“语文的综合性”，必然是多种语文因素的综合，而文学只是作为语文的一个要素而已，它必然和其他要素综合一处。这里，我们判断某种活动是不是文学活动，主要看活动内容、活动方式和活动目标是否具有一定的文学性。

独立型活动式文学课文多采取独立的编排的形式，以便学生围绕某一主题展开大型的活动。例如，人教版初中新课标语文实验教材①几乎每个单元都安排了活动课，有“这就是我”“漫游语文世界”“感受自然”“我爱我家”“黄河，母亲河”等等各种主题。其中，“黄河，母亲河”的主题中设计了这样一些活动：

一、啊，黄河，你是中华民族的摇篮。

1. 复习《黄河颂》一课，查找有关资料，研讨下列问题；2. 搜集与黄河有关的民间故事、神话传说、历史人物故事，整理出来，与同学交流。3. 搜集有关黄河的俗语、谚语、成语若干条，并且在每一条语言材料后面写出它的意义和相关故事，从中选用两三个造句。（三选一）

二、黄河之水天上来，奔流到海不复回。

收集关于黄河的古今诗词歌曲、民谣，举办一次以“歌唱黄河”为主题的文艺演出。

三、不废江河万古流。

1. 搜集资料，有条件可做实地考察，召开一次以“黄河之忧”为主题的调查报告会。2. 请针对黄河断流和水污染这一严重的生态危机，设计一则公益广告，呼吁人们保护母亲河。（二选一）

四、虽不曾听见黄河壮，澎湃汹涌在梦里。

1. 以“我心中的黄河”为题，写一篇作文，抒发你对黄河的感情。2. 断流的黄河盼来了过流的机会，但看到的却是一条污染严重的臭河，你目睹这些情况，会想些什么，自拟题目写篇作文。3. 写一则周记，总结一下参加本次活动的收获。（任选一）

---

① 课程教材研究所. 义务教育课程标准实验教科书 · 语文［C］. 人民：人民教育出版社，2001.

从活动设计上看，四个版块四个标题，每个标题或诗句、或歌词，带有强烈的抒情性；从内容上看，这个综合性学习的活动类型是很多，有搜集资料的，有文艺演出的，有调查报告会，有广告设计，还有篇章的写作等等，多带有较强的文学色彩；通过这些活动，让学生“作一次黄河文化的巡礼”“去捡拾那些积淀着文明印记的语言文化珍宝”，以唤醒学生内心深处的黄河情。这种感情也是具有审美意味的感情。因此，总体上看，教材编者在这个主题单元活动设计上是有比较强的文学追求的。

三、活动式文学课文的优化组合

从活动设计的角度来说，如何处理好活动式课文与课文其他子系统之间的关系，达成活动式课文与课文其他子系统之间的优化组合是教材编者所面临的重要课题。解决这一课题的关键有两个：一个是解决好活动式文学课文与叙述式文学课文的优化组合，另一个是解决好活动式文学课文与练习系统的优化组合。

（一）活动式文学课文与叙述式文学课文的优化组合

新课标语文教材中，活动式文学课文与叙述式文学课文往往是相互穿插、相互依存的。但在不同教材中，这两种课文的依赖程度不同。从两者相互依存的程度来分析，我们可以把课文系统分为相互分离型课文与充分融合型课文。在相对分离型课文中，活动式文学课文与叙述式文学课文在形式上各自独立，如果把活动式文学课文单独从课文系统中“抽”出来，并不影响叙述式文学课文的完整性。从教材结构的角度来看，这一类型课文仍然存在学科逻辑与学生心理逻辑“两层皮”的现象。而在充分融合型课文中，活动式文学课文与叙述式文学课文难以区分，一旦将活动式文学课文从课文整体中“抽”出来，叙述性课文的完整性将不复存在。

我们这里来看看两个不同教材版本在戏剧单元中设计的综合性学习活动。

先看苏教版初中语文九年级（下册）[①]：

一、……请你列表比较本单元的四个剧本（有的是节选）在主题思想、矛盾冲突和情节安排方面的不同。

二、……这个单元的剧本，各有震撼人心的情节。读这四个剧本时，

---

① 洪宗礼主编．义务教育课程标准实验教科书·语文［C］．南京：江苏教育出版社，2004.

你读到哪些内容特别感动？和同学交流一下，看看有哪些共同之处和不同之处。

三、……只有了解剧情，把握住不同角色的性格，才能将这些台词读得恰到好处。如果你是导演，你将如何指导演员正确读这些台词？（《威尼斯商人》《江村小景》《陈毅市长》和《一厘米》四个剧本台词各一句）

四、……找几个同学，从课文的四个剧本中选一个片段，每个人选一个自己喜欢的角色，过一过戏瘾。你一定会得到许多意外的收获，或许你将终生难忘。

五、作文（有选择地做）

1. 生活中充满戏剧性，请把近期生活中的一件有趣的事编写成三五分钟的短剧。要注意设计安排一些道具，用一个场景。

2. 从课本中找一篇小说，将它改编成小型课本剧，在班级评出“最佳改编奖”。

3. 请以“迟到”为题，展开想象，编一出短剧。可以个人创作，也可以找几个同学一起去想一起去编，一定很有意思。

再看人教版高中二年级（下册）①：

主题：编剧和演剧

活动内容：

一、我演剧中人

1. 从所学的戏剧中任选一个片断，分组分角色朗读，同时加上形体动作，看谁的表演最符合剧作精神、最传神。可以反复排练，并进行小组间的展示与评比。

2. 全班分成几组，各从所学的戏剧课文中任选一场或选用同学自己编写的剧本进行排演。排演分初排和细排……同学们共同分析剧本，集体设计人物语言与动作，集体导演。有条件的可以配上服装、道具、布景和背景音乐等。排练成熟后可以搞一个班级、年级或学校的戏剧会演。

二、我编新剧本

1. 全班分成几组，从语文教材中的课文（如《石壕吏》《鸿门宴》《智取生辰纲》等）中任选一例进行集体改编。……编好后可以拿到班里传阅并进行评议、修改。

2. 请你从身边的凡人小事中发现素材，编写一段喜剧小品。编好后可以拿到班里听取大家意见，反复修改，然后找几个同学演给大家看，看演出效果如何。

---

① 人民教育出版社中学语文室．全日制普通高级中学教科书语文（必修）［C］．北京：人民教育出版社，2004.

三、我们来评议

1. 召开一次座谈会，由剧本改编者谈谈“编后感”，演员谈谈“演后感”，观众谈谈“观后感”。大家对剧本的改编和表演进行评议。

2. 召开一次研讨会，请大家对剧作和表演进行评论和研究。有不同意见可以展开辩论。

这两个综合性学习活动虽然在活动要求的难易程度上有些差异，但在活动设计上有很多共同点：

其一，编者都把培养戏剧意识作为活动的主要目标来看待。苏教版中对课文情节和台词的关注、扮角色，过戏瘾，改编课本剧等，人教版中分角色演剧，改创课本剧、喜剧小品，谈剧、评剧等，都把活动的聚焦点放在戏剧的这一文体上，让学生通过这个活动懂得如何鉴赏戏剧。

其二，编者都把所在单元的课文视为最主要的活动资源来调用。如苏教版中在主题思想、矛盾冲突和情节安排方面的比较、感动情节的交流、台词的诵读等，涉及所在单元的四个剧本；人教版演剧、编剧和评剧等诸多活动，也与学生前面所学的两个戏剧（戏曲）单元有关。在此基础上，它们都还作了拓展，如苏教版“编短剧”，人教版的“编小品”，都超越了课文的学习，这样，避免了课文读什么，就活动什么的机械联系。

其三，编者都把活动内容集中在实践性很强的“编”和“演”上。如苏教版“比”“谈”“读”“演”“编”，人教版“演”“编”“评”，中心环节是学生参与度很高的“编”和“演”。“编”，可以独编，可以合编，但在构思、台词推敲、润色方面往往需要集体参与；“演”更是群众性的活动。

其四，编者都把活动层次化，显出一定的活动梯度。如苏教版是从比较中理解课文内容开始的，然后读台词，分角色表演；人教版先用课文中现成的片断来表演，然后改编剧本来表演，编完演完再谈感受。

这样来设计活动，这些活动自然和所在单元的课文紧密结合起来了，因为它们的目标是如此一致，内容上如此吻合，形式上存在互补，真正做到“把内容活动化，把活动内容化”了。所谓活动式文学课文与叙述式文学课文的优化组合，就是要求把两者“嵌入式”的结合，你中有我，我中有你，你我互补，构成整体。

从课程选择的角度来看，叙述式文学课文与活动式课文的优化组合，实际上是不同课程选择价值取向之间相互补充、相互妥协的结果，也可以说是文学知识逻辑与学生心理逻辑之间相互补充相互妥协的结果。以文学知识为价值取向的课程选择，有利于考虑到它自身的系统性，使教师与学生明确教与学的内容，从而使课堂教学工作有据可依。然而，依据这一价值取向所编写的教材，就会顺理成章地把叙述式文学课文看作全部的课程内容。这也是为什么传统语文教材更像是“教本”而不是“学本”的原因。

以学习活动为价值取向的课程选择，其优点在于能够最大限度地照顾到学生的心理发展和现实需求；其缺点是，在实践过程中，它往往注重学生外显的活动，而忽视学生内在的活动。有学者早已指出这一价值取向可能产生的弊端："每个学生从活动中获得的意义和理解的方式是各不相同的，如果仅关注外显的活动，容易使人只注意表面上的热烈，而不是深层次的学习结构，从而偏离学习的本质。①"因此，我们不仅要弄清楚以文学活动为价值取向的课程选择的真正内涵，而且要吸取以文学知识为价值取向的课程选择的优点，努力把学生心理发展和现实需求与文学知识的学习结合起来，实现两者在课程设计上的互补。

（二）活动式文学课文与练习系统的优化组合

由于活动式文学课文中很多内容都是以"问题"的形式出现的，这样，活动式文学课文与练习系统的关系变得复杂起来。有的学者在探讨教材中的"学习活动"时，也只是笼统地声称"各项学习活动、课业或练习都是课本的一部分②"，并没有在"活动""课业"或"练习"之间作明确的区分。那么，究竟应该如何处理活动式文学课文与练习系统之间的关系并达成二者的优化组合呢？

从广义上说，传统语文教材其他学科教材的练习系统一样，实际上是一种活动设计，只是这种活动相对比较狭隘，功能比较单一，属于低层次的活动设计。首先，它的目的在于检验学生对课文知识内容的记忆、相关技能的训练，或者作为教材能力培养结构的一个组成部分③，很少涉及情感态度价值观层面；其次，它往往是去情境化、抽象的问题，和学生的经验剥离；第三，它一般集中于学生个人的心智活动，忽视学习共同体的存在。而活动式课文中的问题大多是依托课文所提供的问题情境提出的。苏联心理学家马丘什金就将练习与问题情境从心理学的角度进行了分拨，他指出："练习和问题情境是具有'原则性区别'的概念，因为它们标志着不同的心理现实"④；也有学者从结构与功能的角度对活动式课文中的问题与课后练习进行了分拨，他们认为："只有将这些问题放在章首或活动过程中，才能激发学生自主探究并建构自己的知识，否则若置于章节末尾或练习中，就

---

① 施良方．课程理论——课程的基础、原理与问题［M］．北京：教育科学出版社，1996：108-109

② 黄显华、黄秉坤．寻找课程论和教科书设计的理论基础［M］．北京：人民教育出版社，2002：341

③ 范印哲．教材设计与编写［M］．北京：高等教育出版社，1998：342-346

④ 杜殿坤．原苏联教学论流派研究［M］．西安：陕西人民教育出版社，1993：362

只能起到复习的功效”。① 从这个意义上说，活动式课文在很大程度上弥补了传统教材练习系统的缺陷，其立足点为高层次的活动设计。

高层次的活动设计与低层次的活动设计在实现教学目标过程中所起的作用是不同的。为低层次目标所设计的学习活动，不易同时达成高层次的目标，但为高层次目标所设计的学习活动，则反之②。因此，我们不难理解，为什么一些新课标语文教材要用活动式文学课文取代或者吞并了传统的练习系统。然而，传统的练习设计方式在新课标语文教材中也发生了质的变化。首先，练习的设置追求生活化、情境化、多样化、开放化，不再是简单的填空、选择、连线、名词解释、简答、论述等封闭式问题。其次，练习的解决不局限于课堂知识的巩固，而是延伸到课堂之外；第三，练习的设置也超越了知识与技能层面，过程与方法、情感态度价值观的内容得到重视；第四，练习也不完全放在课后或者单元之后，而是延伸到课文的两旁，中间的位置。基于上述几种变化，练习和活动之间的界线变得越来越模糊了，练习设计也有了明显的活动化趋势。不难看出，改进后的练习系统的功能已经从复习巩固课堂知识，转而承担一部分新知识的学习。总之，从练习系统的变化趋势来看，练习系统与活动式课文有融合的趋势，练习系统倾向于向活动式课文靠拢；从活动式文学课文设计的角度来看，如果活动式文学课文中问题的设置水平不高，其实质作用与传统的课后练习并没有本质的区别。简单地用活动式文学课文取代练习系统，可能使语文的训练在教材显性结构中得不到凸显。因此，我们可以把练习系统作为活动式文学课文的一个子系统来处理，在练习系统中，分清不同练习的层次，在重视语文训练的基础上，努力使练习情境化、活动化，这样，既能推动练习系统的变革，又能继承传统语文教材练习系统重视语文训练的优点。

综上所述，活动式文学课文是新课标语文教材显性结构中的活跃因素。这一课文形式的凸显既有理论依据，又有政策依据，同时也符合国际教材发展的大趋势。活动式文学课文以不同的模式出现在教材的显性结构中，与传统的叙述式文学课文相比，它们在功能上有明显的差异。从课文系统的建构角度来说，如何达成活动式文学课文与叙述式课文的优化组合，如何达成活动式文学课文与练习系统的优化组合，仍然是摆在教材编制者面前的重大挑战。只有在理论和实践上理顺这些关系，教材的改革才可能真正上一个台阶，从而有利于新课程的实施，促进课程改革的发展。

---

① 徐振华、丁尧清．从内容和形式看国际地理教科书的发展［J］．中小学教材教学（中学文科），2003，(12)：18-21

② 朱煜．中学历史教材习题创新浅议［J］．课程·教材·教法，2001，21（1）：52-55

结语：构建完整的文学课程内容

（一）文学课程内容建设的现状

在笔者看来，理想的文学课程内容应该是按照这样的流程构建的：

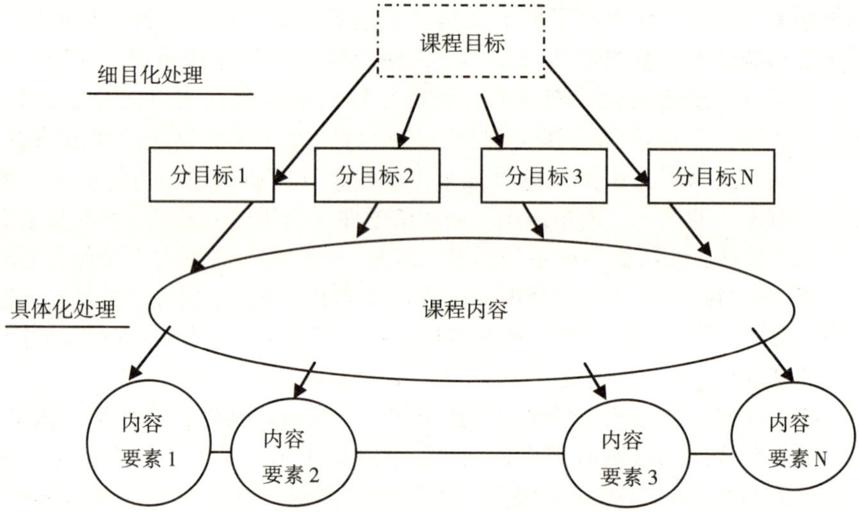

图7-1：理想的文学课程内容的构建流程

该图中，处于最上位的是课程目标。“课程目标是教育目的与目标的明确化、具体化”,① 它往往表现为学力目标，是“对学生在经过某一学段之后的学习结果的行为描述，而不是对教学内容（即课程内容——引者注）的具体规定（如教学大纲或教科书）”②。正因为课程目标是对学习结果的

① 钟启泉．“学校知识”与课程目标［J］．教育研究，2000（11）：50-54，68

② 崔允漷．国家课程标准及其框架分析［A］．钟启泉等主编．基础教育课程改革纲要（试行）解读［C］．上海：华东师范大学出版社，2001：172

一种预期，因此，它对教学所起的作用是指引方向，提供框架性建议。这种框架性建议的实现需要经过一系列步骤：

第一步必须把课程目标细目化，转化为具体的分目标，分目标是课程目标的目标要素，我们分别用虚框和实框表示课程目标与各分目标之间的"虚实"关系；第二步是把课程目标转化为"课程内容"，课程内容是课程目标的明确化和具体化，但课程内容也不是笼统的课程内容，它需要进一步细分；第三步就是把课程内容作进一步分解，对应着各分目标，课程内容分解为许多具体的内容要素。反过来，只有这些内容要素得到实施，与之对应的分目标得到落实，总的课程目标才能实现。

理想的文学课程内容具有这样的特征：

1. 即使内容要素千变万化，但始终在课程总目标的统帅之下。上图的箭头，显示了目标统率作用的强而有力。

2. 任何内容要素总对应着一定的分目标，而分目标总指向课程总目标。上图的箭头，显示了内容要素和分目标的对应关系，分目标和总目标的对应关系。

3. 任何内容要素总属于课程内容的一部分，是课程内容的具体化、明确化的体现；它们互补统一，共同构成课程内容整体。上图的连线，表明各课程内容要素的互补关系。

但文学课程内容构建的现实情况远不是如此，我们用下图来表示现实的状况：

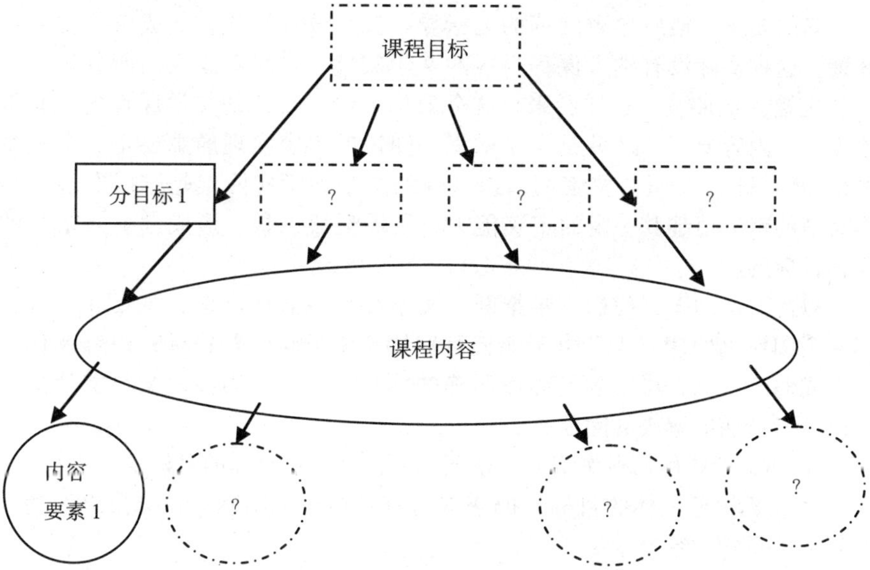

图7-2：文学课程内容构建的现实状况

在图中，在“课程目标”之下，缺乏通过细目化过程形成的一系列分目标，仅以某一具体的分目标代替总目标。我们用虚框表示其他各分目标，用问号表示其他各分目标内涵的缺失。由于在“课程目标”上，是以某一具体分目标代替了总目标，因此，在“课程内容”上，也出现以某一具体内容要素代替课程内容的状况。我们用虚框表示其他各内容要素，用问号表示其他各内容要素内涵的缺失。这样，实际存在的语文科文学课程内容就是某一内容要素，而不是完整的文学课程内容，它以偏概全，以部分代替整体，并不能真正实现文学课程的目标。

这里我们分析一下2000年语文教学大纲的情况。在该大纲中，涉及文学教学的课程内容主要有：

1. 感受文学形象，品味文学作品的语言和艺术技巧的表现力，初步鉴赏文学作品；

2. 了解课文涉及的重要作家作品知识，了解中国文学发展简况；

3. 课外自读文学名著（10部以上）……和其他读物，不少于300万字。

第1条主要体现为文学鉴赏能力，第2条主要体现为作家作品知识和文学史知识。在现代知识观视野下，能力包含在知识之中，因此，这两条都属于文学知识维度。第3条提出了课外阅读的要求，虽提到了阅读文学名著的数目，但这些文学名著具体指哪些，阅读过程有哪些要求，都并未涉及。长期以来，我们屡屡提出类似的课外文学阅读要求，但由于在课程层面缺乏明确的要求，最后导致阅读的无指导，甚至放任自流，其成效往往值得怀疑。这种实际没有纳入课程内容的文学阅读，自然不是我们所分析的文学“定篇”的阅读。这样看来，这个教学大纲所规定的文学课程内容只偏重于一个内容要素，那就是文学知识。知识的内容实现的主要是文学教学的认知性目标，因此，只强调知识内容的文学教学实际上是难以实现“培养高尚的审美情趣和一定的审美能力，发展健康个性，形成健全人格”的课程目标的。

对比上面两图，我们不难推断，文学课程内容的问题，主要和课程目标缺乏细目化处理有关。由于课程目标缺乏细目化，导致课程内容混作一团，或偏于一隅，得不到具体而明确的体现。因此，当前语文科文学课程的改革所迫切要解决的问题有二：

1. 把文学课程目标作细目化处理，分拨出一些具体的目标来；

2. 根据这些具体的目标，把课程内容具体化、明确化，分拨出一些具有互补关系的内容要素。

本论文的研究就是在这些方面所进行的努力，本论文构建的内容要素分析框架就是为解决这些问题所提供的一种理论设想。

（二）文学课程内容建设的趋势

随着译介和交往的增多，欧美，中国香港、台湾地区的语文教育及其课程与教学目标、内容，已经成为中国大陆地区当今语文课程改革理论与实践的重要参照。这种参照对于摆脱我们独善的、封闭和狭隘的思路，拓展国际教育的新视野是有很大好处的。在比较中，我们注意到，国际上文学课程内容建设正呈现出三维内容要素并行的趋势。这里，我们把美国和中国香港地区的两个现行课程标准的文学课程内容作为取样材料来分析这种趋势。一方面期望完善笔者在本文提出的内容要素分析框架本身，以确立它的公用性，另一方面期望加深我们对语文课程框架中文学课程内容的认识，有助于我们认识当前文学教育研究中一些重要问题的讨论乃至争辩的意义及方法论上的局限。

1. 美国的文学课程内容取样

目前，美国各州基本上都已制定了适合本州教育实际情况的课程标准或课程框架，这些标准或框架已经成为衡量学校教育质量、提高学生学业成绩的准绳。这些标准，有的“内容标准”和“操作标准”并行，如旧金山中文课程标准①；有的以“能力表现标准”为主，如由匹兹堡大学学习研究发展中心与国家教育和经济中心合作制定的《英语、数学、科学、应用学习能力表现标准》②。从“内容标准”到“操作标准”再到“能力表现标准”，主要是详略不同，并无本质差异。这里笔者抽样的是美国《英语能力表现标准》（高中）（下文简称《标准》）中有关文学课程内容的部分。

在“阅读”部分，《标准》这样规定：

a. 学生每学年至少阅读25册书或相当数量的读物。读物的质量和难易程度在阅读样书书目中已列出。阅读材料应当包括传统文学和当代文学作品（小说类和非小说类），以及杂志、报纸、教科书和网上读物。这些读物应涵盖至少三种不同文学形式和出自至少五位不同作家的作品。

显示学生们读过25册书的活动例子有：

◇ 保留一份所读书籍的注释书目单。

◇ 写一篇读书笔记或日记。

◇ 参加正式和非正式的读书报告会。

在“文学”部分，《标准》这样规定：

文学包括诗歌、小说、非小说类作品及散文，与指导性、评论性、新

① 见方帆．中美语文课程标准的初步比较［J］．中学语文教学，2005（10）：8-10

② 美国国家教育与经济中心、匹兹堡大学著．上海教育科学研究院译．英语、数学、科学、应用学习能力表现标准（小学、初中、高中卷）［S］．北京：人民教育出版社，2004.

闸性的作品不同。

a. 学生通过阐释性、批判性和评价性活动表现对非小说类作品、小说、诗歌和戏剧的理解，即学生应做到：

◇ 找出文学作品、公众演讲和媒体间的主题联系；
◇ 评价作者在词汇选用、风格、内容安排及文学要素所产生的效果；
◇ 分析文体及文学流派的特点；
◇ 评价作品的优点；
◇ 说明观点所产生的效果；
◇ 就小说和非小说类作品的上下文、事件、人物、背景、主题和风格所进行推理并得出结论；
◇ 解释文学修辞，如比喻、暗示、措辞、对话、描述及象征手法的效果；
◇ 评价作者形成主题的呈现风格；
◇ 解释文中出现的模棱两可、难以捉摸、自相矛盾、讽刺及细微差别之处；
◇ 理解文学作品（小说和非小说类）中所出现的语气的作用；
◇ 说明文学作品（小说和非小说类）是如何反映影响作品形成的文化的。

表示学生理解文学作品的活动例子有：

◆ 分析一部流行小说中的刻板人物；
◆ 评价一位作者写的一组诗或一组有关共同主题的诗所采用的文学手法的效果；
◆ 比较两篇或两篇以上的短篇小说、自传、长篇小说或剧本的优点；
◆ 比较一部文学作品的两种不同的音像制品；
◆ 比较有关同一观点或主题而写作时期不同的两部作品；
◆ 评价作者的个人风格；
◆ 比较相似主题的两种文学课文；
◆ 分析作者在其某一部分作品中所提出的问题的看法；
◆ 分析一部文学作品中所蕴含的艺术、文化和社会背景。

b. 学生按某类文学作品风格的规则写作至少一篇该流派的作品。

表示学生能写作不同风格的文学作品的活动例子有：

◆ 一篇反思性文章；
◆ 一篇回忆录；
◆ 一篇短篇小说；
◆ 一幕短剧；
◆ 一首诗；
◆ 一篇小品文。

我们用“能力”“定篇”和“活动”等关键词对上述内容作简要分析。首先看“能力”。《标准》在导言中这样解释“能力表现”的意思：说明学生在新标准评价中“应掌握什么知识及应如何显示他们学得的知识和技能”。① 这表明，《标准》中的能力或能力表现实际上包含着知识和技能两部分，相当于我们现在通行的包含技能的广义知识概念。也就是说，这里的能力和笔者论文中使用的内容要素之一“知识”是同一个含义。就文学阅读来看，该《标准》中共提出了学生应掌握的11种文学阅读能力，涵盖了人物分析、艺术特色比较、小说或剧本的鉴赏、媒体形式的比较、主题概括、风格评价、背景分析、文体比较、流派分析和文学修辞等多方面内容。其次来看“定篇”。《标准》规定：学生每学年至少阅读25册书或相当数量的读物。到底哪25册书或作品呢？为了让学生选择有个范围，《标准》开列了一个阅读样书的书目，其中涉及文学经典的有小说《爱丽丝漫游仙境》（Carroll，Alice in Wonderland）等19类，非小说《迟到的好机会》（Angell，Late Innings）等19种，诗歌《我将不动摇》（Angelou，I Shall Not be Moved）等10种，戏剧《没有人来》（Christie，And Then There Were None）等10种，另有民间传说/神话类5种和当代科幻小说类11种等。规定的文学经典是25册，开列的却有64种之多，这表明：在该《标准》中，一方面，学生的阅读范围是有限定的，这种限定的经典篇目或书册，可称“定篇”；另一方面，学生的阅读范围又是相对的，某一学生选择了这25册，另一学生选择了另外的25册，他们或有重合，但也有不同。也就是说，“定篇”之“限定”，对具体的学生来说又是相对的。最后来看“活动”。在《标准》中，紧接着标准能力表现说明之后的，是显示学生们成就的活动实例。这些实例“显示出要求适于某个年级的学生做的活动性质和复杂程度”②。比如，与前述11种文学能力表现相对应，《标准》提供了9项文学活动的实例，这些活动偏重于分析和比较，以引导学生追求主体性和个性，充分展示文学反应的多元取向；与前述读25册文学名著的学年任务相匹配，《标准》提供了三种活动实例，这些活动带有检测阅读情况、评价阅读过程的作用。

从这些吸纳进美国《英语能力表现标准》中文学课程内容来看，我们可以了解到美国文学课程内容的基本要素。换句话说，如果文学课程内容没有这些要素，这个能力表现标准中的“文学反应和分析”中的大多数目标，既无法编制，也不会得到合适的实施。

---

① 美国国家教育与经济中心、匹兹堡大学著．上海教育科学研究院译．英语能力表现标准（高中卷）[S]．北京：人民教育出版社，2004：3

② 美国国家教育与经济中心、匹兹堡大学著．上海教育科学研究院译．英语能力表现标准（高中卷）[S]．北京：人民教育出版社，2004：8

2. 香港文学课程内容取样

自1953年中文教育委员会提交《中文科报告书》，首次提出“中国文学科”开始，香港学术界关于中文学科是否分科问题的论争持续达二十年之久①。到1974年，中英文中学会考合并，中文科终于分为“中国语文”和“中国文学”两科。从此，“中国文学”一科有了独立的课程目标和课程内容。独立后的“中国文学”一科，按有的学者的分析，曾经历过“语文、文学迷失”“学术取向”和“文学作品取向”等三个发展阶段。现在所处的正是“文学作品取向”的阶段②。笔者抽样的是2007年香港课程发展议会与考试及评核局联合编订发表的《中国文学课程及评估指引》（中四至中六：相当于内地的高中——笔者注）（下面简称《指引》）也带有这种取向的特点。这里我们着重看看其文学课程内容部分：

➢ 阅读范围：

- 阅读诗、词、曲、赋、文、小说、戏剧等古今不同的文类作品；
- 创作诗歌、散文、小说、戏剧等不同文类的作品；
- 写作评论、读书报告、读后感、随笔等。

➢ 学习内容：

内容主要包括指定作品（篇目见附录），自选作品及文学学习基础知识。

➢ 活动内容

要具备适量的学习活动，使学生有足够的学习经历，以达到学习目标。学习活动要能根据学习重点而设计，形式多样化，多向互动，适当运用资讯科技，具趣味性，能引导学生积极、主动参与学习，并能配合学生的生活和经验，激发他们的学习兴趣，使学生透过创设的情境，从文学作品中汲取养分，丰富积储，提升文学素养。

学习的重点内容如下表：

表7-1　香港中国文学科文学学习内容一览表

（一）知识

学习重点	说　明
文学学习基础知识	认识各种文类的起源、流变及作品的题材
	认识各种文类的基本特征及主要的表现手法
	认识代表作家作品的风格特色及主要影响
	认识文学评论及文学创作的常用术语

① 姚素珍．香港中学文学教学研究［M］．广州：广东教育出版社，2006：25

② 姚素珍．香港中学文学教学研究［M］．广州：广东教育出版社，2006：51-97

（二）能力

学习重点	说　　明
感受	感受作品的形象、语言、思想、感情
	感受作品语言文字之美（如音声谐协、字句匀称、色彩丰富、形象鲜明）
	体会作品的艺术感染力
理解	理解词语、句子、段落的意义和篇章的主旨
	理解作品的背景、内容、主题及结构
	理解作者的思想感情
鉴赏	分析作品与作者经历、写作背景的关系
	分析作品的意蕴、艺术手法和风格
	欣赏作品的内容美、形式美及两者相互结合的美
	欣赏作品的意象、意境和作者的情思、创意
	比较不同作家作品在主题、手法、风格、语言等方面的异同
	评论作家作品的思想感情（如思想深度、感情深浅、时代意义、道德情操）
	评论作品的艺术手法（如艺术形象的典型性、创新性）
	评论作家的文学成就及作品的文学价值
创作	运用不同的策略创作（如联想、想象、仿作）
	运用创作手法（如体验生活、实地观察、搜集材料、孕育灵感、确定主题、构思谋篇、处理题材、提炼语言）
	就不同文类的特点创作
	运用不同的手法创作（如白描、夸张、象征）

（三）兴趣、态度、习惯

学习重点	说　　明
关于阅读 关于创作	培养阅读文学作品的兴趣和习惯
	培养创作的兴趣、激发创作热情
	培养良好的创作态度（如尊重原创、不断完善自己的习作、乐于接受别人对自己作品的意见）
	培养良好的评赏态度（如实事求是、言之有据、勇于表达个人对作品的意见）
	注重审美体验、涵育心灵

我们还是用广义知识概念中的知识、“定篇”和活动三个关键词来作些梳理。先看“知识”。《指引》中的知识包含“文学基础知识”和“文学能力”两大项。“文学基础知识”共4项，包含文学史知识、文体知识、作家作品知识和文学评论及创作知识等；“文学能力”分文学阅读能力和文学创

作能力。文学阅读能力共14项，包括对文学作品的感受、理解、鉴赏等三项能力；文学创作能力有4项，包含创作策略、创作方法运用的能力，不同文体的创作能力，不同手法创作的能力等。从这些条目的编制来看，比前面分析到的美国《英语能力表现标准》更为细致，涉及面也更广，几乎涵盖了文学阅读和写作教学的方方面面。此外，《指引》还规定了关于文学阅读和创作的“兴趣、态度和习惯”，这5项内容虽不能完全归于显性的文学知识，但大致可以纳入到隐性文学知识的范畴。再看“定篇”。《指引》中提到的作为学生学习内容的文学作品包含两部分，一是指定作品，二是自选作品。其中“指定作品”即我们这里所称的“定篇”。在“附录二”中，《指引》分列出古代的文学作品有《秦风·蒹葭》《前赤壁赋》等诗、词、曲、赋、散文共21（首）篇，现当代作品有《死水》《错误》等诗、散文、小说、戏剧7（首）篇，明显偏重于古代，这显示了香港“中国文学”科对传统经典文化传承的重视。最后来看“活动”。和美国《英语能力表现标准》对“活动”的实例化和操作化相比，《指引》对文学活动的开展只作了一些原则性的规定，如“足够”“形式多样”“多向互动”“适当运用资讯科技”“具趣味性”等等。当然，我们并不能因为这种原则性规定而否认香港“中国文学”一科对文学活动的重视。

长期以来，语文学科思考问题的方式常常是线性思维。其实，世界不完全是线性的，而是多维的立体的，我们的思维方式应是多维的思维。通过上述两个样本的初步分析，我们大致可以看到，当代文学课程内容，已经改变了原来偏重于知识教学的局面，正显示了从一维独行（知识）到三维（知识、定篇和活动）并行的转变趋势。

主要参考文献

一、中文文献

1. 韦勒克、沃伦著，刘象愚等译．文学理论［M］．北京：三联书店，1984.

2. ［德］海德格尔著，作虹等译．海德格尔诗学文集［M］．武汉：华中师范大学出版社，1992.

3. 海德格尔，孙周兴译．林中路［C］．上海：上海译文出版，1997.

4. 伊格尔顿著，伍晓明译．二十世纪西方文学理论［M］．西安：陕西师范大学出版社，1987.

5. ［美］M. H. 艾布拉姆斯著，郦稚牛等译．镜与灯——浪漫主义文论及批评传统［M］．北京：北京大学出版社，1989.

6. 伊瑟尔著，霍桂恒、李宝彦译．审美过程研究［M］．北京：中国人民大学出版社，1988.

7. 苏珊·朗格，滕守尧译．艺术问题［M］．北京：中国社会科学出版社，1983.

8. （法）茨维坦·托多洛夫著，王东亮、王展阳译．批评的批评［M］．北京：三联书店出版社，1988.

9. 章安祺．西方文艺理论史精读文献［C］．北京：中国人民大学出版社，1996.

10. 朱立元．接受美学导论［M］．合肥：安徽教育出版社，2004.

11. 金元浦．文学解释学［M］．吉林：东北师范大学出版社，1997.

12. 童庆炳主编．文学理论教程（修订二版）［M］．北京：高等教育出版社，2005.

13. 童庆炳．文学活动的美学阐释［M］．西安：陕西人民出版社，1992.

14. 王先霈、王又平主编．文学批评术语词典［Z］．上海：上海文艺出版社，1999.

15. 宗白华．美学散步［M］．上海：上海人民出版社，1981.

16. 王先霈、王耀辉．文学欣赏导引［M］．北京：高等教育出版社 2005.

17. 王先霈、孙文宪主编．文学理论导引［M］．北京：高等教育出版社，2005.

18. 朱光潜．谈美［A］//朱光潜美学文集（第一卷）［C］．上海：上海文艺出版社，1982.

19. 朱光潜．我与文学及其他［M］．桂林：广西师范大学出版社，2004.

20. 张小元．文学语言引论［M］．成都：电子科技大学出版社，1995.

21. 章安祺．西方文艺理论史精读文献［C］．北京：中国人民大学出版社，1996.

22. 卡勒著，李平译．文学理论［M］．沈阳：辽宁教育出版社，1998.

23. 王一川．意义的瞬间生成［M］．济南：山东文艺出版社，1988.

24. 陈太胜．作品与阐释：文学教学引论［M］．广州：广东教育出版社，2006.

25. 雷素娟．文学语言美学修辞［M］．上海：学林出版社，2004.

26. 邵子华．对话诗学——文学阅读与阐释的新视野［M］．昆明：云南大学出版社，2006.

27. 钟启泉等．为了中华民族的复兴，为了每一位学生的发展——《基础教育课程改革纲要（试行）》解读［M］．上海：华东师范大学出版社，2001.

28. 拉尔夫·泰勒著，施良方译．课程与教学的基本原理［M］．北京：人民教育出版社，1994.

29. 杜威．经验与教育［A］//杜威著，姜文闵译．我们怎样思维·经验与教育［C］．北京：人民教育出版社，1991.

30. 杜威，王承绪译．学校与社会·明日的学校［M］．北京：人民教育出版社，1994.

31. 褚宏启．杜威教育思想引论［M］．长沙：湖南教育出版社，1998.

32. 波兰尼著，许泽民译．个人知识——迈向后现代的批判［M］．贵阳：贵州人民出版社，2000.

33. 刘丰荣．艾斯纳艺术教育思想研究［M］．台北：水牛图书出版事业有限公司，1986.

34. 石中英．教育学的文化性格［M］．太原：山西教育出版社，2005.
35. 邵瑞珍主编．教育心理学［M］．上海：上海教育出版社，1997.
36. 郭秀艳．内隐学习［M］．上海：华东师范大学出版社，2003.
37. 列昂节夫著，李沂等译．活动·意识·个性［M］．上海：上海译文出版社，1980.
38. 叶澜．教育概论［M］．北京：人民教育出版社，1999.
39. 洪成文．现代教育知识论［M］．太原：山西教育出版社，2003.
40. 金生鈜．规训与教化［M］．北京：教育科学出版社，2004.
41. 陈佑清．教育活动论［M］．南京：江苏教育出版社，2000.
42. 江山野编译．简明国际教育百科全书·课程［M］．北京：教育科学出版社，1991.
43. 方明．缄默知识论［M］．合肥：安徽教育出版社，2004.
44. 郑金洲．教育通论［M］．上海：华东师范大学出版社，2000.
45. 李方主编．课程与教学基本理论［M］．广州：广东高等教育出版社，2002.
46. 丛立新．课程论问题［M］．北京：教育科学出版社，2000.
47. 郝德永．课程研制方法论［M］．北京：教育科学出版社，2000.
48. 瞿葆奎主编．教育学文集·课外校外活动［C］．北京：人民教育出版社，1988.
49. 课程教材研究所．活动课程论［C］．北京：人民教育出版社，2003.
50. 陈向明．质的研究与社会科学研究方法［M］．北京：教育科学出版社，2000.
51. 盛晓明．话语规则与知识基础——语用学维度［M］．上海：学林出版社，2000.
52. 郭晓明．课程知识与个体精神自由［M］．北京：教育科学出版社，2005.
53. 宋宁娜．活动教学论［M］．南京：江苏教育出版社，1996.
54. 孙可平．现代教学设计纲要［M］．西安：陕西人民教育出版社，1998.
55. 丁念金．课程论［M］．福州：福建教育出版社，2007.
56. 黄政杰．课程设计［M］．台北：东华书局，1991.
57. 张廷凯．新课程设计的变革［M］．北京：人民教育出版社，2003.
58. 黄显华，黄秉坤．寻找课程论和教科书设计的理论基础［M］．北京：人民教育出版社，2002.
59. 范印哲．教材设计与编写［M］．北京：高等教育出版社，1998.

60. 张志公．张志公语文教育论集［M］．北京：人民教育出版社，1994.

61. 章熊．思索·探索［M］．北京：人民教育出版社 2002.

62. 陶本一主编．学科教育学［M］．北京：人民教育出版社，2002.

63. 朱绍禹．中学语文教材概观［M］．北京：人民教育出版社，1997.

64. 黄光硕．中学语文课本的修订［A］．语文教材论［C］．北京：人民教育出版社，1996.

65. 周庆元．中学语文教材概论［M］．长沙：湖南出版社，1994.

66. 王尚文．语文教改的第三次浪潮［M］．广西师范大学出版社，1990.

67. 王尚文．语文教育学导论［M］．武汉：湖北教育出版社，1994.

68. 王尚文著．语感论［M］，上海：上海教育出版社，2000.

69. 王尚文．走进语文教学之门［M］．上海：上海教育出版社，2007.

70. 孙绍振．直谏中学语文教学［M］．南方日报出版社，2003.

71. 孙绍振．文学性讲演录［M］．南宁：广西师范大学出版社，2006.

72. 韩雪屏．语文教育的心理学原理［M］．上海：上海教育出版社，2001.

73. 王荣生．语文科课程论基础［M］．上海：上海教育出版社，2005.

74. 李海林主编．语文教育研究大系（理论卷）［C］．上海：上海教育出版社，2005.

75. 潘新和．语文：表现与存在［M］．福州：福建人民出版社，2004.

76. 潘新和主编．新课程语文教学论［M］．北京：人民教育出版社，2005.

77. 巢宗祺、雷实、陆志平．语文课程标准解读［M］．武汉：湖北教育出版社，2002.

78. 郑国民．语文课程改革研究［M］．北京：北京师范大学出版社，2003.

79. 郑国民．从文言文教学到白话文教学——我国近代语文教育的变革历程［M］．北京：北京师范大学出版社，2000.

80. 张承明．中外语文教育比较［M］．昆明：云南教育出版社，2005.

81. 朱绍禹编著．美日苏语文教学［M］．长春：吉林文史出版社，1991.

82. 夏晓虹、王风．文学语言与文章体式——从晚清到“五四”［C］．合肥：安徽教育出版社，2006.

83. 中央教育科学研究所．叶圣陶语文教育论集［C］．北京：教育科学出版，1980.

84. 夏丏尊、叶绍钧．国文百八课（第一册）［C］．北京：人民教育出版社，1985.

85. 中央教育科学研究所．朱自清论语文教育［C］．洛阳：河南教育出版社，1985.

86. 周庆元．中学语文教材概论［M］．长沙：湖南出版社，1994.

87. 顾黄初、李杏保．二十世纪前期中国语文教育论集［C］．成都：四川教育出版社，1999.

88. 顾黄初、李杏保．二十世纪后期中国语文教育论集［C］．成都：四川教育出版社，2000.

89. 课程教材研究所．20世纪中国中小学课程标准·教学大纲汇编（语文卷）［S］．北京：人民教育出版社，2001.

90. 郑国民等著．当代语文教育论争［M］．广州：广东教育出版社，2006.

91. 董菊初．张志公语文教育思想概说［M］．北京：人民教育出版社，2001.

92. 韦志成．中学语文美育［M］．南宁：广西人民出版社，1986.

93. 陈黎明、林化君．20世纪中国语文教学［M］．青岛海洋大学出版社，2002.

94. 王丽．中国语文教育忧思录［C］．北京：教育科学出版社，1998.

95. 孔庆东等主编．审视中学语文教育［C］．汕头：汕头大学出版社，1999.

96. 江明主编．问题与对策——也谈中国语文教育［C］．北京：教育科学出版社，2000.

97. 倪文锦、欧阳汝颖．语文教育展望［M］．上海：华东师范大学出版社，2002.

98. 中外母语教材比较研究课题组编．外国母语教材评介［M］．南京：江苏教育出版社，2000.

99. 朱绍禹、庄文中．本国语文［M］．北京：人民教育出版社，2001.

100. 中外母语教材比较研究课题组．中外母语课程标准译编［M］．江苏教育出版社，2000.

101. 江苏母语教材比较研究课题组．当代外国语文课程教材评介［C］．南京：江苏教育出版社，2004.

102. 付宜红．日本语文教育研究［M］．北京：北京师范大学出版社，2003.

103. 王爱娣．美国语文教育［M］．桂林：广西师范大学出版社，2007.

104. 张隆华、曾仲珊．中国古代语文教育史［M］．四川教育出版社，2000.

105. 顾黄初、顾振彪．语文课程与语文教材［M］.）北京：社会科技文献出版社，2001.

106. 李杏保、顾黄初．中国现代语文教育史［M］．成都：四川教育出版社，2000.

107. 于漪．我和语文教学［M］．北京：人民教育出版社，2003.

108. 曹明海．理解与建构——语文阅读活动论［M］．青岛：青岛海洋大学出版社，1998.

109. 曹明海主编．语文教学解释学［M］．济南：山东人民出版社，2007.

110. 张志公．传统语文教育教材论——暨蒙学书目和书影［M］．上海：上海教育出版社，1992.

111. 张会恩、曾祥芹．文章学教程［M］．上海：上海教育出版社，1995.

112. 曾祥芹主编．文章学与语文教育［M］．上海教育出版社，1995.

113. 张寿康．文章学概论［M］．济南：山东教育出版社，1983.

114. 曾祥芹．阅读学新论［M］．北京：语文出版社，1999.

115. 蒋成瑀．读解学引论［M］．杭州：上海文艺出版社，1998.

116. 蒋成瑀．语文课读解学［M］．杭州：浙江大学出版社，2000.

117. 龙协涛．鉴赏文存［M］．北京：人民出版社，1984.

119. 龙协涛．文学阅读学［M］．北京：北京大学出版社，2004.

119. 凯伦·马蒂森·赫斯著，赵太和、金宏达译．文学鉴赏辅导［M］．北京：北京十月文艺出版社，1986.

120. 西乡竹彦编著．文学教育基本论文集（全四卷）［C］．明治图书，1988.

121. 张炳隅．文学鉴赏学［M］．上海：上海教育出版社，1991.

122. ［美］约翰·宾，张仁铎译．研究性学习［M］．江苏教育出版社，2004.

123. ［苏］果鲁伯柯夫，方拯、赵洁珍译．文学教学法（上册）［M］．北京：人民教育出版社，1957

124. 李广田．论文学教育［M］．北京：文化工作社，1950.

125. 钱理群．名作重读［C］．上海：上海教育出版社，1996.

126. 钱理群．语文教育门外谈［M］．南宁：广西师范大学出版社，2003.

127. 李大圣．百年反思——语文育人功能检视［M］．南宁：广西师范大学出版社，2006.

128. 林燕平、董俊峰．英美文学教育研究［M］．上海：上海外语教育出版社，2006.

129. 陈雪虎．传统文学教育的现代启示［M］．广州：广东教育出版社，2006.

130. 张永德．香港小学文学教学研究［M］．广州：广东教育出版社，2006.

131. 姚素珍．香港中学文学教学研究［M］．广州：广东教育出版社，2006.

132. 张心科．接受美学与中学文学教育［M］．合肥：合肥工业大学出版社，2005.

133. 鲁定元．文学教育论［M］．武汉：湖北人民出版社，2006.

134. 林燕平、董俊峰．英美文学教育研究［M］．上海：上海外语教育出版社，2006.

135. 刘锡庆．基础写作学［M］．北京：中央广播电视大学出版社，1990.

136. 刘海涛主编．文学写作教程［M］．北京：高等教育出版社，2005.

137. 杜福磊．中国写作学理论研究与发展［M］．北京：中央编译出版社，2004.

138. 喻大翔、黄昌勇．模式写作［M］．上海：上海教育出版社，2005.

139. 章熊．中国当代写作与阅读测试［M］．成都：四川教育出版社，2000.

140. 陶本一．语文教育与语言素质［J］．语文建设 1996（4）.

141. 钟启泉．“学校知识”与课程目标［J］．教育研究，2000（11）.

142. 韩雪屏．审视语文课程的知识基础［J］．语文建设，2002（5）.

143. 郑宇．语文能力与语文教材［J］．课程·教材·教法，2002（5）

144. 方智范．关于语文课程目标的对话［J］．语文建设，2002（1）.

145. 方武．课本对语文课程知识的建构［J］．课程·教材·教法，2004（4）.

146. 王荣生．解读“语文实践”［J］．课程·教材·教法，2006（4）.

147. 金振邦．时代呼唤自觉的文体意识［J］．社会科学探索，1994（1），

148. 童庆炳．文学经典建构的内部要素［J］．天津社会科学，2005（3）.

149. 陶东风．文学经典与文化权利（上）——文化研究视野中的文学经典问题［J］．中国比较文学，2004（3）.

150. 黄曼君. 回到经典重释经典——关于20世纪中国新文学经典化问题 [J]. 文学评论，2004 (4).

151. 陈思和. 是“知识”还是“审美”？——中文系文学课程多功能组合的构想 [J]. 东方文化，2003 (1).

152. 王富仁. 情感培养：语文教育的核心 [J]. 语文建设，2002 (5).

153. 赖大仁. 我们今天应该如何研究文学？[J]. 文艺理论研究，2004 (5).

154. 汪正龙. 文学语言、科学语言、情感语言的区分——试论形式主义关于文学语言的讨论及其意义 [J]. 南京师范大学文学院学报，2005 (3).

155. 王荣生. 文学鉴赏教育定位定性 [J]. 宁波大学学报（教育科学版），1998 (4).

156. 刘真福. 建国以来中学文学教育述评 [J]. 课程·教材·教法，2001 (6).

157. 赵静. 1956年文学课程改革的历史经验与教训 [J]. 学科教育，2003 (3).

158. 李海林. 关于语言与文学关系的理论思考 [J]. 语文建设，2006 (1).

159. 李海林. “语文知识”，不能再回避的理论问题 ——兼评徐江《中学语文“无效教学”批判》[J]. 人民教育 2006 (5).

160. 李海林，语文教材的双重价值与教学内容的生成性 [J]，语文学习，2004 (3).

161. 饶杰腾. “定位”与“到位”——20世纪前期语文教育家论文学教育述评 [J]. 中学语文教学，2001 (2).

162. 庄文中. 论中学语文学科中的文学教育 [J]. 课程·教材·教法，1999 (11).

163. 王尚文. 语文是什么？——呼吁“语文”一分为二 [J]. 语文学习，2004 (3).

164. 赵心宪. 语文学科的文学教育观念与目标定位 [J]. 重庆教育学院学报，2004 (1).

165. 胡小敏. 文学教学的取向和变迁 [J]. 浙江师范大学学报（社会科学版），2004 (3).

166. 陆兴华. 文学教学中的文本选择问题 [J]. 浙江大学学报（社会科学版），1998 (3).

167. 徐志伟. 关于文学教育范式危机问题的思考 [J]. 文艺评论，2005，(5).

168. 李山林．试论语文教学的人文阐释［J］．现代语文，2004（11）．

169. 李山林．语文课程的人文知识基础及其教学［J］．语文建设，2004（1）．

170. 黄耀红．新中国中学文学教育的问题及其成因［J］．中学语文教学参考，2005（5）．

171. 黄耀红．新中国中学文学教育的问题及成因（续）［J］．中学语文教学参考，2005（7-8）．

172. 具春林．中学语文泛文学现象刍议［J］．牡丹江师范学院学报（哲学社会科学版），2006（1）．

173. 倪文尖执笔．“想象与移情”单元样章（上）［J］．语文学习，2007（3）．

174. 钱林波．审视“伪文化作文”［J］．语文教学通讯，2006（12）．

175. 侯灵战．诗意写作、理性写作和标准化写作［J］．应用写作，2007（1）．

176. 韩清林．自主学习自主发展的知识论与知识链接学习论［J］．教育实践与研究，2007（06A）．

177. 辛克清．论文学教学中的文本细读方式［J］．青岛大学师范学院学报，2006（3）．

178. 张荣翼．文学史，文学经典化的历史［J］．河北学刊，1997（4）．

179. 王晓霞．国外及港台地区初中语文教材选文标准观比较研究［J］．学科教育，2004（3）．

180. 王世光．活动式文学课文初探［J］．课程·教材·教法，2007（6）．

181. 艾四林．哈贝马斯交往理论评析［J］．清华大学学报（哲学版），1995（3）．

182. 何克抗．建构主义——革新传统教学的理论基础（一）［J］．学科教育，1998（3）．

183. 郑太年．知识与其双重情境化［J］．全球教育展望，2004（12）．

184. 张祥云．人文知识的特性及其教育意蕴［J］．2004（6）．

185. 方帆．中美语文课程标准的初步比较［J］．中学语文教学，2005（10）．

186. 罗岗．现代“文学”在中国的确立——以文学教育为线索的考察［D］．上海：华东师范大学，2000．

187. 谢洪．论文本主义文体学与语境主义文体学的结合：文学教学的理论走向［D］．太原：山西大学，2003．

188. 王林．论现代文学与晚清民国语文教育的互动关系［D］．北京：

北京师范大学，2004.

189. 余宇士．新课程背景下的中学文学教育研究［D］．贵阳：贵州师范大学，2005.

190. 叶红珠．外国现代派文学教学内容研究［D］．金华：浙江师范大学，2005.

191. 叶黎明．语文科写作教学内容研究［D］．上海：上海师范大学，2007.

192. 周燕．语文科文学课程研究［D］．上海：华东师范大学，2007.

193. 洪宗礼等主编．母语教材研究：外国语文课程标准译介［M］．南京：江苏教育出版社，2007.

二、英文文献

1. Long, Michael N. "A Feeling for Language: The multiple values of teaching literature." [A]. C. J. Brumfit and R. A. Carter. In Literature and Language Teaching [C]. Shanghai: Shanghai Foreign Language Education Press, 2001.

2. Brumfit, Christopher. "Reading Skills and theStudy of Literature in a Foreign Languge." [A]. C. J. Brumfit and R. A. Carter. Literatureand Language Teaching [C]. Shanghai: Shanghai Foreign Language EducationPress, 2001.

3. Littlewood, William T. "Literature in the School Foreign Language Course." [A]. C. J. Brumfit and R. A. Carter. Literatureand Language Teaching [C]. Shanghai: Shanghai Foreign Language EducationPress, 2001.

4. Kathy G. Short. . Literature: As a Way of Knowing [M]. Stenhouse Publishers. 1997.

5. M. Polanyi. The Study of Man [M]. London: Routledge and Kegan Paul, 1957.

6. Resnick, L. B. Knowledge, learning and instruction: Essays in honor of Bobert Glaser [M]. Lawrence Erlbaum Associates. 1989.

7. Fraser, B. J. & Tobin, K. G. International handbook of science education [M]. Kluwer Academic Publishers. 1998.

8. Daniels, H. Vygotsky and Pedagogy [M]. Routledger Falmer. 2001.

9. Guillory. John. "Canon" [A]. Critical Theory for Literary Study [C]. Ed. Frank Lentricchia&Thomas Menughlin. Chicago: The University of Chicago Press, 1995.

10. Ashcroft. Bill, Gareth Griffiths, and Helen Tifin. The Empire Writes

Back: Theory and Practice in Post - Colonial Literature [M]. London: Routledge, 1989.

11. Eagleton, Terry, Literary Theory: Introduction [M]. Minneapolis: University of Minnesota Press, 1983.

12. Bloom. Harold. The Western Canon: the Books and school of the Ages [M]. New York: Harcourt Brace&Company, 1994.

13. Ralph. W. Tyler, Basic Principles of Curriculum and Instruction [M]. Chicago: The University of Chicago Press, 1949.

14. Henry A. Giroux. Teachers as Intellectuals: Toward a Critical Pedagogy of Learning [M]. Bergin & Garvey Publish, Inc, 1988.

15. Bruffee, Kenneth A.. *Collaborative learning and the "conversation of mankind."* College English, vol. 46, 1984.

16. Bruffee, Kenneth A.: *Constructive Reading. A Short Course in Writing*, 4th ed. New York: HarperCollins, 1993.

17. Ronald K S Macaulay: The Social Art: Language and Its Uses [M]. Oxford University Press, 1996.

18. Alice Heim Calderronello Bruce L. Edwards, Jr.: Roughdrafts _ The Process of Writing [M]. Houghton Mifflin Company, 1986.

19. Bruffee, Kenneth A,: *A Short Course in Writing*, 3th ed. [M]. Canada: Little Brown & Company Limited. 1985

20. Graves, D. H. Discover Your Own Literacy. Portsmouth [M]. NH: Heinemann, 1990.

21. Scribner, S., & Cole, M.. The psychology of literacy [M]. Cambridge, MA: Harvard University Press, 1981.

22. K. K.. Inside English/Language arts standards (2001): What's in a grade? [J]. Reading Research Quarterly, vol. 36, 202-217.

23. J. F. Bobbitt; A. C. Perkins (1913). Literature in the Elementary Curriculum [J]. The Elementary School Teacher, Vol. 14, No. 4: 158-166.

24. Eugene. E. Seubert (1941). Literature in the Secondary Curriculum [J]. The English Journal, Vol. 30, No. 1: 11-19

25. J. Stephen Sherwin. Pattern of Assumptions in a High School Literature Curriculum [J]. Journal of Educational Sociology, Vol 29, No. 8: 321-329

26. John D. Ramage. Curriculum and the Craft of Teaching Literature [J]. Journal of Aesthetic Education, Vol. 13, No, 4: 47-63

27. Michaels, S. (1987). Text and Context: A New Approach to the Study of Classroom Writing. Discourse Processes, 10, 321-346

28. Jason Luther. (2006). *I-Searching in Contenxt: Thinking Critically about the Research Unit*. English Journal, 95, 68-74

29. Huntington Lyman. (2006). I-Search in the Age of Information [J]. English Journal, vol. 95, 62-67

30. Gregory W. Brooks. (2007). Teachers as Readers and Writers and as Teachers of Reading and Writing [J]. The Journal of Educational Research, Vol. 100, No. 3, 177-191

后　记

从严格意义上说，这是我的第一本书。

当我坐在书房把书稿清样再次细细校对一遍，已是2013年元旦的清晨。抬头看窗外新年鲜亮、醒目的第一缕晨光，手抚厚实的纸张，心中不禁百感丛生。

七年前，我逃也似地离开了一所国际学校，负笈学思湖畔，师从陶本一先生攻读课程教学论的博士学位。当时陶先生招博士要求颇高，人要好，要有工作经验，而且硕士要读语文教育的相关专业。我在一线当语文教师十年，2001年考入华东师大攻读古典文学硕士，中间再工作一年，然后转投课程教学论专业。论条件，我是够格的，但当时陶先生名满天下，追随者众，要得其青目，并不容易，我恰逢机缘，才得以忝列门墙。

学思湖畔的三年，是学术提升，人格再造的三年。三年中，我们环绕陶先生左右，得到他的悉心教导和人格熏染。他视野宏阔，思想敏锐，常能见人之所未见；他胸襟坦荡，作风民主，常能容别人所不能容。云山苍苍，江水泱泱，先生之风，山高水长。在他六十大寿之际，我曾题赠留言，表达心曲：严师智，慈父仁。聆听先生之教诲，如山泉冲涧，激荡智慧的水花；沐浴先生的关怀，如春风拂面，感受人生的温馨。是智者，故乐；是仁者，故寿。

学思湖畔的三年，是忙碌充实的三年，是充满温暖记忆的三年。在此期间，我受到上海师范大学教育学院前院长卢家楣教授、现任院长陈永明教授的教诲，得到课程教学论博士点的谢利民教授、张民选教授、夏惠贤教授、顾大禧教授、林樟杰教授、吴俊明教授、李稚勇教授等诸位导师以及陈建华教授、丁念金教授、夏正江教授、方明生教授的指点和帮助。尤须一提的是，我博士毕业这年，王荣生教授调入上海师范大学教育学院。论年龄，他是学长；论学养，他是师长；论亲疏，他是朋友。这种亦师亦友的关系使我比一般人有更多的机会与他交流、合作，他对语文课程洞烛幽微的“毒辣”眼光和丝丝入扣的非凡分析能力，常在我山重水复无路可去之处，豁然洞开一方学术的崭新天地。

本书的写作还得到众多师长和前辈的奖掖和提点。于漪先生，她不仅担任了我博士论文答辩委员会的主席，而且此次拙稿付梓，以病体之躯，专程为我写序推荐，令人仰望不已。感谢顾明远先生、倪文锦先生、李海林先生以及上海教育出版社《语文学习》前主编范守纲先生、何勇先生，他们在我求学之路上给予了热情的关心与亲切的指导。尤其海林先生，对本书的选题给予了认真的审议和热情鼓励。几次邮件往来，几次登门拜访，他逻辑严密的推演和鞭辟入里的分析，令人深深折服。一袭睡衣，盘腿于床，目光炯炯，雄辩滔滔，这幅学人剪影，深刻于心。说实话，没有诸位先生的指点，这本书不会有现在的水准，尽管它确实还可以写得更好些。学术之路，甘苦自知。但愿本书只是我学术之旅的一个驿站。

独学而无友，则孤陋寡闻。在学思湖畔，我还有一大批志趣相投，情同手足的师兄弟师姐妹。他们的友谊弥足珍贵，令人一想起就心窝暖洋洋，仿佛照进了冬日阳光。感谢上海师范大学课程与教学论博士点的师兄师姐罗华荣、方有林、朱晓民、叶黎明、代建军、孙芙蓉、马勇军，感谢朝夕相处同年级和低一年级的师兄师弟师姐师妹于龙、曹建召、陈元辉、陈隆升、乐中保、黄伟、张立新、胡俊杰、何玉海、王传金、蒋永贵、李世平、陆平、张红洋、康海燕、张荣华、王晨光、黄复生、万峰、盛迪韵等；感谢教育心理学博士点的师姐师兄师弟师妹郑信君、孙俊才、巫文胜等。尤其要感谢我的室友李铁华博士，我们同室三年，切磋问难，相互关怀，兄弟情深。同时我也要感谢华东师范大学语文课程教学论博士生叶丽新、慕君、孙慧玲、郑飞艺、周燕、朱建军、荣维东、周子房、袁彬等，在合作、切磋和交流中，我从他们身上学到很多治学为人的道理。

感谢上海师范大学学前和艺术教育系主任胡知凡先生不吝珍藏，提供宝贵资料，人文学院青年新锐薛毅博士拨冗接受深入访谈；感谢上海市建平中学唐忠义老师认真审稿和义务校读。

庄子云：“人生天地之间，若白驹过隙，忽然而已。”人生苦短，然而师生之谊，朋友之义，手足之情，总像陈年的酒，溢出的是那回味不尽的浓浓醇香。

最后，我要感谢我的家人。感谢我的妻子徐小红女士，在我离开家乡只身闯荡上海滩求学访友的七年，家中大小事情都落在她肩上，不仅要操持家务，还要担负教育孩子的重责。在聚少离多的那些日子里，她少有牢骚和抱怨，多的是安慰和鼓励。还要感谢我的儿子胡越一同学。我出门求学这些年几乎就是他从出生到成长的重要时期，除了假期我们有较长时间的相聚，平时基本靠电话联系。我一直愧疚这个过程自己几乎未能尽到做父亲的责任。令我欣慰的是，儿子成长得很健康。2008 年到上海读小学，一晃已经四年级了，身心逐步成熟，学业稳步提升。希望自己这几年各方面的努力一定程度上能弥补这些年亲情和责任的亏欠。

一本小书，若一叶轻舟，是承载不了对太多人的感谢的。但有两位先生必须要感谢，那就是刘立峰先生和《语文建设》杂志的主编郑浩先生，本书的顺利出版离不开他们所付出的心血和努力，在此谨向他们表达由衷的敬意和真诚的感谢。

胡根林

2013 年元月 1 日